U0376633

定量遥感应用系列

# 草原生态环境要素遥感定量反演及应用系统

何彬彬　行敏锋　全兴文　著

科 学 出 版 社

北 京

# 内 容 简 介

  本书系统地介绍草原生态环境要素的遥感定量反演方法及同化技术、草原生态环境评价和应用系统。其主要内容包括草原叶面积指数和植被生物量的定量遥感反演及数据同化技术；植被生物量及植被覆盖下土壤水分的主被动遥感协同反演技术与方法；基于卫星遥感数据的草原干旱指数产品算法及生产；草原生态环境评价指标体系与评价方法。基于上述草原生态环境要素反演方法及评价体系，最后介绍自主研发的软件系统"生态环境综合评价应用系统"。

  本书可供从事遥感基础研究、定量遥感反演及遥感应用系统建设的专业人员参考，也可作为高等院校遥感和地理信息系统等相关专业研究生和高年级本科生的教学参考书。

**图书在版编目（CIP）数据**

草原生态环境要素遥感定量反演及应用系统/何彬彬，行敏锋，全兴文著. —北京：科学出版社，2016.6

  ISBN 978-7-03-049179-4

  Ⅰ. ①草…  Ⅱ. ①何… ②行… ③全…  Ⅲ. ①遥感技术–反演–应用–草原–环境生态评价  Ⅳ. ①S812

中国版本图书馆 CIP 数据核字（2016）第 145981 号

责任编辑：杨　岭　李小锐 / 责任校对：贾伟娟
责任印制：余少力 / 封面设计：墨创文化

**科学出版社** 出版
北京东黄城根北街 16 号
邮政编码：100717
http://www.sciencep.com
**四川煤田地质制图印刷厂** 印刷
科学出版社发行　各地新华书店经销
\*
2016 年 6 月第　一　版　　开本：B5（720×1000）
2016 年 6 月第一次印刷　　印张：17
字数：338 000
定价：118.00 元
（如有印装质量问题，我社负责调换）

# 前　言

　　草原是一种重要的可再生农业自然资源，是维护陆地生态环境的天然屏障，起着调节气候、涵养水源、防风固沙、保持水土等作用，对保持人类生态环境和社会持续发展具有重要作用。因此，对草原生态环境要素进行实时、有效的监测，获取相应参数在时间和空间上的定量分布信息，已成为现阶段科技工作者努力探索和亟待解决的重大课题。多平台、多传感器、多分辨率和多谱段的遥感监测系统为监测草原生态环境要素提供了有效手段。如何从海量的遥感观测数据中挖掘有用信息，利用定量遥感技术建立一套快速、高效的草原生态环境要素反演方法，是草原生态环境评价的一个关键技术。然而，现有的观测系统主要是瞬时的离散观测，尚不能提供连续的时空观测。在研究如何反演草原环境要素信息的同时，如果能够获得此目标参数在时间序列上的变化分布信息，比只在某个单一时间点获取空间上的分布信息更具有应用价值。数据同化技术则是获取目标参数在时间序列上分布信息的有力手段。

　　本书是作者在主持中央高校基本科研业务费重点培育项目"生态脆弱区环境要素主被动遥感协同反演及综合评价（No. ZYGX2012Z005）"、国家自然科学基金"异质性草原植被 BRDF 模拟及弱敏感参数反演方法研究（No. 41471293）"、863 重大项目子课题"全球生态环境遥感监测与诊断专题产品生产体系（三）（No. 2013AA12A302）"等研究课题的基础上，总结提升并参考相关研究撰写而成的。本书较为系统地介绍草原生态环境要素的定量遥感反演模型及同化模拟技术，具体阐述草原环境参数的反演方法与草原生态评价方法，并介绍自主研发的软件系统"生态环境综合评价应用系统"。

　　本书共分 10 章，第 1 章主要简述草原生态环境参数的含义，以及定量遥感反演、数据同化和应用系统的研究进展；第 2 章基于双层冠层反射率模型及查找表算法，结合多源遥感卫星数据，通过综合考虑及引入大气-植被-土壤下垫面的先验知识，阐述草原植被叶面积指数的定量反演方法；第 3 章阐述几种主要的植被散射模型，研究建立主被动遥感协同反演草原草本植被生物量的方法，并进行验证分析；第 4 章探讨混合植被区不同植被的散射机理，研究以水云模型为基础建立的草原混合植被区的散射模型，并利用建立的散射模型反演了植被生物量；第 5 章阐述几种主要的土壤散射模型，研究以 IEM 模型和水云模型为基础建立的草原散射模型，并利用所建立的模型反演植被覆盖下的土壤水分；第 6 章研究利用多幅不同年积日的遥感卫星光学影像数据，基于植被冠层反射率模型、Logistic模型和集合卡尔曼滤波算法，进行草原叶面积指数估算的同化模拟；第 7 章研究基于 SWAP 模型、ACRM 模型和 4D-VAR 方法，进行草原植被生物量估算的同化模拟；第 8 章介绍全球干旱指数的产品算法及生产；第 9 章从评价指标体系构建、评价单元选择、评价方法、评价标准、评价指标获取及分析等几个方面阐述草原生态环境质量评价，并分析生态环境变化的驱动力；第 10 章主要阐述自主研发的"生态环境综合评价应用系统"的系统体系结构、数据库构建、功能模块划分及系统界面展示。

　　本书历时多年完成，凝聚了课题组多位成员的辛勤工作。第 1 章由何彬彬，行敏锋编写；第 2 章和第 6 章由全兴文、何彬彬编写；第 3～5 章由行敏锋、何彬彬编写；第 7 章由李星、何彬彬编写；第 8 章由廖展芒、何彬彬编写；第 9 章由周文英、何彬彬编写；第 10 章由靳有成、何彬彬编写。全书由何彬彬统合定稿。

　　此外，感谢恩师李小文院士在课题研究过程中给予的悉心指导和帮助，感谢科学出版社成都分社李小锐编辑对本书出版的关注和支持。

作　者<br>2016 年 4 月

# 目　录

**1　绪论** ············································································· 1

　1.1　草原生态环境要素 ························································· 1

　1.2　草原环境要素定量遥感反演现状与发展趋势 ······················ 2

　　1.2.1　光学遥感数据参数反演 ············································· 2

　　1.2.2　雷达遥感数据参数反演 ············································· 4

　　1.2.3　主被动遥感数据协同参数反演 ··································· 11

　1.3　数据同化的现状与发展 ················································ 13

　1.4　应用系统 ·································································· 15

　参考文献 ······································································ 16

**2　叶面积指数反演** ······························································· 23

　2.1　植被参数估算的经验拟合公式法 ···································· 23

　2.2　物理模型反演法 ························································· 25

　　2.2.1　植被冠层反射率模型 ·············································· 25

　　2.2.2　植被参数物理反演算法 ············································ 29

　2.3　基于双层冠层反射率模型的叶面积指数反演 ····················· 31

　　2.3.1　研究区数据集及预处理 ············································ 31

　　2.3.2　反演模型及参数化 ················································· 36

　　2.3.3　反演方法及策略 ···················································· 39

　　2.3.4　反演结果 ···························································· 41

　　2.3.5　分析及讨论 ························································· 50

　参考文献 ······································································ 51

**3　草本植被生物量反演** ························································· 53

　3.1　植被散射模型 ··························································· 53

　　3.1.1　水云模型 ···························································· 54

　　3.1.2　MIMICS 模型 ······················································ 55

　　3.1.3　Roo 模型 ···························································· 56

　　3.1.4　Saatchi 模型 ························································· 57

　3.2　草本植被散射模型 ····················································· 58

　　3.2.1　草本植被散射模型的建立 ·········································· 59

　　　3.2.2　改进的草本植被散射模型·················59
　　　3.2.3　光学遥感数据反演微波模型输入参数·········61
　　3.3　草本植被生物量估算方法·····················61
　　3.4　结果与讨论·······························63
　　　3.4.1　后向散射模拟···························63
　　　3.4.2　生物量估算结果·························67
　　参考文献·································72

4　混合植被生物量反演·······························75
　　4.1　混合植被散射模型·························75
　　　4.1.1　改进的水云模型·························75
　　　4.1.2　光学遥感数据反演水云模型输入参数·········78
　　4.2　混合植被生物量估算方法···················78
　　4.3　混合植被后向散射模拟·····················79
　　4.4　生物量估算结果·························81
　　参考文献·································87

5　草原土壤水分反演·······························89
　　5.1　土壤散射模型···························90
　　　5.1.1　理论模型·····························90
　　　5.1.2　经验、半经验模型·····················95
　　5.2　植被对土壤水分反演的影响·················98
　　　5.2.1　植被衰减模型·························98
　　　5.2.2　改进的植被衰减模型···················99
　　　5.2.3　光学遥感数据反演微波模型的输入参数·······99
　　5.3　后向散射模拟·························100
　　5.4　土壤水分估算结果·······················107
　　参考文献·································110

6　基于数据同化技术的草原植被叶面积指数时序模拟·······115
　　6.1　数据同化技术·························115
　　　6.1.1　四维变分算法·························116
　　　6.1.2　卡尔曼滤波算法·······················118
　　6.2　LAI 的遥感定量反演·······················120
　　6.3　动态模型拟合·························122
　　6.4　集合卡尔曼滤波算法简介···················123
　　6.5　草原植被 LAI 数据同化···················125
　　参考文献·································128

**7　基于数据同化技术的草原植被生物量时序模拟** ·············································129

　7.1　SWAP 模型 ················································································· 130

　7.2　利用 ACRM 模型反演 LAI ····························································· 131

　7.3　4D-VAR 方法 ············································································· 133

　7.4　反演结果 ··················································································· 134

　　7.4.1　SWAP 模型敏感性分析结果 ······················································· 134

　　7.4.2　LAI 反演及制图 ········································································ 135

　　7.4.3　同化结果 ··············································································· 137

　7.5　讨论 ························································································· 137

　　7.5.1　LAI 反演的不确定性 ··································································· 138

　　7.5.2　同化过程的不确定性 ··································································· 138

　参考文献 ·························································································· 141

**8　全球草原干旱指数产品算法及生产** ···················································144

　8.1　干旱指数 ··················································································· 145

　　8.1.1　基于气象站点的气象干旱指数 ······················································· 145

　　8.1.2　遥感干旱指数 ··········································································· 146

　　8.1.3　整合气象和遥感的干旱指数 ··························································· 148

　8.2　全球干旱指数产品算法 ··································································· 148

　　8.2.1　GDI 的基本理论构建 ··································································· 148

　　8.2.2　反演 CWC 信息 ········································································ 149

　　8.2.3　估计 SM ················································································ 150

　　8.2.4　归一化与降水，SM 和 SM 的协同构建 GDI ······································· 151

　　8.2.5　区域尺度的验证 ········································································ 152

　　8.2.6　全球 GDI 产品的生产 ································································· 154

　8.3　结果与讨论 ················································································ 155

　　8.3.1　CWC 反演方法的验证结果 ··························································· 155

　　8.3.2　利用 SPI 验证 GDI ···································································· 156

　　8.3.3　基于 USDM 的 GDI 验证结果 ······················································· 160

　8.4　结论 ························································································· 170

　参考文献 ·························································································· 171

**9　草原生态环境评价** ·········································································174

　9.1　评价指标体系构建 ········································································ 174

　　9.1.1　指标选取原则 ··········································································· 174

　　9.1.2　指标体系的概念框架模型 ······························································175

9.1.3 具体指标体系 ················································176
9.2 评价单元选择 ····················································180
9.3 评价方法 ························································181
9.3.1 指标标准化 ··················································181
9.3.2 综合评价 ····················································182
9.4 评价标准 ························································182
9.5 评价指标获取及分析 ··············································183
9.5.1 压力指标 ····················································183
9.5.2 状态指标 ····················································191
9.5.3 响应指标 ····················································197
9.6 生态环境质量评价 ················································197
9.6.1 数据标准化 ··················································197
9.6.2 权重确定 ····················································198
9.6.3 综合评价 ····················································200
9.7 结果与分析 ······················································203
9.8 生态环境变化的驱动力分析 ········································204
9.8.1 自然因素 ····················································204
9.8.2 人为因素 ····················································205
参考文献 ····························································208

10 生态环境综合评价应用系统 ·········································210
10.1 系统需求分析 ····················································210
10.1.1 系统流程分析 ················································211
10.1.2 系统用户分析 ················································211
10.1.3 系统数据需求分析 ············································212
10.1.4 系统安全分析 ················································212
10.1.5 功能需求分析 ················································214
10.2 设计原则 ·······················································214
10.3 系统体系结构 ····················································215
10.3.1 系统总体架构 ················································215
10.3.2 桌面端架构 ··················································216
10.3.3 Web 端架构 ··················································216
10.4 系统数据库设计 ··················································218
10.4.1 数据分析 ····················································218
10.4.2 生态环境专题数据库设计 ········································218

10.4.3 数据存储管理·······219
10.4.4 系统数据库表结构设计·······219
## 10.5 系统功能设计·······222
10.5.1 桌面端功能设计·······222
10.5.2 Web 端功能设计·······223
## 10.6 系统桌面端功能实现·······224
10.6.1 系统显示界面·······224
10.6.2 数据加载模块·······225
10.6.3 数据管理模块·······227
10.6.4 数据预处理模块·······230
10.6.5 数据融合模块·······231
10.6.6 数据同化模块·······232
10.6.7 协同反演模块·······236
10.6.8 生态环境评价模块·······238
10.6.9 数据发布模块·······241
10.6.10 专题制图模块·······242
## 10.7 信息共享平台·······245
10.7.1 生态环境综合评价信息共享平台界面·······245
10.7.2 权限管理子系统·······246
10.7.3 影像浏览·······249
10.7.4 服务查询·······250
10.7.5 三维地形展示·······254
10.7.6 数据下载·······257
10.7.7 专题图展示·······259
## 参考文献·······260

# 1 绪　　论

## 1.1　草原生态环境要素

生态环境是人类生存与发展的物质基础和空间条件，是生命系统和环境系统通过物质循环、能量流动和信息交换而形成的有机整体。作为陆地生态环境重要组成部分之一的草原生态系统，其面积约占世界农业生产总用地面积的68.6%（刘政，1992），不仅是重要的畜牧业生产基地，而且是重要的生态屏障，起着调节气候、涵养水源、防风固沙、保持水土、改良土壤等重要作用（张苏琼和阎万贵，2006）。

草原生态环境要素能够以量化形式反映草原生态环境的局部或者某一方面的特征和状态，能够刻画草原表面生态和环境的生物、物理与化学参数。因此，通过研究草原生态环境要素可以更好地了解草原的变化趋势及其驱动因子。常用的草原生态环境要素主要包括以下内容。

（1）植被生物量

植被生物量体现了地球生态系统获取能量的能力，其对地球生态系统结构和功能具有十分重要的意义，是反映生态环境的重要指标之一。通过植被生物量可以判断群落生长状况、演替趋势、生产潜力和载畜能力。生物量与植被生态系统的其他指标相结合，能够客观、准确、有效地解释植被生态系统的现象和问题，反映植被生态系统的演替规律。20世纪60年代，国际生物学计划的实施，使生态系统生物量和生产力的研究在生态学中占有重要的地位（方精云等，1996；冯宗炜等，1999）。

（2）叶面积指数

叶面积指数（leaf area index，LAI）通常定义为单位面积内植被单面叶片在水平面的投影面积，是影响植被与大气下垫面物质与能量相互交换过程的一个重要参数，并在一定程度上反映了植被的生长状况。

（3）植被指数

植被指数（vegetation index，VI）是由探测地表的卫星传感器的不同波段组合而成的，它是能够反映自然界生态环境中植物生长状况的指数。植物叶面在可见光波段和近红外波段有完全相反的物理特征，前者表现为强吸收性，后者则表现为强反射性，不同的植被指数主要是由这两个波段的不同组合而得的。常用的植被指数有比值植被指数（RVI）、归一化植被指数（NDVI）、差值植被指数（DVI）、垂直植被指数（PVI）和环境植被指数（EVI）等。

（4）土壤水分

土壤水分对全球水循环、能量平衡和气候气象变化都有重大的影响，是陆地表面非常重要的参数之一。对土壤水分含量在区域尺度或者全球尺度上进行监测是解决流域水文模型、全球水循环、农作物生长监测，以及环境干旱监测等相关问题的必要条件。

## 1.2  草原环境要素定量遥感反演现状与发展趋势

### 1.2.1  光学遥感数据参数反演

目前，利用遥感卫星影像数据大范围、多尺度、多时相等特点对地表地物，尤其是对植被进行实时、有效地监测，获取相应植被指数（参数）在空间上的连续分布信息，已成为遥感应用领域的热点之一（He et al.，2013；Qu et al.，2008）。各项植被参数，如叶面积指数（LAI）（杨燕和田庆久，2007；陈健等，2008；Brougham，1960）、叶绿素含量（$C_{ab}$）（Bannari et al.，2007；Si et al.，2012；Curran and Edward，1983；Gitelson et al.，2005；乔振民等，2012）及叶片等水分厚度（$C_w$）（Tucker，1980）等都是表征植被生长特征及健康状况的有效指示参数（Houborg et al.，2007）。叶面积指数，指单位面积内植被单面叶子面积的总数，是植被冠层无量纲的一个重要结构参数，能反映植被冠层的生长状态，以及植被冠层与大气下垫面能量与物质交换能力的大小（Houborg et al.，2009）。叶片叶绿素含量是植被的一个重要生化参数，能表征植被受胁迫程度大小及叶片氮含量多少，是反映植被生长健康状况的重要指标之一。叶片水分含量同样作为植被的一个重要生化参数，当其值较低时，叶片气孔会关闭来降低蒸腾作用，减少水分的散失。同时，由于气孔是空气中二氧化碳进入植物体的通道，通道被阻断，进入植物体的二氧化碳量减少，植物能够利用的量减少，将阻碍植被正常生长。这些植被指数在遥感光学影像不同的光谱波段中具有不同的响应程度，如 LAI 在近红外波段（NIR）具有较强的波谱响应，$C_{ab}$ 会吸收可见光中的红光（RED）波段并反射绿光（GREEN）波段，$C_w$ 对中红外及远红外波段较敏感。因此，可利用植被参数在多光谱及高光谱光学影像中不同波段响应程度的不同，在空间上提取这些植被参数信息（Moran et al.，1995；Doraiswamy et al.，2004；Nilson and Kuusk，1989；Darvishzadeh et al.，2008；Houborg et al.，2009）。

通常基于遥感卫星光学影像数据估计植被参数的方法有两种：一种是通过野

外目标植被参数实测值与单波段反射率或 NDVI、EVI 等植被指数建立经验统计关系，再通过相应的遥感卫星影像数据估计出目标参数在空间上的分布信息。这种方法因其表达式简单、运行速率快等优点，在以往的参数估计中得到了较广泛的应用（Colombo et al.，2003；Houborg et al.，2007）。但是，这种方法具有明显的缺点，即缺乏通用性，反演的精度依赖于实测数据的质量、特定的植被类型及植被特定的时空生长环境等因素。另一种是通过基于具有明确物理机理的物理模型反演植被参数的方法，目前被认为是具有应用前景的反演方法，因其建立了植被参数与冠层反射率之间明确的物理关系（Moran et al.，1995；Jacquemoud et al.，2000），不依赖于特定的植被类型及生长环境，具有较强的普适性（Bicheron and Leroy，1999；Darvishzadeh et al.，2008；He et al.，2013；Lavergne et al.，2007；Meroni et al.，2004；Schlerf and Atzberger，2006；姜志伟等，2011；杨飞等，2010）。但是，应用这种方法反演植被参数时，由于物理模型的输入参数一般较多，而一般情况下，某些输入参数难以通过遥感的手段获取，使得出现所构建方程（模型）的个数小于方程中未知数个数的问题，其方程的解是欠定的，即基于物理模型的反演方法本质上是病态反演（Combal et al.，2002；Combal et al.，2003；李小文和王锦地，1998）。先验知识的引入被认为是应对病态反演问题的有效手段。通过搜集研究对象的先验知识，可限定模型未知参数的取值范围，从而在一定程度上解决了病态反演问题。因此，许多研究人员通过利用研究区实地调研或历史数据得到的先验知识成功地反演了一些植被的重要参数（Atzberger，2004）。但是，针对某些特殊的研究区（如高寒山区），会出现某些参数的先验知识难于获取，或获取量有限等问题（李小文和王锦地，1998；阎广建和吴均，2002；蔡博峰和绍霞，2007），这将增大反演结果的不确定性。目前，先验知识一般考虑以下 3 类。

1）通过对研究区的实地考察，对研究区大气-植被-土壤-水体等方面参数的分布范围能够有定性的了解及定量的测量，在使用冠层反射率模型时能够确定模型输入参数值或限定模型不确定输入参数的范围。例如，通过对叶片倾角的抽样测量，能大致了解研究区植被叶片的叶倾角分布类型，是水平型分布、竖直型分布还是球形分布等；对植被下垫面土壤类型及土壤湿度的定性研究，可大致确定土壤反射率的范围等。

2）根据研究区不同类型植被选用不同冠层反射率模型。如果研究区植被为一维均匀浑浊分布植被类型（如草本植被）时，可考虑使用辐射传输模型作为植被参数反演的反演模型；如果植被几何特征明显（如离散分布树木），则考虑使用几何光学模型对其进行植被参数反演；如果植被介于二者之间（如茂密森林）则可考虑使用辐射传输模型与几何光学模型的混合模型。随着卫星空间分辨率的逐步提高，对于植被类型的区分除了通过实地考察获得之外，高空间分辨率的遥感影像图也是获取植被类型的有效手段之一。

3）研究区辅助信息。这些信息包括相关行业部门提供的辅助信息，以及关于实验区的一些多源卫星数据产品。例如，利用微波对水的敏感性及对植被具有一定穿透性等特点，可利用微波影像数据定量地估计叶片水分含量（$C_w$）及定性地估计植被下垫面土壤水分含量，以减少其他植被参数及土壤背景反射率对目标植被参数（如 LAI）的干扰。此外，"中国典型地物标准波谱数据库"的建立，提供了典型农作物某些重要物理-生化参数的时序分布信息，这无疑为解决病态反演问题提供了有效的辅助信息。

基于物理模型的反演方法通常有 3 种（Houborg et al., 2009; Weiss et al., 2000）：查找表算法（look up table）、人工神经网络算法（Walthall et al., 2004）及最优化算法。其中，最优化算法具有较高的反演精度，但由于算法每次迭代都需运行物理模型，算法速率较低，尤其是当物理模型较为复杂时，所消耗的运行时间更长。人工神经网络算法和查找表算法的运行速率较最优化算法高，其反演精度都依赖于样本大小，较高的精度依赖较大的样本，而较大的训练样本使运行时间较长。二者不同之处在于查找表算法为遍历寻优算法，算法本身较为简单，但需要构建代价函数；人工神经网络只需要部分训练样本而非全部参数组合即可对神经网络进行训练，达到反演的目的，且不需要构建代价函数。Kimes 等（1998）及 Liang（2004）对这 3 种算法进行了具体的阐释。查找表算法及最优化算法都需要构建代价函数，一般代价函数的构建形式如下：

$$\chi = \sqrt{\sum_{j=1}^{m}(\rho_j^* - \rho_j)^2} \tag{1.1}$$

式中，$\rho_j^*$ 为模型模拟反射率；$\rho_j$ 为遥感影像反射率（观测值）。反演中，使用最接近观测值的模型模拟值对应的模型输入参数值作为反演的最终结果，即所关心的目标参数。

## 1.2.2　雷达遥感数据参数反演

### 1.2.2.1　植被生物量

应用雷达遥感数据反演植被生物量，主要是基于植被散射模型选取或建立反演方法。按其反演原理，可以分为经验模型、半经验模型和物理模型。

（1）经验模型

经验模型不涉及遥感机理问题，是对遥感信息参数和地面观测数据进行统计分析，并以此为基础建立两者之间的拟合关系来估算植被生物量的一种方法。经验模型包括线性函数、幂函数、指数函数等多种形式。

Moreau 和 Le Toan（2003）用 ERS SAR 数据，建立了安第斯山脉中植被生物量信息（鲜重和干重）和 C 波段 SAR 后向散射系数之间的一种对数经验关系，对该地区的湿地植被生物量进行了估算并进行植被生物量制图，获得了该研究区的植被生物量分布，为当地畜牧业的管理和评价提供了有价值的植被生物量信息。Hockman 和 Quiriones（2000）首先利用 C 波段、L 波段和 P 波段的多极化 AirSAR 数据分析和估算了亚马孙河流域的地表植被类型和生物量。其将地表植被分为原始林区、次生林区、近期砍伐林区，以及草地 4 类来区分不同的植被覆盖类型，并估算其植被生物量。然后，分别对不同波段与不同极化类型 SAR 数据的各种组合在植被生物量估算和土地覆盖分类时的精度进行比较和分析。结果发现，用 P 波段及 HV 极化方式的 L 波段估算植被生物量的效果最好；结合使用两种波段对土地覆盖类型进行分类时，其分类精度可以达到 90%。最后，利用 P 波段数据和 HV 极化方式的 L 波段数据对该地区的植被生物量进行制图。与其他波段相比，P 波段在区分原始林、次生林和草地等方面的能力最好，但其无法精确地区分森林和近期砍伐林，并且在使用上还存在一定的技术困难。Santos 等（2003）利用 P 波段多极化 AirSAR 数据建立了后向散射系数与巴西亚马孙河流域热带雨林的主生林和次生林植被生物量之间的经验关系，并采用指数模型和多项式模型估算了研究区的植被生物量，指出后向散射系数与植被生物量之间的相关系数为一元三次模型比对数模型高一些；HH 和 HV 极化方式比 VV 极化方式高一些。Imhoff（1995a）利用 P 波段、L 波段和 C 波段，入射角为 40°到 50°的 JPL AirSAR 数据，通过建立夏威夷的热带常绿阔叶林及欧洲和北美的针叶林植被生物量与雷达后向散射系数之间的关系，得出各波段植被生物量监测的饱和度为 C 波段（5.3GHz）约为 $2kg/m^2$；L 波段（1.25GHz）约为 $4kg/m^2$；P 波段（0.44GHz）约为 $10kg/m^2$。这表明，当植被生物量值达到一定阈值（饱和值）后，SAR 后向散射系数将对植被生物量的变化不敏感，不再随着植被生物量的变化而发生变化。并且，植被生物量阈值（饱和值）随 SAR 信号入射频率（波段）的不同而不同。同样，Dobson 等（1992）也利用 P 波段、L 波段和 C 波段的极化 AirSAR 数据分析了不同波段的后向散射系数与森林植被生物量的关系，得到的结论与 Imhoff 略有不同：对于 P 波段，后向散射系数与植被生物量呈线性增加关系，当植被生物量在 10～$20kg/m^2$ 水平时达到饱和；后向散射系数在植被生物量最高和最低时的动态变化范围为 15～20dB。对于 L 波段，后向散射系数也随着植被生物量的增加呈线性增加，在 6～$10kg/m^2$ 时达到饱和；与 P 波段相比，L 波段后向散射系数的动态变化范围较小，约为 10dB。与 P 波段和 L 波段相比，C 波段对植被生物量的敏感性较差，后向散射系数动态范围较小更小，约为 5dB。Kurosu 等（1995）利用 ERS-1 C 波段 SAR 数据监测水稻生长，利用统计方法给出了水稻的雷达后向散射系数与水稻生长高度、天数、植被生物量等参数的经验公式，表明水稻后向散射系数随着水稻植被生物量的增加而增加。王臣立等（2006）系统地研究了热带人工林生物物理参数和植被生物量与 Radarsat-1 SAR 信号之间的关系，结果表明，SAR 后向散射系数与森林的植被生物量、树高、胸径之间的关系可以用对数关系来模拟。

（2）半经验模型

半经验模型结合了物理模型和经验模型的优点，既具有一定的物理意义，又比较简单实用，而且模型的输入参数较少，方便应用于植被参数的反演。在应用半经验模型进行植被参数反演的研究中，模型的一些输入参数可以用实际测量数据来确定。

Attema 和 Ulaby（1978）提出的水云模型（water cloud model，WCM），是一种基于辐射传输方程理论一阶解的半经验植被后向散射模型。Taconet（1994）利用机载散射计 C 波段、X 波段的 HH 和 VV 双极化数据，研究了小麦的后相散射特性，并利用水云模型提取了小麦的含水量。Inoue 等（2002）利用多频散射计测定了不同频率（Ka、Ku、X、C 和 L）、不同入射角的后向散射系数与水稻冠层之间的关系，并利用简化的水云模型进行分析。在没有考虑水稻结构的情况下，借助地面调查的 LAI 和植被生物量鲜重数据来模拟和分析水稻的后向散射特性。结果显示，用 C 波段和 L 波段来分析草本植被的生物量比较合适，而 Ka 波段和 Ku 波段并不适合进行草本植被生物量的分析。Durden 等（1995）将水稻冠层看作是一层由离散的散射体组成的统一体，将其下垫面模拟为一层光滑的镜面，建立了水稻水云模型。基于雷达回波信号取决于从水面反射到冠层的衰减，利用水云模型对水稻的叶面积指数进行了反演，最后利用叶面积指数与生物量之间的拟合关系，估算出了植被生物量。黎夏等（2006）利用 Radarsat-1 SAR 数据，建立了红树林湿地植被生物量与 C 波段 SAR 后向散射系数之间的非线性模型，利用遗传算法来模拟给定该模型的最优参数，进而进行红树林生物量的估算。通过与 NDVI 数据估算的植被生物量进行对比分析，表明雷达后向散射系数模型在稠密植被区域比 NDVI 模型的精度更高。分析其原因是，雷达遥感对植被具有一定的穿透能力，能够获取植被的垂直信息，降低了植被生物量估算的误差。

（3）物理模型

Ulaby 等（1990）建立了基于微波辐射传输方程一阶解的密歇根微波冠层散射模型（Michigan microwave canopy scattering model，MIMICS），该模型将植被覆盖地表分为 3 个部分：植被冠层、植被茎秆部分及植被下垫面 3 个层次，并将相应的微波后向散射分为 5 个部分。Kasischke 和 Bourgeau-Chavez（1997）研究低矮植被微波散射模型，提出了适合湿地植被散射机制的 Kasischke 模型，认为 HH 极化方式的 C 波段是监测草本植被生物量的最佳波段。而 HH 极化方式的 L 波段是监测森林植被的最佳波段（Henderson and Lewis，2008）。Toan 等（1997）将水稻茎秆近似为有限长的圆柱体，稻叶近似为椭圆盘，稻田近似为无限大水面，采用蒙特卡罗（Monter-Carlo）模型，将各组成部分对水稻后向散射贡献综合，提出理论模型，并将其应用于水稻制图及植被生物量计算。Imhof（1995b）基于 JPL AirSAR 的 P 波段、L 波段和 C 波段全极化数据，利用 MIMICS 模型和热带、亚热带阔叶林森林冠层的生物学特征数据，模拟了一系列森林植被生物量，分析了林分结构对植被生物量估算的影响。沈国状等（2009）利用 Envisat ASAR 的 HH 极化和 VV 极化数据，在分析 MIMICS 模型的基础上，利用人工神经网络对鄱阳湖湿地植被生物量进行了反演，并绘出了生物量分布图。董磊等（2009）利用 Envisat ASAR 双极化（HH 和 VV）雷达数据，基于改进的 MIMICS 模型模拟了鄱阳湖湿地的雷达后向散射系数，通过后向散射系数与植被生物量之间的关系，建立神经网络模型，估算出了鄱阳湖湿地植被的生物量分布。

物理模型虽然能够详尽地描述入射雷达波与目标地物之间的相互作用，可以使人们对于微波散射机理有很清楚的理解，但随着物理模型的不断建立和研究的深入，模型越来越复杂，利用模型进行植被参数的反演也变得十分困难。

综上所述，目前，雷达后向散射系数与植被生物量之间的经验、半经验模型是主动微波遥感反演植被生物量的主要方法。而且事实证明，因为物理模型的复杂性，参数获取的困难性，经验、半经验模型反演植被生物量仍然是十分有效的方法。

### 1.2.2.2　土壤水分反演

（1）裸露地表土壤水分反演

土壤水分含量的变化会引起土壤介电常数发生改变，而土壤介电常数是雷达反映目标地物特性的一个决定因素，影响着雷达遥感观测目标地物的后向散射系数，这是通过微波遥感估算地表土壤水分信息的基本理论依据。对于裸露土壤及植被覆盖稀疏的状况，研究者已经在土壤水分反演方面取得了巨大成功。目前，利用不同波段、不同极化方式的雷达数据进行裸露地表土壤水分估算的经验半经验模型主要包括：Oh 模型（Oh et al.，1992）、Dubois 模型（Dubois et al.，1995），以及 Shi 模型（Shi et al.，1997）；理论模型主要有基尔霍夫近似模型（Kirchhoff approximation，KA）[物理光学模型（physical optic model，POM）和几何光学模型（geometric optic model，GOM）]、小扰动模型（small perturbation model，SPM）、积分方程模型（integral equation model，IEM）（Fung et al.，1992）、先进积分方程模型（advanced integral equation model，AIEM）等。

Oh 模型利用多波段（L 波段、C 波段和 X 波段）全极化散射计进行多入射角观测，分析了不同粗糙度地表土壤对后向散射特性的影响，分别建立了同极化后向散射比（$\sigma_{HH}^{0}/\sigma_{VV}^{0}$）和交叉极化后向散射比（$\sigma_{HV}^{0}/\sigma_{VV}^{0}$）与土壤介电常数、土壤粗糙度之间的经验关系。Oh 模型能够适用于较宽的土壤粗糙度范围，特别是当粗糙土壤表面的均方根高度 $s$ 为 0.1～0.6cm，相关长度 $l$ 为 2.6～19.7cm 时，Oh

模型的模拟值和实测值较为一致。然而，在建立 Oh 模型的过程中利用了大量的散射计地面观测数据，其普适性还需要进行更深入的分析和验证。Dubois 模型利用多波段、多极化的散射计数据，通过对粗糙土壤表面的后向散射特性进行分析，分别得到了两种同极化方式（HH 极化和 VV 极化）的后向散射系数（$\sigma_{HH}^0$ 和 $\sigma_{VV}^0$）与土壤介电常数 $\varepsilon$、表征粗糙度的均方根高度 $s$ 之间的一种经验关系。在满足 $ks<2.5$（$k$ 为空间自由波数，$s$ 为地表均方根高度）的条件下，当雷达入射角大于 30°，并且土壤体积含水量小于 35% 时，Dubois 模型具有较好的效果。当 $ks>2.5$ 时，则 Dubois 模型不再适用于粗糙土壤表面的雷达后向散射描述。Shi 模型是在理论模型［积分方程模型（IEM）］的基础上，通过数值模拟来分析不同土壤参数（土壤粗糙度和土壤介电常数）对土壤后向散射特性的影响，建立了 L 波段 SAR 数据不同极化方式组合的后向散射系数与土壤参数（土壤介电常数和土壤粗糙度功率谱）之间的一种对应关系。在 Shi 模型的表达式中，对地表后向散射系数的影响因素增加了土壤粗糙度谱。因此，应用 Shi 模型进行土壤介电常数的反演，能够取得很好的效果。基尔霍夫近似模型是一种理论模型，其包括几何光学模型（GOM）和物理光学模型（POM）。几何光学模型假设当表面土壤的均方根高度 $s$ 较大时，散射完全是非相干的，则通过驻留相位法近似计算散射系数。由于 GOM 模型基于电磁波信号只能沿着目标地物表面上存在的镜面点方向进行散射的假设，因此 GOM 模型适用于粗糙度较大的表面。POM 模型假设当表面均方根高度 $s$ 较小时，存在着相干散射；在表面的均方根高度为 $ks=0$ 的极限情况下，得到纯粹的相干反射；在这种状态下，POM 模型对切向场采用标量近似法模拟目标地物的后向散射特性，将表面自相关函数在表面均方根高度 $s$ 处于 0 的地方进行展开，取出展开式中的低阶项。POM 模型适用于中等粗糙度的表面。当表面均方根高度和相关长度都比波束小时，基尔霍夫近似模型不再适用，这时可采用小扰动模型（SPM）来模拟这种较小粗糙度上的电磁散射。SPM 模型适用于较为光滑和具有较小的相关长度的表面。IEM 模型是一种基于微波辐射传输方程的土壤散射理论模型。IEM 模型能够模拟真实土壤的后向散射情况，可以应用于很宽的土壤粗糙度范围。其已经被普遍应用于分析和模拟裸露地表的微波散射和辐射。IEM 模型在一些实际应用中既表现出较高的模拟精度又表现出较容易运算的优势，是分析和研究随机粗糙度表面电磁波极化散射特性的通用模型（施建成等，2012）。但是，与实际地表相比，IEM 模型对粗糙度的描述并不精确，而且对不同粗糙度地表条件下菲涅尔反射系数的描述存在一定问题。先进积分方程模型（AIEM）是在 IEM 模型的基础上改进而成的（Wu et al.，2001；Wu and Chen，2004），能够更好地模拟裸露地表的各种情况。

　　Weimann 等（1998）基于 ERS-1 SAR 数据，以德国东部黄土区为研究区，建立了该地区土壤体积含水量与 SAR 后向散射系数之间的一种线性经验关系。李杏朝（1995）利用 X 波段 HH 极化的机载 SAR 数据，以河北为实验区，通过同步测量土壤水分，分别建立了土壤重量含水量与 SAR 参数（后向散射系数和雷达图像灰度值）之间的线性经验关系。土壤含水量虽然与 SAR 后向散射系数之间存在着一定的线性关系，但是利用主动微波遥感进行土壤水分研究时，必须考虑土壤粗糙度对后向散射的影响。Sano 等（1998）利用多波段（C 波段和 Ku 波段）、多角度 SAR 数据，进行了雷达数据对农业区裸露土壤含水量的敏感性分析。研究表明，在土壤表面粗糙度较小的区域，23°入射角的 C 波段 SAR 数据和 35°入射角的 Ku 波段 SAR 数据对土壤含水量敏感；在中等土壤粗糙度条件下，C 波段和 Ku 波段 SAR 数据的变化几乎不受土壤水分的影响，对土壤含水量的变化几乎没有敏感性。Rao 等（1993）利用多频率、多极化雷达数据，采用统计方法，建立了 SAR 后向散射系数与地表参数（土壤水分，土壤表面粗糙度和坡度）之间的经验线性关系，这种方法适用于土壤含水量较低的情况。Narayanan 等（1999）在 Rao 等建立的线性关系的基础上，建立了适用于更宽湿度范围的非线性经验方法，并基于 L 波段多极化、多角度的数据，利用该方法进行了土壤水分反演。Baghdadi 等（2002，2004，2006）基于 ERS、SIR-C、X-SAR、Envisat ASAR 和 Radarsat SAR 等数据，对 IEM 模型进行改进，对其输入参数进行多次半经验优化标定，改进了像元尺度上土壤粗糙度相关长度 $l$ 的描述，提高了土壤水分反演的精度。Rahman 等（2007，2008）通过探讨地表粗糙度对后向散射的贡献，获得了地表粗糙度的分布信息，用 IEM 模型反演了土壤含水量。Bindlish 和 Barros（2000）基于 IEM 模型，利用 SIR-C 和 X-SAR 多极化、多频率数据，进行了土壤水分的反演。结果表明，利用 IEM 模型反演的土壤水分的最大误差小于 10%，且平均误差为 3.4%。基于 IEM 模型进行裸露地表或有稀疏植被覆盖的土壤水分估算时，还需要用到一些算法，如查找表算法（look up table）（Thoma et al.，2006）、神经网络算法（Dawson et al.，1997）、贝叶斯算法（Notarnicola et al.，2006）等。Notarnicola 等（2008）比较了神经网络算法和贝叶斯算法，发现它们具有类似的反演结果。唯一不同的是，当输入训练增多时，神经网络算法效率更高。经过研究者的不断修正和完善，IEM 模型逐步发展成为了先进积分方程模型（AIEM），提高了模型模拟地表后向散射的精度。于凡和赵英时（2010）基于 AIEM 模型，并且考虑了均方根高度 $s$ 和相关长度 $l$ 对模型的影响，提出了一种新的粗糙度函数，利用双极化后向散射系数反演出了土壤水分。

主动微波信号对目标地物的几何构造十分敏感（陈书林等，2012）。考虑到地表结构对 SAR 信号的影响，研究人员已经提出了许多地表散射模型，然而这些模型均必须利用地面实测数据对其进行校正。目前，还没有一个雷达后向散射模型能够完全满足水文学的广泛应用需求（Bizzarri et al.，2007）。地表参数影响着雷达后向散射系数的变化,它们之间的关系是一种十分复杂的关系。地表参数对 SAR 后向散射系数的影响是多种参数综合作用的结果。因此,如果忽略其他地表参数的作用,仅关注 SAR 后向散射系数对某种地表参数的变化规律,只能为研究者提供一种趋势性的总体变化,但这远远没有达到地表参数反演的要求。针对土壤水分反演来说,目前比较常见的方法是,利用不同极化、不同时相、不同频段、不同入射角等多种 SAR 遥感数据来分析和研究土壤粗糙度(土壤表面均方根高度 $s$ 和表面相关长度 $l$)在 SAR 后向散射系数中的影响,建立土壤水分和多源雷达遥感数据之间的一种关系模型。

(2)植被覆盖地表土壤水分反演

从陆地表面得到的微波信号受到很多因素的影响,除了土壤水分(土壤介电常数)的影响之外,还有其他地表参数的影响,如地表植被、土壤质地、土壤表面粗糙度和雷达的本身系统参数等,其中影响最大的是地表植被。众所周知,当植被覆盖度较高时,土壤水分对 SAR 信号的贡献可能要远小于植被的影响。因此,植被覆盖下土壤水分的反演会变得更加复杂,更加困难。

植被散射建模涉及对植被之间,植被各组成成分之间,植被与下垫面地表土壤之间的一系列复杂电磁交互理论的综合理解与认识。为此,众多学者经过大量工作,建立了很多植被散射模型。早期的植被散射模型,一般将植被描述为均匀的介质,如水云模型(water cloud model,WCM)(Attema and Ulaby,1978)。这种模型的计算相对简单,但这种均匀介质模型的参数不能与植被物理参数之间建立联系,缺乏物理机制。为此,许多研究者提出了基于植被物理参数的离散随机介质的植被散射模型。这些植被散射模型将植被看作是由离散的散射体组成的离散随机介质,其散射特性通过离散散射体的空间尺寸、取向、介电特性等得到。Lang(1981)提出了近似的单层随机离散介质模型。Ulaby 等(1990)在辐射传输方程(radiative transfer equation,RTE)的基础上建立了 MIMICS 模型。随后,Karam 等(1992)将植被冠层描述为两层介质,考虑了落叶林和针叶林的树枝尺寸与分布、叶片的空间取向,增加了植被层中的二次散射场,对 MIMICS 模型进行了改进。此外,许多研究者通过去除 MIMICS 模型中的树干层来模拟农作物的后向散射(de Roo et al.,2001;Tour et al.,1994)。MIMICS 模型物理意义明确,能够真实地再现地表植被的后向散射情况,但只适用于森林冠层连续的情况。Liang 等(2005)在 MIMICS 模型的基础上,基于一阶辐射传输方程的一阶解,增加了重叠层之间的相互作用,提出了多层混合物种散射模型,适用范围更广。针对不连续针叶林,Wang 等(1993)提出了 Santa Barbara 模型。

利用主动微波数据反演植被覆盖地表的土壤水分,如果忽略植被对后向散射的影响,则会低估土壤含水量(Bolten et al.,2003)。对于地表植被不能被忽略的情况,估计土壤水分时,则需要考虑植被的影响。如何校正植被的影响,则成为实现土壤水分反演的关键。Quesney 等（2000）基于一阶辐射传输方程校正了稀疏植被区植被对后向散射的影响，利用植被生长期多时相 ERS-1 和 ERS-2 数据，得到了区域范围内农业地表土壤含水量年平均变化指数。Prevot 等（1993）用水云模型消除了植被层对地表后向散射的影响，估算出了小麦田地的土壤含水量。Gherboudj 等（2011）利用 Radarsat-2 SAR 数据，结合估算的土壤粗糙度和植被参数，基于水云模型反演出了农田中的土壤含水量。刘伟和施建成（2005）基于一阶离散植被模型，建立了一种基于多时相、多极化雷达数据来消除农作物植被覆盖对后向散射影响的方法，并利用多时相、全极化 L 波段机载雷达数据成功估算了农作物覆盖下的土壤水分变化。王树果等（2009）通过水云模型对植被影响进行校正后，利用 Dobson 混合介电模型（Dobson et al.，1985）表示 AIEM 模型中的介电常数，利用 3 景时相很接近的 ASAR 遥感数据对研究区的 3 个地表参数同时进行反演，取得了像元尺度上的地表土壤含水量信息和表面粗糙度分布情况，且估计的土壤含水量均方根误差小于 6%。施建成和李震（2002）基于多时相、全极化 L 波段的 AirSAR 数据，评估了目标分解技术在植被覆盖区估算土壤水分的应用。结果表明，应用目标分解技术和重轨极化雷达数据能够成功估算植被覆盖下土壤水分的变化情况。刘伟等（2005）基于全极化 AirSAR 数据，评估了目标分解技术在土壤水分反演中的应用。结果表明，目标分解技术可以将植被散射类型分解为单次散射、双次散射和多次散射 3 种类型。而目标分解的双次散射项对应于一阶植被散射模型中的植被与地表之间的双次散射项。因此，可以利用多时相雷达数据消除地表植被层对后向散射的影响，进而进行土壤水分变化的分析。

综上所述，利用主动微波遥感估计植被覆盖下的土壤水分方法主要是基于现有的植被散射模型，或者目标分解方法，在获得实验区的植被层信息后，去除植被层对地表的影响，然后估算出土壤水分。此外，利用雷达短周期的重复观测来估算植被覆盖下土壤水分变化也是当前研究的一个重要思路（施建成等，2012）。如果假设地表粗糙度条件和植被生物量在一段时间内是恒定的，重复观测下雷达后向散射系数的差异则可以归因于由土壤含水量变化所引起的地表介电常数的变化。所以，利用 SAR 对同一地区进行重复观测可以获得土壤水分相对变化的信息，进而提高土壤水分反演的精度。

### 1.2.3　主被动遥感数据协同参数反演

单独利用光学遥感和雷达遥感均可以反演出植被生物量。但众多研究表明，主被动遥感数据的协同参数反演，提高了植被生物量反演的精度。Moghaddam 等（2002）利用多波段光学遥感数据（TM）和 SAR 数据的融合来估算森林植被生物量，发现当两种数据结合时所反演的精度大大高于利用单独数据的反演。Amini

和 Sumantyo（2009）通过建立的多层感知器神经网络模型，分别将雷达数据、光学数据和两者结合作为输入参数所估计的植被生物量并做了比较，发现当两者结合时，反演精度显著提高。Wang 和 Qi（2008）先从 JERS-1 的非常近红外图像中反演出叶面积指数（LAI），并基于 LAI 估计了叶片的散射贡献，结合 JERS-1 SAR数据，建立了光学、微波协同反演植被生物量的模型。王庆和廖静娟（2010）结合 Landsat TM 和 Envisat ASAR 数据，分析了光学遥感数据和 SAR 数据在估算植被生物量时的优点和缺陷，指出了在植被覆盖密度高的地区，光学遥感数据的反演精度不如 SAR 数据，而在低生物量地区，SAR 数据不如光学遥感数据。最后通过两种数据的结合来反演植被生物量，结果发现，光学遥感数据和 SAR 数据的结合提高了植被稠密程度变化较大的区域的生物量反演精度。

光学遥感只能获得植被冠层的表面信息而不能获得植被的垂直信息；而雷达遥感虽然通过斜视可以获得植被冠层的结构信息，但却受到下垫面非常大的影响。所以，单独利用光学遥感数据或者雷达遥感数据进行植被生物量的反演，总会受到某种限制。因此，光学和雷达遥感数据的协同使用，可以弥补单独使用某种遥感的不足。

光学遥感数据和雷达遥感数据协同反演植被覆盖下的土壤水分时，主要是通过从光学遥感数据中提取的植被参数（如 LAI、NDVI 等）估算植被散射分量和植被衰减因子，来校正雷达观测中的植被影响，进而估算土壤水分。

Moran 等（2000）基于多时相 ERS-2 SAR 数据分析雷达后向散射系数对表面土壤含水量的敏感度。结果显示，Landsat TM 数据和 ERS-2 SAR 数据的结合，提高了土壤水分反演的精度。Wang 等（2004）假设半干旱牧场表面土壤粗糙度的年度变化非常小，通过湿润和干旱季节之间的两幅 ERS-2 图像的减法来减小表面粗糙度对后向散射的影响。利用 ERS-2 和 TM 数据，建立了半干旱牧场稀疏植被覆盖区的土壤水分的光学和雷达协同反演模型。Lievens 和 Verhoest（2011）将极易用光学遥感数据反演的 LAI 作为植被描述参数，结合水云模型和 IEM 模型，反演了植被覆盖下的土壤水分。Du 等（2010）利用 HJ-1 卫星的光学遥感数据校正植被对后向散射的影响，结合 AIEM 模型建立了一种土壤水分反演算法，提高了反演精度。Yang 等（2006）基于 AIEM 模型提出了一个半经验后向散射模型，利用光学遥感数据 Landsat TM 和 AVHRR 去除植被的影响后，利用 Radarsat HH 极化数据反演的土壤水分与地面实测数据变化比的均方根误差为 1.14。鲍艳松等（2007）基于 MIMICS 模型，建立了 NDVI 与植被单次散射和双向透过率之间的关系。利用 NDVI 来确定植被散射和衰减在总后向散射中的贡献，基于 Envisat ASAR 和 Landsat TM 遥感数据提出了冬小麦覆盖下的主动和被动遥感协同估算土壤水分模型，实现了植被覆盖下土壤含水量的估计。余凡和赵英时（2011）基于一阶微波辐射传输理论，利用简化的 MIMICS 模型去除植被对后向散射的影响；

通过建立植被冠层的后向散射截面、双向散射截面、消光系数和冠层含水量之间的经验模型，减少了 MIMICS 模型的输入参数；同时，将利用 PROSAIL 模型模拟的 LAI 作为 MIMICS 模型的输入参数，并利用描述植被冠层重叠的参数进行了雷达阴影校正，最终建立了一种仅需较少输入参数的主被动遥感协同反演方法来估计植被覆盖下的地表土壤含水量。周鹏等（2010）基于 Landsat-5 TM 数据，利用统计方法建立改进型归一化差分水分指数（NDMI）与研究区植被含水量（VWC）之间的关系；基于水云模型去除总后向散射系数中植被散射和吸收的贡献，应用 Radarsat-2 SAR 数据，对干旱区绿洲植被覆盖下的土壤水分进行了估算。余凡等（2012）基于建立的 BP 神经网络，将 Landsat TM 数据（TM3、TM4 和 TM6）和 Envisat ASAR 数据（VV、VH 和 VH/VV）作为 BP 网络模型的输入参数协同反演土壤水分。与单一数据反演的结果比较，主被动协同反演具有更大优势和潜力。

## 1.3　数据同化的现状与发展

数据同化技术起源于数值天气预报，后被引入到水文、农业及生态环境中用于研究其过程的动态变化，其理论基础、模型及方法在天气预报行业得到了广泛应用，而在水文、农业及生态环境的研究中还处于逐步发展的阶段。1.2.1 节中通过植被参数定量反演方法能够获取目标参数在空间上的分布信息，而数据同化技术，由于其耦合了定量反演的方法、模型与植被生长的动态模型及优化算法，不仅能够获取目标参数在空间上的连续分布信息，同时也能获取植被在时间序列上的动态变化信息，具有重要的研究价值及实际应用意义。数据同化主要包括两部分内容：一部分为描述陆面过程或动力学过程的动态模型，如植被生长模型、作物生长模型；另一部分为同化算法，其理论基础来源于最优控制理论，本质上为最优化算法。数据同化可简单概括为通过数据同化算法，将多源观测信息（如遥感观测值、地面测量值等）融入到动态模型当中，对模型的输入参数值或状态变量进行实时更新，最后通过模型的演进，达到滤波、平滑及预测目标参数的目的。现对在国内外植被参数数据同化方面主要使用的动态模型及同化算法简介如下。

（1）作物生长模型研究进展

作物生长模型，起步于 20 世纪 60 年代。世界上有许多农业大国针对国内自身情况对作物生长模型进行了研究及发展，以对作物产量进行估计，其中以荷兰及美国作物生长模型最为出名。目前，我国还未发展针对国内农作物生长情况特点的作物生长模型。现对主要的作物生长模型简介如下。

1）荷兰作物生长模型。荷兰早在 20 世纪六七十年代就对作物生长模型进行了研究，其是对作物生长模型研究最早的国家。世界粮食研究（world food studies，WOFOST）（Confalonieri et al.，2009；Eitzinger et al.，2004；Tripathy et al.，2012）

模型是荷兰研发的最具影响力的作物生长模型。该模型采用过程的描述方式，可通过改变作物生理参数来模拟不同类型作物生长的时间序列情况。

2）美国作物生长模型。美国作物生长模型是 20 世纪 80 年代在借鉴荷兰作物生长模型的基础上发展起来的，其具代表性的作物生长模型为作物环境资源综合模型（crop environment resource synthesis，CERES）（Eitzinger et al.，2004），但众多的输入参数使 CERES 难以得到广泛应用。针对这一情况，美国农业部实施农业技术传输的国际基准站点网络（international benchmark sites for agro-technology transfer，IBSNAT）项目，开发了农业技术转移决策支持系统（decision support system for agro-technology transfer，DSSAT）（Dzotsi et al.，2010；Marin et al.，2011）作物生长模型，使其在生产实践中得以广泛应用。

其他的作物生长模型包括澳大利亚的农业生产系统模拟（agricultural production systems simlulator，APSIM）模型、法国的 STICS 模型等。除此之外，经验性的作物生长模型也得到了一定的应用，其中最著名的经验作物生长模型为 Logistic 模型或双 Logistic 模型。经验动态模型较复杂的物理动态模型的优势在于其表达式简单、计算效率高，而一般的物理动态模型具有上百个输入参数，如何确定这些参数的取值是制约物理模型发展的主要障碍。但经验模型一般缺乏普适性，受研究区植被类型及时空分布特征的影响较大。因此，针对特定的研究区，选择合适的经验或物理动态模型对正确反映植被的生长状况尤为重要。

（2）数据同化方法研究现状

目前，基于数据同化技术将观测数据（遥感数据或实测数据）与植被生长模型结合的方法主要有两种：驱动法及同化法（Liang，2004）。驱动法的思想是将观测信息直接带入到动态模型中来驱动模型的演进。同化法则是基于最小二乘思想，将观测信息与动态模型的模拟结果通过构建代价函数联系在一起，再基于最优化算法，进行最优寻优，获取目标参数的时间序列信息。驱动法的典型代表是滤波方法（集合卡尔曼滤波、扩展卡尔曼滤波及粒子滤波等）（Evensen，2003；Evensen and Van Leeuwen，1996；Houtekamer and Mitchell，2005），是对作物生长模型的状态变量进行滤波后再重新带回到模型，再使模型在此基础上继续运行。同化法的典型代表是变分法（四维变分法）（Tr'emolet，2006；Kalnay et al.，2007a，2007b；Gustafsson，2007）。根据观测数据的不同构建不同的代价函数，一般分为两类：一类是基于遥感影像获取的反射率数据，通过辐射传输模型与作物生长模型直接结合构建代价函数，再通过最优化算法，获得感兴趣的参数值在时序上的分布。另一类则是先基于遥感观测数据及冠层反射率模型反演目标参数值，再将其与动态模型的模拟值构建代价函数，最后通过最优化算法对目标参数进行优化。其中，最优化算法主要包括最速下降法、牛顿法、鲍威尔算法（POWELL）及共轭梯度法等。除 POWELL 算法外，其他算法都需要求得方程（或模型）的梯度，对于大多数非线性、含微分及积分的方程来讲，这是非常困难的，而自动微分技术的发展对于在计算机代码层次上求得模型的梯度值做出了极大的贡献。秦军（2005）、赵艳霞（2005）、王东伟（2008）等先后对遥感信息与作物生长模型（动态模型）的结合方法进行了讨论和归纳。

## 1.4　应用系统

　　生态环境质量是指生态环境的优劣程度，它以生态学理论为基础，在特定的时间和空间范围内，从生态系统层次上，反映生态环境对人类生存及社会经济持续发展的适宜程度，是根据人类的具体要求对生态环境的性质及变化状态的结果进行评定。生态环境质量评价就是根据特定的目的，选择具有代表性强、可操作性和可比性高的评价指标和方法，对生态环境质量的优劣程度进行定性或定量的分析和判别（万本太，2004）。20 世纪 60 年代，人们开始对生态环境质量进行了研究工作，美国、加拿大、日本和中国等许多国家在生态环境评价方面做了大量工作（海热提和王文兴，2004）。自 1973 年以来，我国的一些大中城市、流域及海域都陆续开展了生态环境质量评价工作，在生态环境质量评价理论和方法方面取得了一定进展（孟庆香，2006）。随着科学技术的创新与发展，相关学者在生态环境评价方面提出了许多方法，并得到了充分的实践和应用。张国祥和杨居荣（1996）对综合指数评价法的指标重叠性与独立性进行了研究，提出了评价指标的重叠性与独立性的定量分析方法。卜全民（2007）将模糊评价法用于生态环境质量评价当中，并以实例进行了对比论证。何璠（2006）提出了基于人工神经网络的环境质量计算机辅助评价方法，并以《拉萨市区环境质量全面达标规划》的历史数据，对网络进行训练及验证，证明了人工神经网络应用于环境评价的可行性。张丽等（2009）将层次分析法应用到江西脆弱生态环境评价指标体系中，用于评价江西脆弱生态环境的脆弱程度。在国外 Tran 等（2002）对大西洋沿岸中部地区采用模糊决策方法进行评估。Mortberg 等（2001）运用地理信息系统（GIS）和生态决策支持系统（EDSS），建立了相应的指标体系和定量分析模型，在此基础上分析了城市化进程对生物多样性的影像，并且指出了减轻城市化对生物多样性影响的解决途径。Richardson 和 Loomis（2009）运用权变价值方法（contingent valuation method，CVM）模型和支付意愿（willing-to-pay，WTP）方法分析了美国珍稀濒危野生动物的经济学价值。Gómez-Limón 和 Sanchez-Fernandez（2010）运用复合指标系统，使用模糊聚类分析方法，选取了 16 个可持续性指标评估西班牙农村地区农业发展的可持续性。

　　自 20 世纪以来，人们对各种资源的需求与日俱增，资源的大量开采及工业化的飞速发展导致了各种生态环境问题。同时，这些问题也引起了人们的高度重视，全球的政府部门在生态环境保护方面做了大量的工作。在此期间，计算机信息技术也在突飞猛进的发展，人们发现应用计算机信息技术在政府环境决策方面能发挥巨大作用，所以越来越多的人员开始了这方面的研究工作（包广道，2012）。国内的生态环境评价系统起步较晚，系统功能较单一，但发展速度较快。目前，我国大部分的生态环境评价系统都是针对特定研究区域或者某一个研究内容进行的评价，在这些方面已经取得了一定成果，如矿山地质环境（于莉等，2011；马聪和武文波，2009；和正民等，2010）、水环境（左一鸣等，2004；王霞和李功振，2010；董东林等，2003）、耕地资源（唐秀娟和袁希平，2007）等。国外这方面的研究起步早且比较完善，Anokhin 和 Izrael（2000）对俄罗斯贝加尔湖流域土壤、水、大气环境建立了以评价总体环境质量为主要目标的评价模型，并建立了相应的监测评价系统。Chybicki 等（2008）利用遥感技术和 GIS 技术对海洋污染进行了分析评价，并建立了可视化系统。

## 参考文献


包广道. 2012. 矿山地质环境评价系统的研究与建立. 哈尔滨：东北林业大学硕士学位论文.

鲍艳松，刘良云，王纪华. 2007. 综合利用光学，微波遥感数据反演土壤湿度研究. 北京师范大学学报：自然科学版，43：228-233.

卜全民. 2007. 环境质量模糊评价方法应用研究. 南京：河海大学博士学位论文.

蔡博峰，绍霞. 2007. 基于 PROSPECT+SAIL 模型的遥感叶面积指数反演. 国土资源遥感，2：39-43.

陈健，倪绍祥，李云梅. 2008. 基于神经网络方法的芦苇叶面积指数遥感反演. 国土资源遥感，72：62-67.

陈书林，刘元波，温作民. 2012. 卫星遥感反演土壤水分研究综述. 地球科学进展，27：1192-1203.

董东林，余小燕，武强，等. 2003. 晋陕蒙能源基地矿区水环境评价系统的研究——以陕北地区为例. 中国矿业大学学报，32（3）：38-41.

董磊，廖静娟，沈国状. 2009. 基于神经网络算法的多极化雷达数据估算鄱阳湖生物量. 遥感技术与应用，24（3）：325-330.

方精云，刘国华，徐嵩龄. 1996. 我国森林植被的生物量和净生产量. 生态学报，05：497-508.

冯宗炜，王效科，吴刚. 1999. 中国森林生态系统的生物量和生产力. 北京：科学出版社.

海热提，王文兴. 2004. 生态环境评价，规划与管理. 北京：中国环境科学出版社.

何璠. 2006. 基于 BP 人工神经网络的环境质量评价模型研究. 成都：四川大学硕士学位论文.

和正民，燕云鹏，冯敏，等. 2010. 青藏高原生态地质环境遥感综合评价系统的设计与实现. 国土资源遥感，S1：30-34.

姜志伟，陈仲新，任建强. 2011. 基于 ACRM 辐射传输模型的植被叶面积指数遥感反演. 中国农业资源与区划，32：57-63.

黎夏，叶嘉安，王树功，等. 2006. 红树林湿地植被生物量的雷达遥感估算. 遥感学报，10：387-396.

李小文，王锦地. 1998. 先验知识在遥感反演中的作用. 中国科学 D 辑，28：67-72.

李杏朝. 1995. 微波遥感监测土壤水分的研究初探. 遥感技术与应用，10：1-8.

刘伟，施建成. 2005. 应用极化雷达估算农作物覆盖地区土壤水分相对变化. 水科学进展，16：596-601.

刘伟，施建成，王建明. 2005. 极化分解技术在估算植被覆盖地区土壤水分变化中的应用. 遥感信息，04：3-6.

刘政. 1992. 国外草原开发利用的措施和政策. 世界农业，10：38-42.

马聪，武文波. 2009. 矿区生态环境评价系统研究与实现. 测绘科学，34：103-104，109.

孟庆香. 2006. 基于遥感、GIS 和模型的黄土高原生态环境质量综合评价. 西安：西北农林科技大学博士学位论文.

乔振民，邢立新，李淼淼，等. 2012. Hyperion 数据玉米叶绿素含量制图. 遥感技术与应用，2：275-281.

秦军. 2005. 优化控制技术在遥感反演地表参数中的研究与应用. 北京：北京师范大学硕士学位论文.

沈国状，廖静娟，郭华东，等. 2009. 基于 ENVISATASAR 数据的鄱阳湖湿地生物量反演研究. 高技术通讯，19：644-649.

施建成，杜阳，杜今阳，等. 2012. 微波遥感地表参数反演进展. 中国科学地球科学（中文版），42：814-842.

施建成，李震. 2002. 目标分解技术在植被覆盖条件下土壤水分计算中的应用. 遥感学报，6：412-415.

唐秀娟，袁希平. 2007. 基于 GIS 的耕地资源环境评价系统的设计. 中国西部科技（学术），16：26-27.

万本太. 2004. 中国生态环境质量评价研究. 北京：中国环境科学出版社.

王臣立，郭治兴，牛铮，等. 2006. 热带人工林生物物理参数及生物量对 RADARSAT SAR 信号响应研究. 生态环境，15：115-119.

王东伟. 2008. 遥感数据与作物生长模型同化方法及其应用研究. 北京：北京师范大学博士学位论文.

王庆，廖静娟. 2010. 基于 Landsat TM 和 ENVISAT ASAR 数据的鄱阳湖湿地植被生物量的反演. 地球信息科学学报，12：282-291.

王树果，李新，韩旭军，等. 2009. 利用多时相 ASAR 数据反演黑河流域中游地表土壤水分. 遥感技术与应用，24：582-587.

王霞，李功振. 2010. 基于模糊本体的水环境评价系统的研究. 安徽农业科学，35：20306-20308.

阎广建，吴均. 2002. 光谱先验知识在植被结构遥感反演中的应用. 遥感学报，6：1-6.

杨飞，孙九林，张柏，等. 2010. 基于 PROSAIL 模型及 TM 与实测数据的 MODISLAI 精度评价. 农业工程学报，26：192-197.

杨燕，田庆久. 2007. 水稻 LAI 参数的 Hyperion 反演研究. 遥感技术与应用，22：345-350.

于莉，赵玉山，姚玉增. 2011. 基于 MAPGIS 的千山景区生态地质环境评价系统的设计与实现. 软件导刊，05：137-139.

余凡，赵英时. 2010. 合成孔径雷达反演裸露地表土壤水分的新方法. 武汉大学学报：信息科学版，35：317-321.

余凡，赵英时. 2011. ASAR 和 TM 数据协同反演植被覆盖地表土壤水分的新方法. 中国科学地球科学（中文版），41：532-540.

余凡，赵英时，李海涛. 2012. 基于遗传 BP 神经网络的主被动遥感协同反演土壤水分. 红外与毫米波学报，31：283-288.

张国祥，杨居荣. 1996. 综合指数评价法的指标重叠性与独立性研究. 农业环境保护，05：213-217，240-241.

张丽，林联盛，刘木生，等. 2009. AHP 法在江西脆弱生态环境评价指标体系中的应用. 江西科学，27（2）：240-246.

张苏琼，阎万贵. 2006. 中国西部草原生态环境问题及其控制措施. 草业学报，05：11-18.

赵艳霞，秦军，周秀骥. 2005. 遥感信息与棉花模型结合反演模型初始值和参数的方法研究. 棉花学报，17：280-284.

周鹏，丁建丽，王飞，等. 2010. 植被覆盖地表土壤水分遥感反演. 遥感学报，05：959-973.

左一鸣，丁贤荣，崔广柏. 2004. 基于 GIS 的水环境评价系统研制. 计算机与现代化，01：89-91.

Amini J，Sumantyo J T S. 2009. Employing a method on SAR and optical images for forest biomass estimation. IEEE Transactions on Geoscience and Remote Sensing，47：4020-4026.

Anokhin Y A，Izrael Y A. 2000. Monitoring and assessment of the environment in the Lake Baikal region. Aquatic Ecosystem Health & Management，3：199-201.

Attema E，Ulaby F T. 1978. Vegetation modeled as a water cloud. Radio Science，13：357-364.

Atzberger C. 2004. Object-based retrieval of biophysical canopy variables using artificial neural nets and radiative transfer models. Remote Sensing of Environment，93：53-67.

Baghdadi N，King C，Chanzy A，et al. 2002. An empirical calibration of the integral equation model based on SAR data，soil moisture and surface roughness measurement over bare soils. International Journal of Remote Sensing，23：4325-4340.

Baghdadi N，Gherboudj I，Zribi M，et al. 2004. Semi-empirical calibration of the IEM backscattering model using radar images and moisture and roughness field measurements. International Journal of Remote Sensing，25：3593-3623.

Baghdadi N，Holah N，Zribi M. 2006. Calibration of the Integral Equation Model for SAR data in C-band and HH and VV polarizations. International Journal of Remote Sensing，27：805-816.

Bannari A，Khurshid K S，Staenz K，et al. 2007. A comparison of hyperspectral chlorophyll indices for wheat crop chlorophyll content estimation using laboratory reflectance measurements. IEEE Transactions on Geoscience and Remote Sensing，45：3063-3074.

Bicheron P，Leroy M. 1999. A method of biophysical parameter retrieval at global scale by inversion of a vegetation reflectance model. Remote Sensing of Environment，67：251-266.

Bindlish R，Barros A P. 2000. Multifrequency soil moisture inversion from SAR measurements with the use of IEM. Remote Sensing of Environment，71：67-88.

Bizzarri B，Wigneron J-P，Kerr Y. 2007. Operational readiness of microwave remote sensing of soil moisture for hydrologic applications. Wate Policy，38（1）：1-20.

Bolten J D，Lakshmi V，Njoku E G. 2003. Soil moisture retrieval using the passive/active L-and S-band radar/radiometer. IEEE Transactions on Geoscience and Remote Sensing，41：2792-2801.

Brougham R. 1960. The relationship between the critical leaf area，total chlorophyll content，and maximum growth-rate of some pasture and crop planst. Annals of Botany，24：463-474.

Chybicki A，Kulawiak M，Lubniewski Z，et al. 2008. GIS for Remote Sensing，Analysis and Visualisation of Marine Pollution and Other Marine Ecosystem Components. Gdansk，Poland：International Conference on Information Technology.

Colombo R，Bellingeri D，Fasolini D，et al. 2003. Retrieval of leaf area index in different vegetation types using high resolution satellite data. Remote Sensing of Environment，86：120-131.

Combal B，Baret F，Weiss M. 2002. Improving canopy variables estimation from remote sensing data by exploiting ancillary information. Case study on sugar beet canopies. Agronomie，22：205-215.

Combal B，Baret F，Weiss M，et al. 2003. Retrieval of canopy biophysical variables from bidirectional reflectance：Using prior information to solve the ill-posed inverse problem. Remote Sensing of Environment，84：1-15.

Confalonieri R，Acutis M，Bellocchi G，et al. 2009. Multi-metric evaluation of the models WARM，CropSyst，and WOFOST for rice. Ecological Modelling，220：1395-1410.

Curran P J，Edward J M. 1983. The relationships between the chlorophyll concentration，LAI and reflectance of a simple vegetation canopy. International Journal of Remote Sensing，4：247-255.

Darvishzadeh R，Skidmore A，Schlerf M，et al. 2008. Inversion of a radiative transfer model for estimating vegetation LAI and chlorophyll in a heterogeneous grassland. Remote Sensing of Environment，112：2592-2604.

Dawson M S，Fung A K，Manry M T. 1997. A robust statistical-based estimator for soil moisture retrieval from radar measurements. IEEE Transactions on Geoscience and Remote Sensing，35：57-67.

de Roo R D，Du Y，Ulaby F T，et al. 2001. A semi-empirical backscattering model at L-band and C-band for a soybean canopy with soil moisture inversion. IEEE Transactions on Geoscience and Remote Sensing，39：864-872.

Dobson M C，Ulaby F T，Hallikainen M T，et al. 1985. Microwave dielectric behavior of wet soil-Part II：Dielectric mixing models. IEEE Transactions on Geoscience and Remote Sensing，23（1）：35-46.

Dobson M C，Ulaby F T，LeToan T，et al. 1992. Dependence of radar backscatter on coniferous forest biomass. IEEE Transactions on Geoscience and Remote Sensing，30：412-415.

Doraiswamy P，Hatfield J L，Jackson T J，et al. 2004. Crop condition and yield simulations using Landsat and MODIS. Remote Sensing of Environment，92：548-559.

Du J，Shi J，Sun R. 2010. The development of HJ SAR soil moisture retrieval algorithm. International Journal of Remote Sensing，31：3691-3705.

Dubois P C，Van Zyl J，Engman T. 1995. Measuring soil moisture with imaging radars. IEEE Transactions on Geoscience and Remote Sensing，33：915-926.

Durden S L，Morrissey L A，Livingston G P. 1995. Microwave backscatter and attenuation dependence on leaf area index for flooded rice fields. IEEE Transactions on Geoscience and Remote Sensing，33：807-810.

Dzotsi K，Jones J W，Adiku S G K，et al. 2010. Modeling soil and plant phosphorus within DSSAT. Ecological Modelling，221：2839-2849.

Eitzinger J，Trnka M，Hösch J，et al. 2004. Comparison of CERES，WOFOST and SWAP models in simulating soil water content during growing season under different soil conditions. Ecological Modelling，171：223-246.

Evensen G. 2003. The ensemble Kalman filter：Theoretical formulation and practical implementation. Ocean Dynamics，53：343-367.

Evensen G，Van Leeuwen P J. 1996. Assimilation of Geosat altimeter data for the Agulhas current using the ensemble Kalman filter with a quasi-geostrophic model. Monthly Weather，124（1）：85-96.

Fung A K，Li Z，Chen K. 1992. Backscattering from a randomly rough dielectric surface. IEEE Transactions on Geoscience and Remote Sensing，30：356-369.

Gherboudj I，Magagi R，Berg A A，et al. 2011. Soil moisture retrieval over agricultural fields from multi-polarized and multi-angular RADARSAT-2 SAR data. Remote Sensing of Environment，115：33-43.

Gitelson A A，Vina A，Ciganda V，et al. 2005. Remote estimation of canopy chlorophyll content in crops. Geophysical Research Letters，32：L08403.

Gómez-Limón J A，Sanchez-Fernandez G. 2010. Empirical evaluation of agricultural sustainability using composite indicators. Ecological Economics，69：1062-1075.

Gustafsson N. 2007. Discussion on '4D-Var or EnKF?'. Tellus A，59：774-777.

He B，Quan X，Xing M. 2013. Retrieval of leaf area index in alpine wetlands using a two-layer canopy reflectance model. International Journal of Applied Earth Observation and Geoinformation，21：78-91.

Henderson F M，Lewis A J. 2008. Radar detection of wetland ecosystems：A review. International Journal of Remote Sensing，29：5809-5835.

Hoekman D H，Quiriones M J. 2000. Land cover type and biomass classification using AirSAR data for evaluation of monitoring scenarios in the Colombian Amazon. IEEE Transactions on Geoscience and Remote Sensing，38：685-696.

Houborg R，Anderson M，Daughtry C. 2009. Utility of an image-based canopy reflectance modeling tool for remote estimation of LAI and leaf chlorophyll content at the field scale. Remote Sensing of Environment，113：259-274.

Houborg R，Soegaard H，Boegh E. 2007. Combining vegetation index and model inversion methods for the extraction of key vegetation biophysical parameters using Terra and Aqua MODIS reflectance data. Remote Sensing of Environment，106：39-58.

Houtekamer P，Mitchell H L. 2005. Ensemble kalman filtering. Quarterly Journal of the Royal Meteorological Society，

131: 3269-3289.

Imhoff M L. 1995a. Radar backscatter and biomass saturation: Ramifications for global biomass inventory. IEEE Transactions on Geoscience and Remote Sensing, 33: 511-518.

Imhoff M L. 1995b. A theoretical analysis of the effect of forest structure on synthetic aperture radar backscatter and the remote sensing of biomass. IEEE Transactions on Geoscience and Remote Sensing, 33: 341-352.

Inoue Y, Kurosu T, Maeno H, et al. 2002. Season-long daily measurements of multifrequency (Ka, Ku, X, C, and L) and full-polarization backscatter signatures over paddy rice field and their relationship with biological variables. Remote Sensing of Environment, 81: 194-204.

Jacquemoud S, Bacour C, Poilve H, et al. 2000. Comparison of four radiative transfer models to simulate plant canopies reflectance: Direct and inverse mode. Remote Sensing of Environment, 74: 471-481.

Kalnay E, Hong L, Miyoshi T, et al. 2007a. Response to the discussion on "4-D-Var or EnKF?" by Nils Gustafsson. Tellus A, 59: 778-780.

Kalnay E, Li H, Miyoshi T, et al. 2007b. 4-D-Var or ensemble Kalman filter? Tellus A, 59: 758-773.

Karam M, Fung A K, Lang R H, et al. 1992. A microwave scattering model for layered vegetation. IEEE Transactions on Geoscience and Remote Sensing, 30: 767-784.

Kasischke E S, Bourgeau-Chavez L L. 1997. Monitoring South Florida wetlands using ERS-1 SAR imagery. Photogrammetric Engineering and Remote Sensing, 63: 281-291.

Kimes D, Nelson R F, Manry M T, et al. 1998. Review article: Attributes of neural networks for extracting continuous vegetation variables from optical and radar measurements. International Journal of Remote Sensing, 19: 2639-2663.

Kurosu T, Fujita M, Chiba K. 1995. Monitoring of rice crop growth from space using the ERS-1 C-band SAR. IEEE Transactions on Geoscience and Remote Sensing, 33: 1092-1096.

Lang R H. 1981. Electromagnetic backscattering from a sparse distribution of lossy dielectric scatterers. Radio Science, 16: 15-30.

Lavergne T, Kaminski T, Pinty B, et al. 2007. Application to MISR land products of an RPV model inversion package using adjoint and Hessian codes. Remote Sensing of Environment, 107: 362-375.

Liang P, Moghaddam M, Pierce L E, et al. 2005. Radar backscattering model for multilayer mixed-species forests. IEEE Transactions on Geoscience and Remote Sensing, 43: 2612-2626.

Liang S. 2004. Quantitative Remote Sensing of Land Surfaces. New York: John Wiley and Sons, Inc.

Lievens H, Verhoest N E. 2011. On the retrieval of soil moisture in wheat fields from L-band SAR based on water cloud modeling, the IEM, and effective roughness parameters. IEEE Geoscience and Remote Sensing Letters, 8: 740-744.

Marin F R, Johes J W, Royce F, et al. 2011. Parameterization and evaluation of predictions of DSSAT/CANEGRO for Brazilian sugarcane. Agronomy Journal, 103: 304-315.

Meroni M, Colombo R, Panigada C. 2004. Inversion of a radiative transfer model with hyperspectral observations for LAI mapping in poplar plantations. Remote Sensing of Environment, 92: 195-206.

Moghaddam M, Dungan J L, Acker S. 2002. Forest variable estimation from fusion of SAR and multispectral optical data. IEEE Transactions on Geoscience and Remote Sensing, 40: 2176-2187.

Moran M S, Hymer D C, Qi J, et al. 2000. Soil moisture evaluation using multi-temporal synthetic aperture radar (SAR) in semiarid rangeland. Agricultural and Forest Meteorology, 105: 69-80.

Moran M S, Maas S J, Pinter Jr P J. 1995. Combining remote sensing and modeling for estimating surface evaporation and biomass production. Remote Sensing Reviews, 12: 335-353.

Moreau S, Le Toan T. 2003. Biomass quantification of Andean wetland forages using ERS satellite SAR data for optimizing livestock management. Remote Sensing of Environment, 84: 477-492.

Mortberg U M. 2001. Resident bird species in urban forest remnants: landscape and habitat perspectives. Landscape Ecology, 16: 193-203.

Narayanan R M, Horner J R, St Germain K M. 1999. Simulation study of a robust algorithm for soil moisture and surface roughness estimation using L-band radar backscatter. Geocarto International, 14: 6-13.

Nilson T, Kuusk A. 1989. A reflectance model for the homogeneous plant canopy and its inversion. Remote Sensing of Environment, 27: 157-167.

Notarnicola C, Angiulli M, Posa F. 2006. Use of radar and optical remotely sensed data for soil moisture retrieval over vegetated areas. IEEE Transactions on Geoscience and Remote Sensing, 44: 925-935.

Notarnicola C, Angiulli M, Posa F. 2008. Soil moisture retrieval from remotely sensed data: Neural network approach versus Bayesian method. IEEE Transactions on Geoscience and Remote Sensing, 46: 547-557.

Oh Y, Sarabandi K, Ulaby F T. 1992. An empirical model and an inversion technique for radar scattering from bare soil surfaces. IEEE Transactions on Geoscience and Remote Sensing, 30: 370-381.

Prevot L, Champion I, Guyot G. 1993. Estimating surface soil moisture and leaf area index of a wheat canopy using a dual-frequency (C and X bands) scatterometer. Remote Sensing of Environment, 46: 331-339.

Qu Y, Wang J, Wan H, et al. 2008. A Bayesian network algorithm for retrieving the characterization of land surface vegetation. Remote Sensing of Environment, 112: 613-622.

Quesney A, Le Hégarat-Mascle S, Taconet O, et al. 2000. Estimation of watershed soil moisture index from ERS/SAR data. Remote Sensing of Environment, 72: 290-303.

Rahman M, Moran M S, Thoma D P, et al. 2007. A derivation of roughness correlation length for parameterizing radar backscatter models. International Journal of Remote Sensing, 28: 3995-4012.

Rahman M, Moran M S, Thoma D P, et al. 2008. Mapping surface roughness and soil moisture using multi-angle radar imagery without ancillary data. Remote Sensing of Environment, 112: 391-402.

Rao K, Raju S, Wang J. 1993. Estimation of soil moisture and surface roughness parameters from backscattering coefficient. IEEE Transactions on Geoscience and Remote Sensing, 31: 1094-1099.

Richardson L, Loomis J. 2009. The total economic value of threatened, endangered and rare species: An updated meta-analysis. Ecological Economics, 68: 1535-1548.

Sano E E, Moran M E, Huete A R, et al. 1998. C-and multiangle Ku-band synthetic aperture radar data for bare soil moisture estimation in agricultural areas. Remote Sensing of Environment, 64: 77-90.

Santos J R, Freitas C C, Araujo L S, et al. 2003. Airborne P-band SAR applied to the aboveground biomass studies in the Brazilian tropical rainforest. Remote Sensing of Environment, 87: 482-493.

Schlerf M, Atzberger C. 2006. Inversion of a forest reflectance model to estimate structural canopy variables from hyperspectral remote sensing data. Remote Sensing of Environment, 100: 281-294.

Shi J, Wang J, Hsu A Y, et al. 1997. Estimation of bare surface soil moisture and surface roughness parameter using L-band SAR image data. IEEE Transactions on Geoscience and Remote Sensing, 35: 1254-1266.

Si Y, Schlerf M, Zurita-Milla R, et al. 2012. Mapping spatio-temporal variation of grassland quantity and quality using MERIS data and the PROSAIL model. Remote Sensing of Environment, 121: 415-425.

Taconet O, Benallegue M, Vidal-Madjar D, et al. 1994. Estimation of soil and crop parameters for wheat from airborne radar backscattering data in C and X bands. Remote Sensing of Environment, 50: 287-294.

Thoma D, Moran M S, Bryant R, et al. 2006. Comparison of four models to determine surface soil moisture from C-band radar imagery in a sparsely vegetated semiarid landscape. Water Resources Research, 42 (1): W01418.

Toan T L, Ribbes F, Wang L F, et al. 1997. Rice crop mapping and monitoring using ERS-1 data based on experiment and modeling results. IEEE Transactions on Geoscience and Remote Sensing, 35: 41-56.

Tour A, Thomson K P B, Edwards G, et al. 1994. Adaptation of the MIMICS backscattering model to the agricultural context-wheat and canola at L and C bands. IEEE Transactions on Geoscience and Remote Sensing, 32: 47-61.

Tran L T, Knight C G, O'Neill R V, et al. 2002. Fuzzy Decision analysis for integrated environmental vulnerability assessment of the mid-atlantic region1. Environmental Management, 29: 845-859.

Tr'emolet Y. 2006. Accounting for an imperfect model in 4D-Var. Quarterly Journal of the Royal Meteorological Society, 132: 2483-2504.

Tripathy R, Chaudhari K N, Mukherjee J, et al. 2012. Forecasting wheat yield in Punjab state of India by combining crop simulation model WOFOST and remotely sensed inputs. Remote Sensing Letters, 4: 19-28.

Tucker C J. 1980. Remote sensing of leaf water content in the near infrared. Remote Sensing of Environment, 10: 23-32.

Ulaby F T, Sarabandi K, Mcdonald K, et al. 1990. Michigan microwave canopy scattering model. International Journal of Remote Sensing, 11: 1223-1253.

Walthall C, Dulaney W, Anderson M, et al. 2004. A comparison of empirical and neural network approaches for estimating corn and soybean leaf area index from Landsat ETM+imagery. Remote Sensing of Environment, 92: 465-474.

Wang C, Qi J, Moran S, et al. 2004. Soil moisture estimation in a semiarid rangeland using ERS-2 and TM imagery. Remote Sensing of Environment, 90: 178-189.

Wang C, Qi J. 2008. Biophysical estimation in tropical forests using JERS-1 SAR and VNIR imagery. II. Aboveground woody biomass. International Journal of Remote Sensing, 29: 6827-6849.

Wang Y, Day J, Sun G. 1993. Santa Barbara microwave backscattering model for woodlands. Remote Sensing, 14: 1477-1493.

Weimann A, Von Schonermark M, Schumann A, et al. 1998. Soil moisture estimation with ERS-1 SAR data in the East-German loess soil area. International Journal of Remote Sensing, 19: 237-243.

Weiss M, Baret F, Myneni R, et al. 2000. Investigation of a model inversion technique to estimate canopy biophysical variables from spectral and directional reflectance data. Agronomie, 20: 3-22.

Wu T-D, Chen K-S. 2004. A reappraisal of the validity of the IEM model for backscattering from rough surfaces. IEEE Transactions on Geoscience and Remote Sensing, 42: 743-753.

Wu T-D, Chen K S, Shi J, et al. 2001. A transition model for the reflection coefficient in surface scattering. IEEE Transactions on Geoscience and Remote Sensing, 39: 2040-2050.

Yang H, Shi J, Li Z, et al. 2006. Temporal and spatial soil moisture change pattern detection in an agricultural area using multi-temporal Radarsat ScanSAR data. International Journal of Remote Sensing, 27: 4199-4212.

# 2  叶面积指数反演

叶面积指数（leaf area index，LAI），通常定义为单位面积内植被单面叶片在水平面的投影面积，是影响植被与大气下垫面物质与能量相互交换过程的一个重要参数，并在一定程度上反映了植被的生长状况。多源遥感卫星影像数据，由于其具有大尺度、多时空分辨率、多光谱分辨率等优点，成为提取大面积植被生化及结构参数主要的，甚至是唯一的手段。利用遥感卫星影像数据获取植被参数在空间上分布的途径主要有两种：一种是利用实测数据与遥感反射率或植被指数建立经验拟合公式，再通过这种拟合公式提取目标参数。这种方法高效、容易实现，但提取参数的精度受研究区时空特征局限，不具有普适性。另一种则是基于物理模型的反演方法，由于通过物理模型建立了植被参数与反射率之间明确的物理机理关系，因此该方法较经验拟合公式法更具普适性。但由于模型输入参数的不确定性及能够获取的观测信息有限等问题，导致反演结果具有一定的不确定性，即病态反演问题。先验知识的引入在一定程度上能够克服这一问题，但先验知识获取的有限性等问题又是目前遥感参数反演中所面临的另一个问题。

## 2.1  植被参数估算的经验拟合公式法

经验拟合公式法是早期用于植被参数提取的主要方法。这种方法通过目标参数实地测量值与遥感卫星影像反射率值或植被指数之间建立一种经验统计关系，再利用遥感影像图获取大面积植被参数空间分布信息。一般使用的经验拟合公式如以下形式：

$$Y = aX^2 + bX + c$$
$$Y = aX^c + b \qquad\qquad (2.1)$$
$$Y = -a / [2\ln(1 - X)]$$

式中，$Y$ 为目标参数；$X$ 为遥感影像反射率值或植被指数；$a$、$b$、$c$ 为待拟合参数。

由于植被在近红外波段及红波段具有强烈的敏感性，因此一般用这两个波段的遥感影像数据提取植被叶面积指数、叶绿素浓度等植被重要参数。但是，由于大气、土壤等因素对植被的干扰，使得单独利用遥感影像反射率作为提取植被参数的方法时常出现异物同谱或同物异谱等问题。随着遥感技术的发展，研究人员提出了各种植被指数用于降低遥感影像中大气、土壤等因素对植被的影响，增强了植被的灵敏程度。一般的植被指数多为近红外波段及红波段反射率的线性或非线性组合，常用的植被指数介绍如下。

（1）归一化植被指数（normalized difference vegetation index，NDVI）

归一化植被指数是最早提出来的一个植被指数，目前已广泛应用于研究植被的各个方面。NDVI 的表达式为

$$\text{NDVI} = \frac{\rho_n - \rho_r}{\rho_n + \rho_r} \tag{2.2}$$

式中，$\rho_n$ 为近红外波段反射率；$\rho_r$ 为红波段反射率。

如图 2.1 所示，LAI 的大小可表征植被的浓密与稀疏程度。LAI 较小时，即植被分布较为稀疏时，对 NDVI 值非常敏感；LAI 较大时，即植被较为浓密时，NDVI 又会趋于饱和。因此，当植被不是过于稀疏或者浓密时（LAI 为 0.5~4），利用 NDVI 提取植被 LAI、植被覆盖度等参数会取得比较好的效果。利用 NDVI 估算 LAI 的公式（Townshend and Justice，1986）如下：

$$\text{LAI}_i = \text{LAI}_{max} \frac{\text{NDVI}_i - \text{NDVI}_{min}}{\text{NDVI}_{max} + \text{NDVI}_{min}} \tag{2.3}$$

式中，max，min 及 $i$ 分别表示最大、最小及目标观测值。对于浓密植被，可利用 NDVI 推导植被覆盖度，其经验公式（Liang，2004）为

$$f_g = \frac{\text{NDVI}_i - \text{NDVI}_{min}}{\text{NDVI}_{max} - \text{NDVI}_{min}} \tag{2.4}$$

式中，$f_g$ 为植被覆盖度；max，min 及 $i$ 分别对应同一研究区域植被最大、最小及目标 NDVI 值。

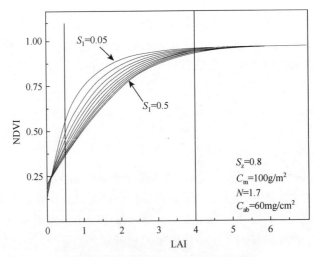

图 2.1　NDVI 随 LAI 变化分布特征图

通过 ACRM 模型模拟得出，其中 $S_1$ 表征土壤反射率

（2）叶绿素吸收反射率指数（chlorophyll absorption in reflectance index，CARI）

随着遥感技术的发展，出现了波段区间更窄的高光谱遥感影像数据，这对于估算植被某些关键参数具有重要意义。叶绿素吸收率指数是利用高光谱遥感影像数据估算叶绿素含量的一个重要指数。叶绿素吸收率指数表达式为

$$\text{CARI} = \frac{R_{700}}{R_{670}} \text{CAR} = \frac{R_{700}}{R_{670}} \frac{670a + R670 + b}{\sqrt{a^2 + 1}} \qquad (2.5)$$

其中，

$$a = \frac{R_{700} - R_{550}}{150}$$

$$b = R_{550} - 550a$$

（3）归一化水指数（normal differential water index，NDWI）

归一化水指数于 1996 年提出，是用于提取植被冠层水含量的一个植被指数。其表达公式与 NDVI 类似，不同之处在于将红波段反射率替换为对水更为敏感的中红外波段的反射率。其表达式为

$$\text{NDWI} = \frac{\rho_n - \rho_{mir}}{\rho_n + \rho_{mir}} \qquad (2.6)$$

式中，$\rho_{mir}$ 为中红外波段反射率；$\rho_n$ 为近红外波段反射率。

## 2.2 物理模型反演法

在植被参数提取（反演）中，基于物理模型的反演算法由于建立了大气-植被-土壤间明确的能量传播过程及机理，被认为是较经验拟合公式法更具前景的反演算法。基于物理模型的反演方法首先通过物理模型前向运算模拟不同的大气-植被-土壤参数组合得到反射率结果，然后根据卫星遥感影像反射率数据，利用最优化算法后向反演，最后获取关心的目标植被参数。因此，物理模型及反演算法是基于物理模型反演方法的两大核心内容。

### 2.2.1 植被冠层反射率模型

本小节只介绍适用于水平均匀、垂直分层的一维浑浊分布植被（如草本植物）的冠层反射率模型。这类植被冠层反射率模型的理论基础为辐射传输方程（王东伟，2008；李小文和王锦地，1995），其表达式为

$$-\mu \frac{\partial L(z,\Omega)}{\partial \tau} + G(\tau,\Omega) L(z,\Omega) = \frac{\omega}{4\pi} \int p(\Omega' \to \Omega) G(\Omega') L(z,\Omega') d\Omega' \qquad (2.7)$$

式中，$L$ 为光亮度；$\mu$ 为太阳天顶角正弦值；$\tau$ 为光学厚度；$G$ 为叶倾角分布函数；$\omega$ 为叶片反照率；$p$ 为连续植被冠层相位函数；$z$ 为植被冠层高度；$\Omega$ 与 $\Omega'$ 分别为光子的散射和入射方向。给定边界条件：

$$L^{\downarrow}(0,\Omega) = \delta(\Omega \to \Omega_0)F_0 + L_D(\Omega)$$

$$L^{\uparrow}(H,\Omega) = \frac{1}{\pi}\int R_S(\Omega',\Omega)\mu L^{\downarrow}(H,\Omega')\mathrm{d}\Omega' \tag{2.8}$$

式中，$F_0$ 为太阳直射辐射亮度；$L^{\downarrow}(0,\Omega)$ 为天空下行辐射亮度；$L_D(\Omega)$ 为天空下行辐射高度；$L^{\uparrow}(H,\Omega)$ 为土壤上行辐射亮度；$R_S(\Omega',\Omega)$ 为土壤二向性反射率分布函数（BRDF），$z=O$ 为上边界，$z=H$ 为冠层下边界；$\Omega_0$ 为太阳入射方向。该方程为复杂的微分-积分方程，虽给出了边界条件，但到目前为止，还未能求得其明确的解析解，而围绕该理论发展起来的各种近似解，形成了各种辐射传输模型。其中，最为著名的近似解为 K-M 理论（徐希孺，2005），如图 2.2 所示。

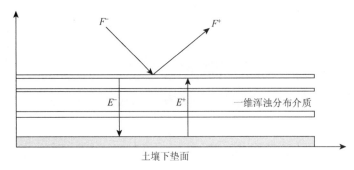

图 2.2　K-M 理论示意图

对于求解辐射传输方程，其难点在于如何表征光与植被间的多次散射问题。K-M 理论则将这种多次散射抽象为简单的向上（$E^+$）及向下（$E^-$）传输的辐射通量密度，用 $F^+$ 及 $F^-$ 表示向上及向下传输的平行辐射辐照度。因此，将复杂的辐射传输方式近似为一组简单的线性微分方程组：

$$-\frac{\mathrm{d}E^-}{\mathrm{d}\tau} = -(a+r)E^- + rE^+ + S_1F^- + S_2F^+$$

$$-\frac{\mathrm{d}E^+}{\mathrm{d}\tau} = -(a+r)E^+ + rE^- + S_1F^+ + S_2F^-$$

$$-\frac{\mathrm{d}F^-}{\mathrm{d}\tau} = (K+S_1+S_2)F^- \tag{2.9}$$

$$-\frac{\mathrm{d}F^+}{\mathrm{d}\tau} = -(K+S_1+S_2)F^+$$

式中，$a$ 为植被对光的吸收系数；$r$ 为植被对光的散射系数；$S_1$ 与 $S_2$ 分别为平行辐射的散射系数；$K$ 为平行辐射的吸收系数。因此，K-M 方程又叫做四通量五参数方程。围绕 K-M 理论发展了多种植被冠层反射率模型，其中重要的模型介绍如下。

（1）SUIT 模型

SUIT 模型（Suits，1973）主要是将植被冠层叶片分布投影到水平及垂直面上，利用这种投影方式来近似地描述任意取向叶片对光的吸收、散射及投射作用。其表达式为一个微分方程组：

$$\frac{dE_S}{dz} = KE_S$$

$$\frac{dE^-}{dz} = aE^- - bE^+ - c'E_S$$

$$\frac{dE^+}{dz} = bE^- - aE^+ + cE_S \tag{2.10}$$

$$\frac{dE_0}{dz} = uE^+ + vE^- + wE_S - kE_0$$

式中，$K$ 为直射辐射消光系数；$E_S$ 为向下传输的直射辐射通量密度；$a$ 为漫射光消光系数；$b$ 为散射系数；$c'$ 为同向直射辐射散射系数；$c$ 为背向直射辐射散射系数；$z$ 为植被冠层高度；$k$ 为向上传输的消光系数；$E_0$ 为观测方向上接收到的辐射通量密度；$u$，$v$，$w$ 分别为向上、向下及直射辐射方向向观测方向辐射亮度的转化率。

（2）SAIL 模型

SAIL 模型（Verhoef，1984；Verhoef and Bach，2003）是 Verhoef 于 1984 在 SUIT 模型的基础之上发展而来的。SUIT 模型将叶片投影到水平面与垂直面去近似代替任意取向的叶片，这种假设不能很好地表征植被叶片对光在自然界中真实的吸收、散射及投射特性。鉴于此，SAIL 模型通过对单片叶片在任意方向对光的拦截模拟，推广到整个冠层对光的拦截模拟，以接近现实情况下任意取向植被叶片对光的吸收、散射及投射作用代替 SUIT 模型中对叶片水平及垂直投影的假设。SAIL 模型对植被反射率的模拟精度高于 SUIT 模型的模拟精度，所以其得到了广泛发展及应用。SAIL 模型的表达式为

$$\frac{dE_S}{dx} = kE_S$$

$$\frac{dE^-}{dx} = aE^- - \delta E^+ - SE_S$$

$$\frac{dE^+}{dx} = \delta E^- - aE^+ + S'E_S \tag{2.11}$$

$$\frac{dE_0}{dx} = uE^+ + vE^- + wE_S - kE_0$$

式中，SAIL 模型中的 9 个参数与 SUIT 模型中的 9 个参数一一对应，通过确定 9 个参数的取值可以模拟出不同参数组合下的植被反射率值。求解该 9 个参数所需的输入参数包括叶倾角分布参数 2 个，叶片反射率、透射率各 1 个，土壤反射率参数 1 个，天空光比 1 个，角度参数（太阳天顶角、观测天顶角、观测方位角）3 个及植被重要参数（叶面积指数）1 个。

（3）N-K 模型

SAIL 模型的最大缺点之一是并未考虑热点效应问题。热点效应，即为传感器与太阳直射光处于同一天顶角时，观测区域看不到阴影而显得非常亮。Nilson 和 Kuusk（1989）通过植被间隙率模型解决了热点效应问题，提出 N-K 模型，进一步发展了植被辐射传输模型。

（4）KUUSK 模型

在应用 N-K 模型时，由于复杂的模型运算公式导致其运行速率非常低。Kuusk 为进一步提高模型的运行速率，对 N-K 模型进行简化，进一步发展了 KUUSK 模型（Kuusk，1995a）。

（5）多光谱冠层反射率模型（MSRM）

在上述的模型中，都假定土壤为朗伯体，即其散射特性具有各项同性的性质，这与土壤实际的散射情况不符。为此 Kuusk 引入 Price（1990）描述的土壤二向反射率的矢量基函数到模型中，用于描述土壤二向反射特性。用 Ångström 浑浊系数来描述天空光比例这一模型输入参数中难以确定的一个参数。此外，Kuusk 将植被冠层反射率模型与模拟植被宽子叶叶片反射率及透射率的 PROSPECT 模型（Jacquemoud et al.，2000；Jacquemoud and Baret，1990；Jacquemoud et al.，1996）进行耦合，最终提出了 MSRM（multispectral canopy reflectance model）模型（Kuusk，1994）。

（6）马尔科夫链反射率模型（MCRM）

在应用 KUUSK 模型时发现，对于具有直立结构的农作物，其模拟结果与实测结果存在差异。针对这一问题，Kuusk 发现光在具有直立结构农作物的各个层之间传输时具有马尔科夫性，因此进一步对 KUUSK 模型进行修正，提出 MCRM（Markov chain reflectance model）模型（Kuusk，1995b）。

（7）双层冠层反射率模型（ACRM）

在大自然中，一般存在具有双层冠层结构类型的植被，如上层为玉米，下层为草甸的植被冠层结构。Kuusk 进一步研究了光在这种冠层结构植被中的传输特性，并将 MSRM 与 MCRM 模型相结合，提出了到目前为止较为完善的植被冠层反射率模型，ACRM（a two-layer canopy reflectance model）模型（Kuusk，2001；李宗南等，2012）。ACRM 模型同时考虑了土壤的非朗伯体散射、植被热点效应等问题，利用椭圆双参数模型描述叶倾角分布情况，使用 Ångström 浑浊系数来描述天空光比例, 耦合了描述宽子叶反射率与透射率的 PROSPECT 模型及描述针形叶片散射及透射性质的 LIBERTY 模型, 以及融入了描述植被分布均匀程度的马尔科夫系数。ACRM 模型的表达式为

$$\rho_1 = \rho_1^{c1} + \rho_1^{c2} + \rho_1^{\text{soil}} \tag{2.12}$$

式中, $\rho_1$ 为冠层反射率; $\rho_1^{c1}$ 与 $\rho_1^{c2}$ 分别为下层植被与上层植被单次散射反射率部分; $\rho_1^{\text{soil}}$ 为土壤单次反射率。

$$\rho_1^{c2} = \frac{\Gamma^{(2)}(r_1, r_2) u_{\text{L}}^{(2)}}{\mu_1 \mu_2} \int_0^H Q^{(2)}(r_1, r_2, z) \mathrm{d}z \tag{2.13}$$

式中, $\Gamma^{(2)}(r_1, r_2)$ 为上层植被相位函数; $u_{\text{L}}^{(2)}$ 为上层植被叶面积密度; $\mu_i$ 为极角; $Q^{(2)}(r_1, r_2, z)$ 为上层植被在 $z$ 处的方向间隙率。

$$\rho_1^{c1} = \frac{\Gamma^{(1)}(r_1, r_2) u_{\text{L}}^{(1)}}{\mu_1 \mu_2} \int_0^H Q^{(1)}(r_1, r_2, z) \mathrm{d}z \tag{2.14}$$

$$\rho_1^{\text{soil}} = \rho_{\text{soil}}(r_1, r_2) Q^{(0)}(r_1, r_2, H) \tag{2.15}$$

## 2.2.2　植被参数物理反演算法

遥感定量反演的目的在于获取植被目标参数, 因此则必须通过反演算法, 基于遥感卫星影像数据, 对物理模型进行反向运算。反演算法可概括为一种寻优算法, 一般通过建立观测值与模型模拟值之间的代价函数, 然后对目标参数(模型输入参数)进行反复迭代, 搜寻与观测值最优的匹配值, 此时的模型输入参数值可认为是最终反演值。常用的反演算法有 3 种, 分别介绍如下。

(1)查找表算法

查找表算法是在植被参数反演中广泛使用的一种反演算法, 其算法原理可以理解为一种遍历寻优, 该算法本身较为简单, 且易通过编程实现。该算法可概括为以下几个步骤: 首先, 确定模型自由变量及对应的取值范围; 然后, 对每个变量设定一个步长并通过模型前向反复运算获取所有自由变量组合的结果(模拟值), 即建立查找表; 最后, 一般基于最小二乘法建立耦合观测值与模拟值的代价函数, 根据对代价函数的迭代运算获取最优匹配目标参数值。这种反演算法的反演精度依赖于所建立查找表的容量, 如果自由变量步长较短, 则建立的查找表具有较大的容量, 并具有较高的反演精度, 但运行速率会相应地降低; 反之, 如果自由变量步长较长, 一方面降低查找表容量提高了反演速率, 但另一方面反演精度会随之降低。另一种处理方法为首先建立较长步长的查找表, 然后对反演结果进行插值运算(一般为线性插值运算), 最后获取目标参数值。这种处理方式既能

保证相对较高的反演精度，又能保证较快的反演速率。以 MODIS LAI/光合有效辐射吸收比率（FPAR）的反演过程为例，查找表算法的典型流程可用图 2.3（Knyazikhin et al.，1999）表示。

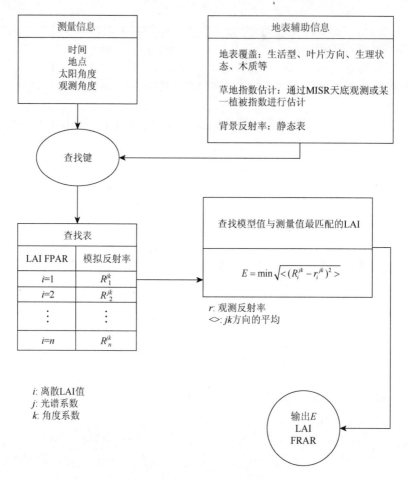

图 2.3　在 MODIS LAI/FPAR 算法中的查找表算法流程图（Knyazikhin et al.，1999；Liang，2004）

（2）人工神经网络算法

　　人工神经网络算法（孙焱鑫等，2007）是一种常用的非参数化反演算法。它首先通过一组训练样本（目标参数与遥感观测值之间的对应关系）对神经网络进行训练，然后利用已训练好的神经网络和遥感卫星影像数据，获取目标参数值。利用人工神经网络算法对样本进行运算，实际上则是建立了目标参数与反射率或某种植被指数之间的一种非线性的对应关系，而样本容量的大小关系到反演精度的高低。一般训练样本容量越大，反演精度越高，在训练神经网络时需要花费的运行时间越多；如果训练样本较小，则可以提高隐层训练速率，但反演精度会相应地降低。人工神经网络算法在对神经网络隐层训练时需要花费大量的运行时间，一旦神经网络训练完成，后续的反演速率将极大地提高。目前，利用如 Matlab 等包含成熟人工神经网络算法功能模块的编程软件，可以对植被参数快速、准确反演起到事半功倍的作用。

（3）最优化算法

最优化算法是近年来产生的针对基于物理模型植被参数反演的一种最优化算法，它具有较查找表算法及人工神经网络算法更高的反演精度，包括最速下降法、共轭梯度法、POWELL 等算法。这些最优化算法大部分都需要计算模型的梯度，这在一定程度上阻碍这种算法的广泛应用。近年来出现的自动微分技术能够在计算机代码层次上求得复杂物理模型的伴随模型。因此，越来越多的学者开始基于自动微分技术，利用这些最优化算法进行植被参数的反演研究工作。但是，最优化算法也存在明显的缺陷：首先，需要对复杂的物理模型进行反复的迭代运算，导致算法运行速度较低。其次，虽然自动微分技术能够在计算机代码层次上计算物理模型的伴随模型，但也存在不确定性因素，并且这种不确定性难以被发现。最后，目前使用的最优化算法一般为局部最优，而非全局最优，为获得较高的反演精度，则要求模型输入参数的初始值具有一定可信度。

## 2.3  基于双层冠层反射率模型的叶面积指数反演

基于上述植被参数反演理论，本节以青海乌图美仁草原为研究区域，充分考虑了高原湿地植被分布的特殊性，利用双层冠层反射率模型建立植被参数与近红外波段及红波段反射率之间的对应关系，提出了针对高原湿地植被重要参数快速、准确获取的反演策略：首先，对模型的主要参数进行了敏感度分析，以确定不同模型输入参数对近红外波段及红波段反射率不同的敏感程度，以给予不同的关注程度。其次，通过统计 NDVI 值对研究区植被进行稀疏与浓密区域的分类处理。由于浓密及稀疏区域植被参数之间的差异性，对两部分植被 LAI 分别进行反演研究。然后，基于研究区大气-植被-土壤下垫面的先验知识，利用双层反射率模型对稀疏及浓密区域植被分别建查找表，并通过构建代价函数反演 LAI。最后，对查找表数据集进行规则化处理，在保证反演精度的同时提高反演速度，并将反演得到的 LAI 结果与野外实地测量值进行对比分析，最终获取研究区域植被 LAI 在空间上的分布图。

### 2.3.1  研究区数据集及预处理

乌图美仁草原位于青海境内格尔木市乌图美仁乡（$36°46'\sim37°30'$N，$92°18'\sim$

93°24′E），覆盖面积达 117 445hm²，平均海拔为 2.9km，属典型高原高寒气候，自然环境恶劣。从图 2.4 中可以看出，乌图美仁草原四周为戈壁及沙漠，高山冰雪融化及每年 8 月降水形成的乌图美仁河是当地群众及植被生长赖以生存的主要水源。草原上分布着 13 个行政村，人口大约为 1781 人（截至 2015 年 11 月），当地群众主要以放牧为生。由于土壤盐碱化程度严重，生命力顽强的芦苇是乌图美仁草原上主要生长的植被，并且由于水源分布的差异性，植被的分布也呈现明显的稀疏与浓密两种类型。乌图美仁河附近区域由于水源充足，常形成沼泽，生长的芦苇非常浓密、茂盛；远离乌图美仁河由于缺少水源，土壤干旱、盐碱化严重，生长的芦苇相对稀疏、低矮。

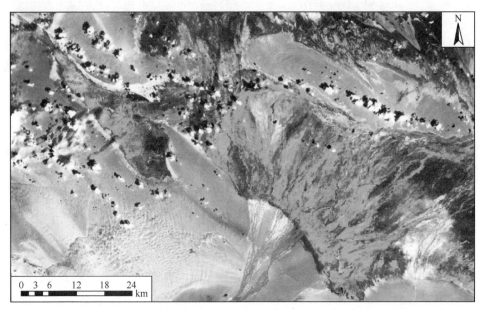

图 2.4　乌图美仁大草原真彩色（RGB 分别为 Landsat TM 543 波段）遥感影像图及其地理位置

由于近年来环境恶化、全球变暖等因素，导致高山雪线不断上升及降水量逐年减少，从而致使乌图美仁河水流量逐渐减少，草原干旱程度不断加重，植被覆盖面积越来越小，这对当地自然气候及群众的生活带来了影响。因此，对当地植被生长状况进行研究，定量地了解其分布情况，可以为相关环境保护部门提供快速、准确、近实时的监测数据，其对维护当地生态环境的可持续发展具有重要的实际意义。

### 2.3.1.1　数据集

实验中用到两类数据集，一类是遥感卫星影像数据，即 Landsat TM 影像及 MODIS 两类数据，另一类是 2010～2011 年共 3 次野外实地测量数据。两类数据详细情况介绍如下：

（1）遥感卫星影像数据

在光学遥感参数反演中，由于植被对近红外波段及红波段反射率的高灵敏性，所以常使用这两个波段遥感的反射率图像对植被主要参数进行反演研究。本书中用到的这两个波段的遥感卫星影像数据来自于 2011 年 8 月 20 日 30m 空间分辨率的 Landsat TM 1T 级产品（地形校正）及 MODIS（moderate-resolution imaging spectroradiometer）上午星（Terra）和下午星（Aqua）与年积日（day of year，DOY）177 天及 233 天分别获取的 16 天及 8 天合成 250m 空间分辨率的地表反射率影像。其中，如图 2.5 所示，覆盖研究区域的 Landsat TM 影像虽受少量云的影响，但数据的总体质量较好。实验中使用的 MODIS 数据是通过最大值算法合成 8 天及 16 天 250m 空间分辨率的地表反射率影像，并去除了云雾的干扰。在 MODIS 所有数据产品中，250m 空间分辨率的遥感影像是具最高空间分辨率的数据产品。

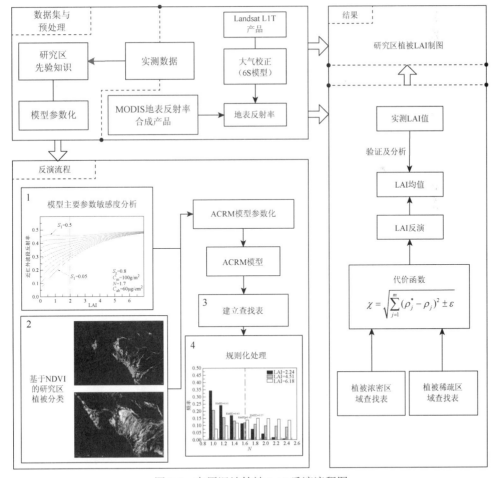

图 2.5　高原湿地植被 LAI 反演流程图

（2）野外实地测量数据

研究区实地调研勘查总共进行了 3 次，分别为 2010 年 9 月、2011 年 7 月及 8 月。其中，第一次勘查的目的在于对研究区进行总体调研，未对研究区进行系统采样，后两次实地勘查对研究区大气-植被-土壤进行了定性描述及定量测量，是较为系统的采样工作。在后两次采样工作中，每隔 2km 进行一次采样，每次采样选取植被浓密程度不同的 3 个样点分别进行测量。其中，定量采集的数据包括 LAI、植被湿重及干重、植被冠层高度、杆长、杆直径、每株植被叶片数、叶倾角分布等。实验中对天空光、植被的稀疏及浓密分布情况、采样块的地形地貌、植被种类的组成结构及土壤下垫面的干湿程度进行了定性描述。在采样中，用到了 LAI-2000、天平、游标卡尺、量角器、卷尺、剪刀等仪器或工具。两次采样工作总共采集了 92 个样块，采样路线如图 2.6 所示，这些样块数据将用于 LAI 的反演研究及对反演结果的验证及评价。

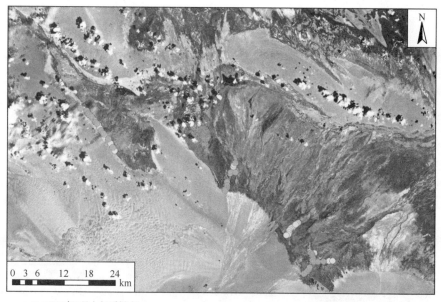

● 2011年7月上旬采样点
◎ 2011年8月下旬采样点

图 2.6　2011 年 7 月及 8 月研究区实地采样图

### 2.3.1.2　数据预处理

（1）遥感卫星影像数据预处理

本书中用到的所有遥感影像数据都经 UTM 投影（46 区域）并转换为 WGS-84 地理坐标系。对于 Landsat TM 影像数据，需对其进行大气校正，将像元灰度（digital number，DN）值转换为地表反射率数据后使用，而 MODIS 遥感影像数据产品已是地表反射率数据，因此不需对其进行大气校正处理。目前，广泛使用的大气校正物理模型有两个，6S（second simulation of the satellite signal in the solar spectrum）模型及 MODRTRAN 模型，其主要的输入参数类似：①太阳天顶角、观测方位角、相对方位角、图像获取时间及传感器类型，这些参数可从遥感影像头文件中获取；②550nm 处气溶胶光学厚度或初始能见度数据，可从当地气象站点获取；③选用的大气模型及气溶胶模型，可根据研究区实地调研选用相应的处理模型。在本实验的大气校正中，选用的大气校正模型为 6S 模型，其输入参数由 Landsat TM 影像头文件、中国气象局及实地勘查提供及确定。此外，针对 TM 数据的大气校正，首先需将 DN 转换为表观反射率，即卫星在大气层上方获取的反射率值，然后通过初始化 6S 模型输入参数值，最终运算得出地表反射率值。图 2.7 给出了大气校正前后研究区的两幅 543 波段合成的遥感影像简图，从图的色彩差异方面来看，并未有明显的不同，但图 2.7（a）像元为 DN 值，图 2.7（b）像元为地表反射率值。

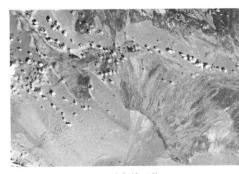 

(a) 大气校正前　　　　　　　　　　　　　　　(b) 大气校正后

图 2.7　研究区 TM 影像大气校正前后对比

（2）野外实地测量数据预处理

对于每个样块，选取 3 个样点进行大气-植被-土壤等参数的测量。本实验中将 3 个样点的平均值作为该样块的测量值，将其标准差作为测量的不确定性值。

如 2.3.1 节研究区实地情况所述，乌图美仁草原土壤下垫面可分为两部分：一部分为位于乌图美仁河流域的沼泽地，生长茂密、高大的芦苇；另一部分为远离乌图美仁河流域的干旱地，分布稀疏、低矮的芦苇。对于后者的参数测量工作较为容易，而对于前者的采样工作，由于受沼泽地的限制，难以进行实地采样工作来获取这部分植被的参数信息。在本实验中，对沼泽地植被运用了间接采样的手段：图 2.8（a）为研究区近红外波段的 Landsat TM 遥感影像图，图 2.8（b）为其对应的实地照片，图 2.8（b）公路对应图 2.8（a）灰色像元，植被对应亮度较高部分的像元,此部分植被生长于沼泽地,难以对其进行采样。为克服这一问题,实地采样时,对公路两旁植被进行采样,但经 GPS 定位之后,采样块位于图 2.8(a)暗像元处(正三角),植被测量值与遥感影像像元值并不成正比,将导致错误的反演结果。由于采样块附近生长植被的分布相对较为均匀,因此在本书中,选取与实测点相对应的像元点时,并未进行一对一的选取,而是选取定位点周围的像元(如倒三角)作为实测点的对应点。按上述处理方式处理的采样块占总体实测采样块的 5%左右。

(a)　　　　　　　　　　　　　　　　　　　(b)

图 2.8　沼泽地植被实地照片及对应 Landsat TM 遥感影像图

## 2.3.2　反演模型及参数化

基于物理模型的植被生化参数定量反演研究主要包含 3 个方面的内容:反演算法、反演模型及反演策略。其中,反演模型一般指基于明确物理机理,连接植被参数与植被对光散射特性关系的一组复杂函数,是定量参数反演研究中的重要组成部分。在本实验中所使用的反演物理模型为双层冠层反射率模型(a two-layer canopy reflectance model,ACRM),该模型是在(multispectral canopy reflectance model,MSRM)及(markov chain canopy reflectance model,MCRM)两个模型优点之上,针对自然界中具有双层冠层结构类型植被(如玉米农作物下垫面覆盖杂草)而构建的物理模型。本实验中研究区的植被同样可分为上下两部分,上部分为芦苇植被,下部分为稀疏分布的草甸。在 ACRM 模型中,使用相同的参数集及不同的取值范围来描述上层及下层植被的光学散射特性。该模型的输出结果为 400~2400nm,光谱分辨率达 1nm 的植被二向反射率,其广泛适用于一维浑浊分布类型植被的冠层反射率模拟(图 2.9)。

ACRM 模型的输入参数较多,根据研究需要,可将模型输入参数划分为以下三类:第一类是敏感难获取参数,在植被参数的反演研究中,这类参数对近红外波段及红波段具有较强的灵敏度,但在实际研究中,由于观测手段的有限而难以

(a)          (b)

图 2.9 研究区一维浑浊、水平均匀、垂直分层的植被类型

获取此类参数准确的信息。第二类是敏感易获取参数，这类参数与第一类参数一样，对模型结果较敏感，但一般是能够准确获取的信息。第三类是不敏感参数，这类参数由于对特定的目标波段不敏感，从而常设定为经验值。在实际反演研究中，为降低病态反演（未知数的个数大于方程个数而引起的方程解欠定问题）而导致反演结果的不确定性问题，对第一类参数给予了最大的关注度。本节就 ACRM 模型中重要参数及其初始化描述如下。

天空光浑浊系数（$\beta$）是用于表征直射入射光中散射光所占比例的一个参数，由 Ångström 浑浊公式计算得出（Iqbal，1983）。根据经验的观测值，$\beta < 0.1$ 表示大气具有较高的能见度，此时入射光以直射光为主，$\beta > 0.2$ 代表大气能见度较低的情况，入射光中含有部分漫射光。植被叶片的叶倾角分布由椭球双参数模型（Campbell，1990）表示，其中 $\theta_m$ 表示平均叶倾角，$e_1$ 表示椭球偏心率，作为一种简化处理，本实验中利用实测叶倾角数据拟合得出这两个参数值，用于拟合的椭球双参数模型公式（Liang，2004）为

$$g_1(\theta_1) = \frac{b}{\sqrt{1 - e_1^2 \cos^2(\theta_1 - \theta_m)}}$$

$$b = \frac{e_1}{\left[ \cos\theta_m \ln\left( \frac{\cos\eta + \sin\nu}{\cos\nu - \sin\eta} \right) - \sin\theta_m(\eta - \nu) \right]}$$

$$\eta = \sin^{-1}(e_1 \cos\theta_m)$$

$$\nu = \sin^{-1}(e_1 \sin\theta_m)$$

$$(2.16)$$

式中，$e_1$ 的取值范围为 0~1，$e_1 = 0$ 表示叶倾角为球形分布，$e_1 = 1$ 表示叶倾角分布为固定值。模型中考虑了热点效应问题（Jupp and Strahler，1991），引入了热点效应参数 $S_L$，根据经验值将其设定为 0.5/LAI。马尔科夫参数（$S_z$）用以表

征植被的分布情况，$S_z = 0.6$ 表示显著成簇分布的植被，$S_z = 1.0$ 表示相对均匀、随机分布的植被。ACRM 模型中进一步考虑土壤非朗伯体散射特性，引入四矢量函数描述土壤二向反射特性。其中，前两个量足以描述大部分类型土壤的二向反射特性：

$$\rho_{soil}(\lambda) = S_1\varphi_1(\lambda) + S_2\varphi_2(\lambda) \qquad (2.17)$$

式中，$\varphi_1(\lambda)$、$\varphi_2(\lambda)$ 为两基函数。进一步有

$$S_2 = a + bS_1 \qquad (2.18)$$

因此，对土壤的二向反射率要求不高时，可用一个矢量表征土壤的二向反射特性。

　　ACRM 模型耦合了描述宽子叶植被反射率与透射率的 PROSPECT 模型及描述针形叶散射及透射特性的 LIBERTY 模型（Dawson et al.，1998）。本实验中的研究对象为草本植物，使用的叶片反射率及透射率模型是 PROSPECT 模型，其输入参数有 5 个：叶片结构参数（$N$）、叶绿素 a+b 含量（$C_{ab}$）、叶片等水分厚度（$C_w$）、干物质含量（$C_m$）及叶片棕色素（$C_{bp}$）。其中，$C_w$ 在中红外波段反射率中具有较大的敏感度，而在近红外波段及红波段具有较小的灵敏性，$C_{bp}$ 代表的是叶片的衰落程度。在本实验中，ACRM 模型具体输入参数及设定的取值范围值见表 2.1。其中，敏感参数设定为自由变量，其取值范围由从研究区搜集的先验知识所确定，其他模型输入参数值由遥感图像头文件、行业部门及已有经验所提供及确定。

表 2.1　ACRM 模型输入参数及其初始化

| 参数 | 单位 | 符号 | 取值 | 步长 |
|---|---|---|---|---|
| 太阳天顶角 | (°) | $\theta_S$ | 20.72 | |
| 观测天顶角 | (°) | $\theta_v$ | 4 | |
| 相对方位角 | (°) | $\theta_{raz}$ | 218.24 | |
| Ångström 浑浊系数 | | $\beta$ | 0.12 | |
| 上层 LAI | $m^2/m^2$ | LAI | 0~9 | 0.1 |
| 下层 LAI | $m^2/m^2$ | $LAI_g$ | 0.05 | |
| 平均叶倾角 | (°) | $\theta_l$ | 57.3 | |
| 热点效应 | | $S_L$ | 0.5/LAI | |
| Markov 参数 | | $S_z$ | 0.4~1.0 | 0.2 |
| 第一基函数权重 | | $S_1$ | 0.05~0.5 | 0.05 及 0.02 |
| 叶片结构参数 | | $N$ | 1.0~2.4 | 0.2 |
| 叶绿素 a+b 含量 | $\mu g/cm^2$ | $C_{ab}$ | 30~90 | 10 |
| 叶片等水分厚度 | cm | $C_w$ | 0.015 | |
| 干物质含量 | $g/m^2$ | $C_m$ | 40~110 | 10 |
| 叶片棕色素 | | $C_{bp}$ | 0.4 | |

### 2.3.3  反演方法及策略

本实验中，乌图美仁湿地植被 LAI 的反演流程共分为 4 个步骤：ACRM 模型
灵敏度分析、研究区分类、构建查找表及反演结果的规则化。这些处理步骤的目
的在于增大目标参数（LAI）的灵敏度，降低大气、土壤及植被其他不确定参数
对目标参数的干扰，以提高反演结果的精度。每一步分析及处理叙述如下。

#### 2.3.3.1  ACRM 模型参数敏感度分析

如 2.3.2 节 ACRM 模型参数分析中所述，模型不同的输入参数对特定的输出
结果具有不同程度的灵敏度。对于植被而言，植被大部分生物物理和生物化学参
数对近红外波段及红波段反射率具有较高的灵敏度。但大气及土壤部分参数在这
两个波段同样具有较高的灵敏度，因此有必要在引入先验知识进行反演的前提下
对模型主要输入参数在近红外波段及红波段的灵敏度进行分析。本实验中，在
以往研究经验的基础上，总共选取 LAI、$N$、$S_z$、$C_{ab}$、$C_m$ 及 $S_l$ 六个参数作为自
由变量（表 2.1），并通过 ACRM 模型的前向计算，分析其对近红外波段及红波
段反射率的灵敏程度。特别地，依据先验知识，植被叶片的叶倾角分布对近红
外及红波段的反射率同样敏感，但通过野外实地调查及作为一种简化处理，以
平均叶倾角 60°来拟合模型中椭球双参数模型所需的两个参数值。对 ACRM 模
型的敏感度分析采用的是一种局部的敏感度分析算法：通过固定其他自由变量
的值，变动某一自由变量的值，取模型模拟结果的标准差作为衡量其灵敏程度
的标准。这种方法的局限性在于没有考虑模型中某一参数的变动可能会对模型
其他参数带来的影响。但是，这在一定的程度上反演了模型主要输入参数的灵
敏度，这种方法也称为定性的灵敏度分析方法。ACRM 模型主要参数灵敏度分
析结果展示在 2.3.4.1 节。

#### 2.3.3.2  研究区分类

如 2.3.1 节中对研究区的描述所述，由于研究区处于特殊的地理位置，其自然
环境恶劣，常年干旱少雨，土壤盐碱化程度高，导致研究区植被结构相对单一且
分布不均。乌图美仁河作为研究区植被主要的，甚至是唯一的水源地，致使远离
河流域的植被稀疏、低矮，土壤下垫面干燥，而生长于河流域附近的植被茂密、
健壮，土壤下垫面常形成沼泽。因此，针对研究区植被及土壤下垫面的特殊情况，
为提高反演效率及精度，对研究区植被进行分类处理：一类是土壤下垫面干燥，
植被生长稀疏，另一类是沼泽化土壤下垫面，植被生长浓密。

归一化植被指数（NDVI）对植被覆盖非常敏感，其取值范围为−1～1。其

中，NDVI＜0 表示没有植被区域，NDVI 值越大表示植被的覆盖程度越高，因此利用 NDVI 值在一定程度上能够区分植被生长稀疏与浓密的程度。本实验中，通过计算实地测量 LAI 对应于遥感影像中的 NDVI 值所选取的阈值来区分植被分布情况：小于 NDVI 阈值的区域被认为土壤下垫面干燥，植被生长稀疏的区域，大于 NDVI 阈值的区域为沼泽化土壤下垫面及植被浓密生长的区域。通过计算得出，当 NDVI=0.5 时能够很好地区分研究区植被稀疏及浓密分布的区域。

### 2.3.3.3　构建查找表

本实验中所使用的反演算法为查找表算法，该算法需要建立目标参数与模型输入结果之间具有对应关系的查找表，其过程为首先确定每个参数的取值范围及步长；然后运行 ACRM 模型，得出所有参数的组合关系在近红外波段及红波段对应的反射率值；最后建立对应关系，即为查找表。如 2.3.3.2 节所述，研究区划分为了两个区域，植被生长浓密区域及植被生长稀疏区域，因此需要建立两个查找表。这种处理方式一方面缩小了不确定参数的取值范围，降低了反演结果的不确定性；另一方面虽建立了两个查找表，但两个查找表的总容量小于未对研究区进行分类处理而建立的一个查找表的容量，提高了反演速率。对于植被生长浓密的区域，由于 LAI 越高对近红外波段具有越强的灵敏度，因此只建立自由变量与近红外波段反射率之间的对应关系；而对于植被生长稀疏的区域，由于受土壤下垫面的干扰，为克服异物同谱现象，需建立自由变量与近红外波段与红波段反射率之间的对应关系。

### 2.3.3.4　反演结果规则化

由于病态反演问题导致反演结果具有一定的不确定性，一般情况下，可用参数自由组合得出反演结果的均方根误差来反映反演结果的不确定性程度。反演结果的规则化处理，即通过进一步固定或缩小自由变量的取值范围，以降低反演结果的均方根误差值，并提高反演的速率。对于浓密植被的区域，由于植被具有较高的覆盖度，植被参数相对于大气及土壤参数对近红外波段及红波段具有较高的敏感度；而对于稀疏植被的区域，植被参数对近红外波段及红波段反射率的敏感度由于受到大气及土壤的影响而降低。同时，由于两个区域的植被种类相同（都为芦苇植被）。因此，可以首先通过反演高植被覆盖区域植被的自由变量参数，然后将这些自由变量参数值引入到低植被覆盖区域植被参数反演流程中，进一步缩小低植被覆盖区域植被参数的取值范围，从而提高研究区植被参数整体反演精度。

### 2.3.4  反演结果

为了评价研究区植被 LAI 的反演结果，通过反演值与实测值的对比，用相关系数及均方根误差/偏差（RMSE/RMSD）衡量反演结果的精度，其中均方根误差的表达式为

$$\text{RMSE} = \sqrt{\frac{\sum_{i=1}^{n}(E_i - O_i)^2}{n}} \tag{2.19}$$

式中，$E$ 为反演值；$O$ 为测量值；$n$ 为总共样块。

#### 2.3.4.1  ACRM 模型参数敏感度分析结果

利用 2.3.3.1 节所述的 ACRM 模型敏感分析算法，分析 LAI 对 NDVI 的敏感性结果如图 2.10 所示。从图 2.10 中可以看出，LAI 较小时对 NDVI 过于敏感，LAI 较大时，NDVI 逐渐达到饱和状态，灵敏度逐渐降低。因此，不适合利用 NDVI 反演过于稀疏及浓密区域植被的 LAI 值。通过分析自由变量在近红外波段及红波段反射率的敏感度结果如图 2.11 所示。从图 2.11 中可以看出，LAI 在近红外波段及红波段都具有很高的敏感度，但是随着 LAI 值的变大，在红波段更

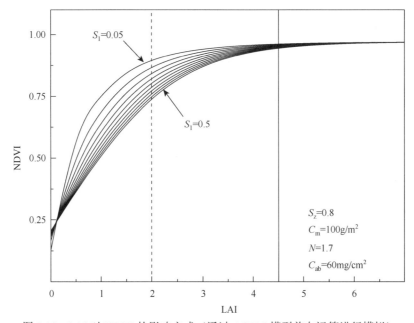

图 2.10  LAI 对 NDVI 的影响方式（通过 ACRM 模型前向运算进行模拟）

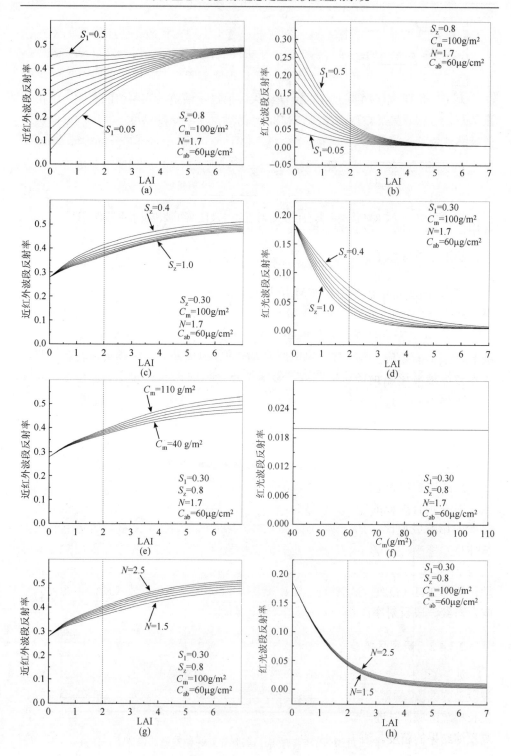

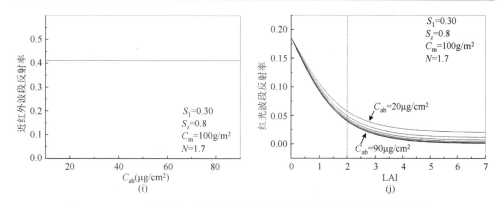

图 2.11　ACRM 模型主要自由变量对近红外波段及红波段反射率影响结果

容易趋近于饱和状态,这表明利用红波段反射率图像进行 LAI 反演并不适合于植被分布浓密的区域。相反地,随着 LAI 值的增大,在近红外波段不易趋近于饱和状态,因此对于植被覆盖浓密的区域更适合使用近红外波段反射率进行 LAI 的反演。

　　土壤的反射率在近红外波段及红波段同样具有较高的敏感度,这将极大地影响 LAI 的反演精度。从图 2.11(a)和图 2.11(b)可以看出,随着 LAI 的增大,土壤反射率的影响程度逐渐降低,这与自然情况相符合:随着植被覆盖程度的增加,照射到土壤下垫面的能量较少,对近红外波段及红波段的影响程度随之降低。同时,由于近红外比红波具有更长的波长,其穿透力也越强,因此在 LAI 具有较高值时,土壤反射率在近红外波段上仍对植被冠层总体反射率有影响,而在红波段上则对冠层反射率无影响。马尔科夫参数 $S_z$[图 2.11(c)和图 2.11(d)]及叶片结构参数 $N$[图 2.11(g)和图 2.11(h)]对植被冠层在近红外波段及红波段反射率具有类似的影响,即随着 LAI 的增大,影响程度随之增大,与土壤反射率的影响成反比。这是由于随着植被覆盖程度的增加,植被参数对植被冠层总体反射率的贡献增加。叶片干物质重量参数 $C_m$ 对近红外波段反射率的影响程度与 $N$ 及 $S_z$ 类似,但从图 2.11(f)中可以看出其对红波段几乎没有影响。相反地,从图 2.11(i)中可以看出,叶绿素 a+b($C_{ab}$)对近红外波段反射率几乎无影响,对红波段反射率的影响方式与 $N$ 及 $S_z$ 类似。

### 2.3.4.2　研究区植被分类结果

　　如 2.3.3.2 节所述,针对研究区植被的分布特点及植被-土壤不同参数对近红外波段及红波段反射率影响效果的差异,将研究区植被分为植被生长浓密区域及植被生长稀疏区域,以进一步缩小自由变量的取值范围,降低反演结果的不确定性,提高反演结果的精度。通过实地 LAI 测量值对应于遥感影像的 NDVI 值筛选出一个

NDVI 阈值方式对研究区植被进行划分：以统计的 NDVI=0.5 为界限，0≤NDVI≤0.5 为植被生长稀疏的区域，其下垫面干燥，具有较强的反射率，对植被冠层总体反射率影响较大，削弱了植被对冠层总体反射率的贡献。0.5<NDVI<1.0 为植被覆盖浓密的区域，其下垫面为沼泽化土壤，具有较低的反射率，对植被总体反射率影响较小，植被在冠层总体反射率贡献中占主要地位。这种分类处理方式，一方面降低了植被浓密区域土壤下垫面对植被冠层总体反射率的影响程度；另一方面也降低了植被稀疏区域非目标植被参数对植被冠层总体反射率的干扰，这在一定程度上降低了反演结果的不确定性。对研究区植被的分类结果如图 2.12 所示。

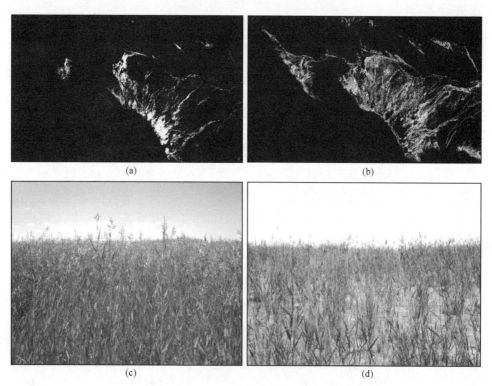

图 2.12　利用 NDVI=0.5 对研究区植被进行划分的结果图
（a）和（c）为植被生长茂密的区域；（b）和（d）为植被生长稀疏的区域

### 2.3.4.3　研究区植被 LAI 反演结果及制图

对于植被生长浓密的区域，从敏感度分析的结果来看，$C_{ab}$ 对近红外波段反射率几乎没有影响。因此，选取 LAI、$N$、$C_m$、$S_z$ 及 $S_l$ 5 个参数作为自由变量，构建其与近红外波段的对应关系。其中，各参数的初始值：LAI 的取值范围为 0～9，步长为 0.1；$N$ 及 $S_z$ 的取值范围分别为 1.0～2.4 及 0.4～0.6，步长都为 0.2；$C_m$ 的取值范围为 4～100，步长为 10；$S_l$ 的取值范围为 0.05～0.25，步长为 0.5。

表征土壤反射率参数 $S_1$ 的取值范围设定为 0.05～0.25，这是由于对应植被生长浓密的区域，下垫面含水量较高，对光能量的吸收较强，因此反射率较低。按照上述自由变量的取值范围及步长的设定，最后生成一个具有 90880 参数组合的查找表。

利用查找表算法进行 LAI 的反演，需要构建代价函数，代价函数的构建一般基于最小二乘法的原理，本实验中构建的代价函数为

$$\chi = \sqrt{\sum_{j=1}^{m}(\rho_j^* - \rho_j)^2} \pm \varepsilon \tag{2.20}$$

式中，$\rho_j^*$ 为模拟反射率值；$\rho_j$ 为观测植被冠层反射率值；$\varepsilon$ 为算法容许误差。查找表算法本质上是一种遍历寻优算法，通过迭代搜寻，在 $\varepsilon$ 条件下，满足最小 $\chi$ 值的 $\rho_j^*$，再反过来寻找对应的目标参数值。

由于病态反演问题的存在，LAI 反演的结果并不是单一确定值，而是呈现类似正态分布的一个范围值，如图 2.13 所示，其均值具有最大的分布概率。因此，本实验中使用反演结果的均值作为最终的反演结果，其标准差作为反演的不确定性。

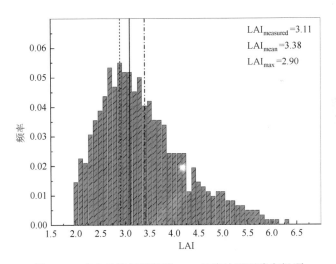

图 2.13　病态反演问题导致 LAI 反演结果不确定问题

利用上述方法对植被浓密区域 LAI 反演的结果如图 2.14 所示，植被的非均匀分布及病态反演的问题导致实测值与反演都存在不确定性，而对于实测值的不确定性问题，则以实测值的均值作为反演结果的对比值。同时，上述方法构建的查找表具有较大的容积，因此需要进行 2.3.3.4 节所述的对反演结果做规则化处理，降低反演的不确定性同时提高反演速率。

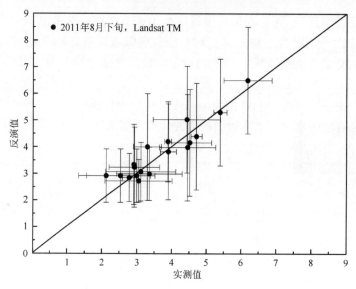

图 2.14　植被生长浓密区域 LAI 反演值与实测值对比结果

$R^2=0.86$；RMSD=0.38

　　规则化处理分为以下几个步骤（图 2.15）：首先，从研究区先验知识及 2.3.4.1 节敏感度分析结果来看，研究区只有少部分植被的 LAI 值大于 7，且对于近红外波段，LAI>7 时逐渐趋于饱和，不适用于 LAI 的反演，因此修正 LAI 的取值范围为 0~7。其次，选取 LAI 从低到高的 3 个值分析其对 $N$ 的影响，如图 2.15（a）所示，从图 2.15（a）中可以看出，当 $N=1.6$ 时，具有最小的 RMSE，因此缩小 $N$ 的取值范围，即为 1.4~1.8，步长为 0.2，处理后反演结果如图 2.15（b）所示，LAI 仍保持较高的反演精度及相对较低的不确定性。最后，按照上述步骤对其他参数做类似的处理，最终结果如图 2.15（g）和图 2.15（h）所示。

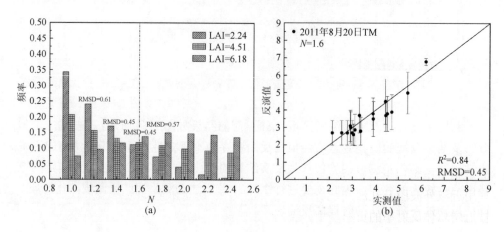

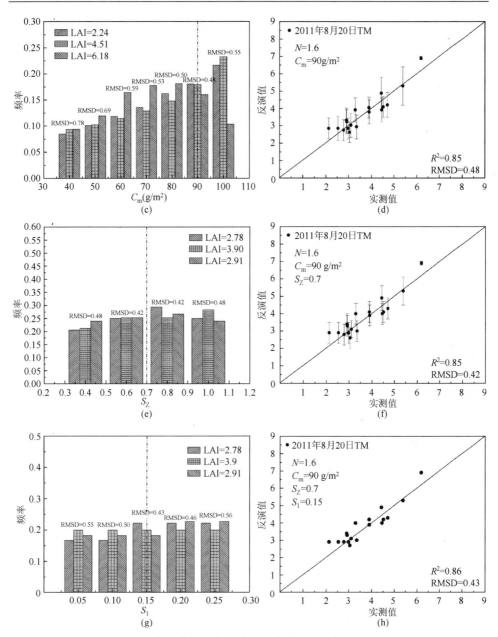

图 2.15 植被生长浓密区域 LAI 反演结果的规则化处理

由于植被分布稀疏与浓密区域的植被种类相同，在上一步中限定的 $N$、$C_m$ 及 $S_z$ 取值范围将用于植被稀疏区域查找表的建立。对于植被覆盖稀疏的区域，同时使用近红外波段及红波段反射率数据。其中，叶片叶绿素 a+b 含量参数 $C_{ab}$ 对植被冠层总体反射率的贡献较小，因此其取值设定为 60μg/cm²。表征土壤反射率大小的参数 S1 的取值范围设定为 0.2～0.5, 步长为 0.02。这是由于对于植被覆盖稀疏的区域, 土壤下垫面为干燥的盐碱地, 在近红外波段及红波段光都具有较高的反射特性。根据研究区先验知识, LAI 的取值范围限定为 0～3, 步长为 0.2, 这已能够涵盖植被覆盖稀疏区域植被 LAI 的取值范围。按照上述设定的自由变量的取值范围值, 基于 ACRM 模型, 建立近红外波段与红波段反射率之间的对应查找表关系。

　　研究区雨季一般在 7～8 月来临, 因此对于 8 月下旬, 研究区可分为靠近乌图美仁河流域植被生长浓密的区域及远离乌图美仁河流域植被生长稀疏的区域, 对于植被覆盖浓密区域植被 LAI 的反演采用 2.3.4.3 节中所述的方法进行反演; 对于植被覆盖疏密不同区域植被 LAI 的反演分别采用前面提到的浓密和稀疏区域反演方法进行反演。反演中使用的遥感影像图为 Landsat TM 1T 级产品, 由于图像中少部分区域被薄云所覆盖, 导致反射率增加, 必将影响反演的精度。因此, 在对 LAI 反演结果进行验证时, 对于这部分区域的像元利用 MODIS 下午星 Aqua 8 天合成 250m 地表反射率产品在 DOY233 天的数据进行替代。按上述处理得出的反演结果显示, 实测值与反演值的相关系数 $R^2$ 为 0.95, 均方根误差 RMSE 为 0.33, 表现出较高的反演精度。图 2.16 显示的是 2011 年 8 月下旬研究区植被 LAI 反演值与模拟值对比结果; 图 2.17 显示的是 2011 年 8 月下旬研究区植被 LAI 空间分布图。

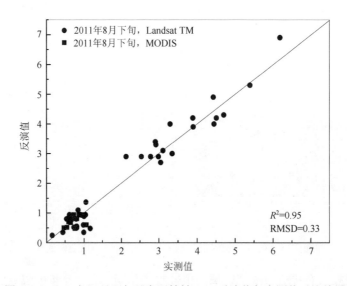

图 2.16　2011 年 8 月下旬研究区植被 LAI 反演值与实测值对比结果

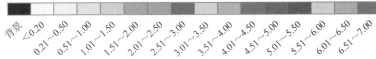

背景　<0.20　0.21~0.50　0.51~1.00　1.01~1.50　1.51~2.00　2.01~2.50　2.51~3.00　3.01~3.50　3.51~4.00　4.01~4.50　4.51~5.00　5.01~5.50　5.51~6.00　6.01~6.50　6.51~7.00

图 2.17　2011 年 8 月下旬研究区植被 LAI 空间分布图

　　2011 年 7 月上旬研究区植被 LAI 反演所使用的遥感卫星影像数据为 MODIS
上午星 Terra 16 天合成 250m 空间分辨率在 DOY177 天的地表反射率产品。由于
该时期研究区雨季未来临，总体干旱；此外，从研究区植被的物候情况来看，此
时处于植被刚开始生长的阶段。因此，将此时期研究区的植被都归为植被覆盖稀
疏的情况，同时采用近红外波段及红波段反射率图像进行 LAI 的反演研究。此时，
LAI 及 $S_1$ 的参数取值范围和步长与 8 月下旬植被覆盖稀疏区域植被 LAI 及 $S_1$ 的取
值范围与步长相同。$N$、$C_m$、$S_z$ 及 $C_{ab}$ 作为自用变量，其取值范围及步长与 8 月下
旬植被覆盖浓密区域植被的 $N$、$C_m$、$S_z$ 及 $C_{ab}$ 取值范围与步长相同。按照上述处
理设定自由变量并基于 ACRM 模型建立查找表，通过查找表反演算法对 2011 年
7 月上旬研究区植被的 LAI 进行反演。反演结果显示，实测值与反演值的相关系
数 $R^2$ 为 0.82，均方根误差 RMSE 为 0.25，表现出较高的反演精度。反演值与实测
值对比结果如图 2.18 所示，2011 年 7 月上旬研究区植被 LAI 空间分布图如图 2.19
所示。

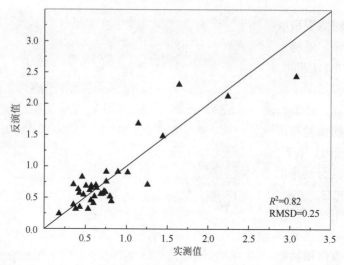

图 2.18　2011 年 7 月上旬研究区植被 LAI 反演值与实测值对比结果

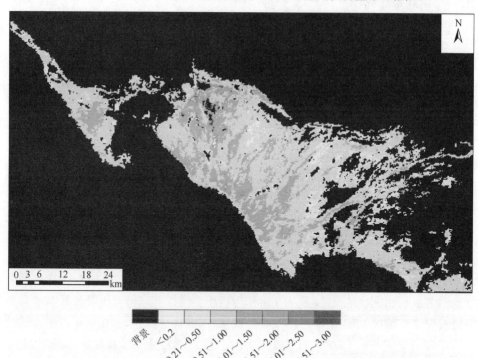

图 2.19　2011 年 7 月上旬研究区植被 LAI 空间分布图

## 2.3.5　分析及讨论

对于 8 月下旬研究区植被 LAI 反演采用的是 Landsat TM 1T 级产品，本实验中并未对该遥感卫星影像图做定量的地理位置匹配处理。由于遥感卫星传感器成像误差的存在，遥感卫星影像与地面点没有绝对的一一匹配关系，但在本实验中忽略了这种非对应匹配带来的误差。原因有三点：第一，Landsat TM 1T 级产品已经做过地形校正，一般情况下能达到可接受的精度；第二，研究区地形平坦；第三，从对研究区典型地物（如公路）对应于遥感影像的目标所做定性分析的结果来看，二者的偏差非常小。

研究区 2011 年 7 月上旬植被 LAI 反演使用的是 MODIS 上午星 Terra16 天合成 250m 空间分辨率的地表反射率产品。对于土壤肥沃及水源充足区域的植被，在 16 天时间内，植被的 LAI 可能会变化很大。但是，对于本实验的研究区域，由于研究区土壤盐碱化，且 7 月干燥少雨，导致植被在这段时间内生长较为缓慢，LAI 的变化不会太大，因此使用 16 天合成的数据产品反演 LAI 是合理的。

由于研究区植被特殊的分布方式，本实验将其分为植被覆盖浓密的区域及植被覆盖稀疏的区域两类，然后对这两类植被 LAI 分别进行反演。NDVI 在一定程度上能够表征植被覆盖的程度，因此实验中使用统计的实地测量值与图像对应 NDVI 作为划分植被稀疏及浓密区域的标准，最终以 NDVI=0.5 作为划分的阈值。另一种更为合理的划分手段是采用微波数据对研究区植被的浓密程度进行划分：由于微波具有更长的波长，能够穿透植被覆盖层，且由于微波对水极为敏感，可进一步将土壤下垫面划分为沼泽及干燥盐碱地两种情况。

由于病态反演问题的原因，导致反演的 LAI 值不是单一值而是一组 LAI 分布，且这种分布类似于正态分布，实验中采用其分布的均值作为最终反演值，标准差作为衡量反演结果不确定性的程度。自然地，最终反演的 LAI 值不是无偏的，其误差来源于大气校正、物理模型的精度、研究区分类处理、查找表算法误差、野外实地测量误差等各个方面。

# 参 考 文 献

李小文，王锦地. 1995. 植被光学遥感模型与植被结构参数化. 北京：科学出版社.

李宗南，陈仲新，王利民，等. 2012. 基于 ACRM 模型不同时期冬小麦 LAI 和叶绿素反演研究. 中国农业资源与区
  划，33：1-5.

孙焱鑫，王纪华，李保国，等. 2007. 基于 BP 和 GRNN 神经网络的冬小麦冠层叶绿素高光谱反演建模研究. 遥感
  技术与应用，22：492-496.

王东伟. 2008. 遥感数据与作物生长模型同化方法及其应用研究. 北京：北京师范大学博士学位论文.

徐希孺. 2005. 遥感物理. 北京：北京大学出版社.

Campbell G. 1990. Derivation of an angle density function for canopies with ellipsoidal leaf angle distributions.
  Agricultural and Forest Meteorology，49：173-176.

Dawson T P，Curran P J，Plummer S E. 1998. LIBERTY-modeling the effects of leaf biochemical concentration on
  reflectance spectra. Remote Sensing of Environment，65：50-60.

Iqbal M. 1983. An Introduction to Solar Radiation. Toronto：Academic Press.

Jacquemoud S，Baret F. 1990. PROSPECT：A model of leaf optical properties spectra. Remote Sensing of Environment，34：75-91.

Jacquemoud S，Ustin S L，Verdebout J，et al. 1996. Estimating leaf biochemistry using the PROSPECT leaf optical properties model. Remote Sensing of Environment，56：194-202.

Jacquemoud S，Bacour C，Poilve H，et al. 2000. Comparison of four radiative transfer models to simulate plant canopies reflectance：Direct and inverse mode. Remote Sensing of Environment，74：471-481.

Jupp D L B，Strahler A H. 1991. A hotspot model for leaf canopies. Remote Sensing of Environment，38：193-210.

Knyazikhin Y，Glassy J，Privette J L，et al. 1999. MODIS leaf area index（LAI）and fraction of photosynthetically active radiation absorbed by vegetation（FPAR）product（MOD15）algorithm theoretical basis document. Theoretical Basis Document，NASA Goddard Space Flight Center，Greenbelt，MD，USA.

Kuusk A. 1994. A multispectral canopy reflectance model. Remote Sensing of Environment，50：75-82.

Kuusk A. 1995a. A fast，invertible canopy reflectance model. Remote Sensing of Environment，51：342-350.

Kuusk A. 1995b. A Markov chain model of canopy reflectance. Agricultural and Forest Meteorology，76：221-236.

Kuusk A. 2001. A two-layer canopy reflectance model. Journal of Quantitative Spectroscopy and Radiative Transfer，71：1-9.

Liang S. 2004. Quantitative Remote Sensing of Land Surfaces. New York：John Wiley and Sons，Inc.

Nilson T，Kuusk A. 1989. A reflectance model for the homogeneous plant canopy and its inversion. Remote Sensing of Environment，27：157-167.

Price J C. 1990. On the information content of soil reflectance spectra. Remote Sensing of Environment，33：113-121.

Suits G H. 1973. The calculation of the directional reflectance of a vegetative canopy. Remote Sensing of Environment，2：117-125.

Townshend J R，Justice C. 1986. Analysis of the dynamics of African vegetation using the normalized difference vegetation index. International Journal of Remote Sensing，7：1435-1445.

Verhoef W，Bach H. 2003. Simulation of hyperspectral and directional radiance images using coupled biophysical and atmospheric radiative transfer models. Remote Sensing of Environment，87：23-41.

Verhoef W. 1984. Light scattering by leaf layers with application to canopy reflectance modeling：The SAIL model. Remote Sensing of Environment，16：125-141.

# 3  草本植被生物量反演

草原是重要的可再生资源，其对保持生态环境和人类社会持续发展具有重要作用。但自然环境的变化、人类的活动都对草原的生态系统有很大的影响。植被生物量体现了地球生态系统获取能量的能力，是衡量生态系统的一个重要指标，因此及时、准确地了解草原植被生物量的时空变化，对于指导人们科学合理地利用草原、保护草原的生态平衡具有重要的意义。传统的植被生物量监测方法存在耗时长、成本高、破坏性强等缺点，难以及时宏观地反映大面积植被生物量的动态变化，具有一定的局限性。而卫星遥感具有快速、宏观、动态等优点，为区域尺度的生物量监测提供了有效手段。

虽然无法从空间中直接测量植被生物量，但从 SAR 和光学数据中均可以提取出与生物量相关的遥感信息（如 SAR 数据的后向散射系数、光学遥感数据的地表反射率等）。研究表明，单独利用微波遥感数据（Englhart et al.，2011；Tsolmon et al.，2002；Wang and Ouchi，2010；Liao et al.，2013；Kumar et al.，2012）或光学遥感数据（Clevers et al.，2007；Liu et al.，2010；Güneralp et al.，2014；Jin et al.，2014；Wu et al.，2013）估算植被生物量，均取得了较好的结果。然而，光学遥感的可见光和近红外波段容易被植被冠层散射和吸收，只能获得植被表层信息而无法获得植被内部结构信息（Englhart et al.，2011；Li and Potter，2012）。因此，利用光学遥感反演植被生物量，缺乏植被的垂直结构信息，并且在 LAI 大于 2 时容易达到饱和（Shoshany，2000）。而雷达遥感具有穿透植被冠层的能力，可以获得植被的冠层结构信息，但却受到下垫面很大的影响。因此，单独利用光学遥感或雷达遥感反演植被生物量，总会受到某种限制。光学遥感数据和雷达遥感数据的协同使用，可以弥补单独使用某种遥感的不足，减小植被冠层对 SAR 信号的影响（Wang et al.，2004），扩大植被生物量的有效估算范围（Moghaddam et al.，2002）。众多研究（Amini and Sumantyo，2009；Wang and Qi，2008；Chen et al.，2009；Attarchi and Gloaguen，2014）表明，光学和微波遥感的结合提高了植被生物量反演的精度。

## 3.1  植被散射模型

植被对雷达入射信号的影响主要是散射和吸收到达冠层的雷达信号。植被对雷达信号的吸收主要是由植被介电常数导致的，其取决于植被本身所含的水分。植被对雷达信号的吸收和散射主要由以下几个方面决定（Bindlish and Barros，

2001）：①植被冠层内散射体的大小分布；②植被冠层内散射体的形状分布；③植被冠层内散射体的方向分布；④植被冠层内的几何形状，包括行距、间距、覆盖度等；⑤植被下垫面土壤表面的粗糙度和介电常数。除了植被本身的影响外，植被对雷达信号的散射还受到信号频率、微波入射角和极化方式等系统参数的影响。

### 3.1.1 水云模型

早期的植被散射模型，往往将植被描述为均匀的介质，如水云模型（water cloud model，WCM）（Attema and Ulaby，1978）。水云模型是一种利用经验系数和植被参数表示植被冠层一阶辐射传输的半经验模型，其将植被假设为球形水滴和干物质的组合，而干物质的作用仅仅是保持水分在冠层内的均匀分布（Bindlish and Barros，2001）。水云模型简洁地描述了植被覆盖地表的散射机制，如图 3.1 所示，其将植被覆盖地表的散射机制分为两部分：①经植被双层衰减后的土壤后向散射项；②由植被直接散射回来的体散射项。

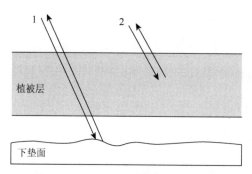

图 3.1　水云模型描述的植被散射机制

水云模型具有众多表述方式（Graham and Harris，2003），一般来说，水云模型中冠层的总后向散射是由植被体散射贡献和下垫面散射贡献组成的，并且下垫面散射贡献受到植被层的衰减。因此，水云模型可以通过以下公式表示（Moran et al.，1998）：

$$\sigma^0 = \sigma_{\text{veg}}^0 + \tau^2 \sigma_{\text{soil}}^0 \tag{3.1}$$

$$\sigma_{\text{veg}}^0 = A V_1^{\text{E}} \cos\theta (1-\tau^2) \tag{3.2}$$

$$\tau^2 = \exp(-2B V_2 / \cos\theta) \tag{3.3}$$

式中，$\sigma^0$ 为冠层总体后向散射；$\sigma_{\text{veg}}^0$ 和 $\sigma_{\text{soil}}^0$ 分别为植被和土壤的后向散射贡献（$\text{m}^2/\text{m}^2$）；$\tau^2$ 表示冠层双向衰减；$\theta$ 为入射角；$V_1$ 和 $V_2$ 为植被冠层描述，冠层描述可以用叶面积指数（LAI）（Moran et al.，1998）或者植被生物量（Singh，2006）来表示；参数 $A$、$B$ 和 $E$ 为经验系数，其中 $A$ 和 $B$ 的取值依赖于植被冠层类型（Inoue et al.，2002；Prevot et al.，1993a）。下垫面土壤散射贡献（$\sigma_{\text{soil}}^0$，dB）利

用土壤体积含水量 $m_v$ 的经典线性函数来表示（Prevot et al.，1993a）：

$$\sigma^0_{soil} = C + Dm_v \tag{3.4}$$

上述水云模型的参数化将地表粗糙度（表面几何）的影响和土壤水分含量（介电特性）的影响看成是独立的（Singh，2006；Prasad，2009）。参数 $C$ 和 $D$ 是经验系数。参数 $C$ 的取值依赖于土壤粗糙度（Taconet et al.，1994），参数 $D$ 表示了信号对土壤水分含量的敏感度（Prasad，2009）。

水云模型对植被的描述较为简单，可以用来刻画农作物等植被覆盖比较均一的区域的微波散射机制（Maity et al.，2004；Moran et al.，2002；Magagi and Kerr，1997）。该模型忽略了植被与下垫面之间的多次散射，且应用该模型的前提条件是以体散射为主体（Attema and Ulaby，1978）。因此，将其应用到植被稀疏区域时，可能会造成较大误差（Svoray and Shoshany，2002；Xing et al.，2014），这就需要对水云模型进行改进。

### 3.1.2 MIMICS 模型

植被散射模型涉及对植被之间，植被各组成成分之间，植被与下垫面地表之间的一系列复杂电磁交互的认识和理解。基于微波辐射传输理论，Ulaby 等（1990）针对森林植被建立了密歇根微波冠层散射模型（Michigan microwave canopy scattering model，MIMICS）。MIMICS 模型自建立之初就被运用于各种植被类型的散射特性研究中（Liang et al.，2005a，2005b；Lin et al.，2009），是目前应用最为完备的植被散射模型，也是目前被众多学者广泛应用的植被散射模型之一。MIMICS 模型建立的目的主要是用来模拟森林植被冠层后向散射机理，其根据植被的散射贡献，将森林植被分为 3 个组成部分，即冠层、树干层和下垫面，如图 3.2 所示。冠层由树叶、树枝等植被成分组成；而树干层由森林的茎干组成；植被的下垫面土壤则被假设为具有一定粗糙度的介电表面，通过均方根高度 $s$ 和相关长度 $l$ 来表示下垫面土壤的粗糙度。

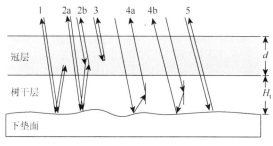

图 3.2　MIMICS 模型的散射机理

根据森林植被的散射机理，MIMICS 模型将总体的后向散射贡献分为 5 个部分（图 3.2）：①下垫面—冠层—下垫面的散射贡献 $\sigma_{pq1}^0$；②下垫面—冠层和冠层—下垫面的散射贡献 $\sigma_{pq2}^0$；③冠层直接的后向散射贡献 $\sigma_{pq3}^0$；④树干—下垫面和下垫面—树干的散射贡献 $\sigma_{pq4}^0$；⑤经过植被层双向衰减的下垫面的直接散射贡献 $\sigma_{pq5}^0$。总后向散射系数可以表示为

$$\sigma_{pq}^0 = \sigma_{pq1}^0 + \sigma_{pq2}^0 + \sigma_{pq3}^0 + \sigma_{pq4}^0 + \sigma_{pq5}^0 \tag{3.5}$$

式中，$\sigma_{pq1}^0$、$\sigma_{pq2}^0$、$\sigma_{pq3}^0$、$\sigma_{pq4}^0$、$\sigma_{pq5}^0$ 均为植被参数、下垫面参数及雷达系统参数的函数。这些函数可以表示为

$$\sigma_{pq1}^0 = T_{cp}T_{cq}T_{tp}T_{tq}\Gamma_p\Gamma_q\sigma_{pq3}^0 \tag{3.6}$$

$$\sigma_{pq2}^0 = 2T_{cp}T_{cq}T_{tp}T_{tq}(\Gamma_p + \Gamma_q)d\sigma_{pq2} \tag{3.7}$$

$$\sigma_{pq3}^0 = \frac{\sigma_{pq1}\cos\theta}{K_{cp} + K_{tp}}(1 - T_{cp}T_{cq}) \tag{3.8}$$

$$\sigma_{pq4}^0 = 2T_{cp}T_{cq}T_{tp}T_{tq}(\Gamma_p + \Gamma_q)H_t\sigma_{pqs}^0\sigma_{pq3} \tag{3.9}$$

$$\sigma_{pq5}^0 = T_{cp}T_{cq}T_{tp}T_{tq}\sigma_{pqs}^0 \tag{3.10}$$

式中，$p$ 和 $q$ 表示极化方式，可以是水平极化方式（H）或者垂直极化方式（V）；$\sigma_{pq1}$ 为森林植被中单位体积的植被茎和叶的雷达后向散射截面；$\sigma_{pq2}$ 为森林植被中单位体积茎和叶的散射截面；$\sigma_{pq3}$ 为森林植被干层中单位面积树干的雷达后向散射截面；$K_{cp}$ 为 $p$ 极化方式下植被冠层的消光系数；$K_{tp}$ 为 $p$ 极化方式下植被树干层消光系数；$d$ 为植被冠层高度；$H_t$ 为植被树干高度；$T_{tp}$ 为 $p$ 极化时植被树干层单程透射率，$T_{tp} = \exp(-K_{tp}H_t\sec\theta)$；$T_{cp}$ 为 $p$ 极化时植被冠层单程透射率，$T_{cp} = \exp(-K_{cp}d\sec\theta)$；$\Gamma_p$ 为 $p$ 极化时地表反射率，$\Gamma_p = \Gamma_{p0}\exp[-2k(\cos\theta)^2]$，$\Gamma_{p0}$ 为 $p$ 极化时镜面菲涅尔（Fresnel）反射系数；$\sigma_{pqs}^0$ 为裸露地表的后向散射系数。

　　MIMICS 模型对森林植被的刻画非常详细，能够准确地描述森林植被覆盖地表的 SAR 后向散射机理。然而，MIMICS 模型假设植被覆盖下的地表土壤粗糙度较小，将下垫面地表土壤的散射认为是镜面反射，采用几何光学模型、物理光学模型，以及小扰动模型来描述植被下垫面的后向散射，不能完全反映自然地表状况，且该模型输入参数繁多，限制了该模型的应用。

### 3.1.3　Roo 模型

　　MIMICS 模型是针对高大植被（森林等）覆盖地表而建立的植被散射模型，无法用其直接模拟农作物、草地等较矮小植被覆盖地表的后向散射。鉴于此，

de Roo 等（2001）针对农作物的植被冠层和植被茎干之间没有明显区别的特点，对 MIMICS 模型进行简化，去除模型中树干—地面散射项，将其应用于低矮植被。因此，Roo 模型中总后向散射系数 $\sigma_{pq}^0$ 可以表示为

$$\sigma_{pq}^0 = \sigma_{pq1}^0 + \sigma_{pq2}^0 + \sigma_{pq3}^0 + \sigma_{pq4}^0 \qquad (3.11)$$

式中，等号右边每一项均表示了一种散射机理，$\sigma_{pq1}^0$ 为植被冠层直接的后向散射贡献；$\sigma_{pq2}^0$ 为下垫面—冠层和冠层—下垫面的散射贡献；$\sigma_{pq3}^0$ 为下垫面—冠层—下垫面的散射贡献；$\sigma_{pq4}^0$ 为经过植被层双向衰减的下垫面的直接散射贡献。以上各散射机理可以表示为

$$\sigma_{pq1}^0 = \frac{\sigma_{pq1} \cos\theta}{K_p + K_q}(1 - T_p T_q) \qquad (3.12)$$

$$\sigma_{pq2}^0 = 2T_p T_q(\Gamma_p + \Gamma_q)d\sigma_{pq2} \qquad (3.13)$$

$$\sigma_{pq3}^0 = \sigma_{pq1}^0 T_p T_q \Gamma_p \Gamma_q \qquad (3.14)$$

$$\sigma_{pq4}^0 = \sigma_{pqs}^0 T_p T_q \qquad (3.15)$$

式中，$p$ 和 $q$ 表示极化方式，可以是水平极化方式（H）或者垂直极化方式（V）；$\sigma_{pq1}$ 为植被冠层中单位体积的茎干和叶子的雷达后向散射截面；$\sigma_{pq2}$ 为植被冠层中单位体积的茎干和叶子的雷达双向散射截面；$K_p$ 为 $p$ 极化时植被冠层的消光系数；$T_p$ 为 $p$ 极化时植被冠层单层透射率，$T_p = \exp(-K_p d \sec\theta)$；$d$ 为冠层高度。其他各参数的意义与 MIMICS 模型中相应的参数相同。

### 3.1.4　Saatchi 模型

植被表面的雷达后向散射主要由两个方面的参数决定（Saatchi and Moghaddam，2000）：①与土壤和植被结构相关的几何参数；②与下垫面土壤表面和植物含水量相关的介电参数。微波后向散射系数对植被生物量的敏感度主要取决于植被结构信息和植被含水量。Saatchi 和 Moghaddam（2000）基于一个复杂的森林物理散射模型（Saatchi and Mcdonald，1997），建立了一种简单的半经验森林散射模型。该模型假设森林冠层的总后向散射包含 3 种主要的散射机理：植被冠层的体散射贡献，冠层—地面的散射贡献和树干—地面的散射贡献，如图 3.3 所示。因此，SAR 测量的总后向散射系数可以表示为

$$\sigma_{pq}^0 = \sigma_{pqc}^0 + \sigma_{pqcg}^0 + \sigma_{pqtg}^0 \qquad (3.16)$$

式中，$p$ 和 $q$ 分别为雷达信号的垂直极化方式或水平极化方式；$c$、$cg$ 和 $tg$ 分别为冠层、冠层—地面、树干—地面的散射机理。该模型有两个假设：①森林冠层包含两层（树冠和树干）；②在稠密森林条件下，土壤表面的直接散射贡献与其他

散射机理相比要小很多。式（3.16）中的散射机理可以表示为

$$\sigma_{pqc}^0 = k_0 \frac{|\varepsilon|^{1.3}}{\varepsilon''} \cos\theta \gamma_{pqc} W_c (1 - e^{-k_0^{\varepsilon_\omega''^{0.65} \sec\theta \beta_{pqc} W_c}}) \tag{3.17}$$

$$\sigma_{pqcg}^0 = k_0^{1.4} |\varepsilon|^{1.3} e^{-k_0^2 s^2 \cos^2\theta} \Gamma_p \gamma_{pqcg} W_c \times e^{-k_0^{\varepsilon_\omega'' \sec\theta(\beta_{pqc} W_c + \beta_{pqt} W_t)}} \tag{3.18}$$

$$\sigma_{pqtg}^0 = k_0 \sin\theta |\varepsilon_\omega|^{0.65} e^{-k_0^2 s^2 \cos^2\theta} \Gamma_p \gamma_{pqtg} W_t \times e^{-k_0^{\varepsilon_\omega'' \sec\theta(\beta_{pqc} W_c + \beta_{pqt} W_t)}} \tag{3.19}$$

式中，$k_0$ 为波数，可以表示为 $k_0 = 2\pi/\lambda$，$\lambda$ 为波长；$\theta$ 为入射角；$\varepsilon_\omega = \varepsilon_\omega' - i\varepsilon_\omega''$ 为水的介电常数，$\varepsilon_\omega'$ 和 $\varepsilon_\omega''$ 分别为介电常数的实部和虚部；$s$ 为表面粗糙度的均方根高度；$\Gamma_p$ 为 $p$ 极化时的 Fresnel 反射率，其与土壤相对介电常数有关；$W_c$ 为冠层水分含量；$W_t$ 为树干水分含量；$\beta_{pqc}$ 和 $\beta_{pqt}$ 分别为冠层和树干的平均衰减；$\gamma_{pqc}$、$\gamma_{pqcg}$ 和 $\gamma_{pqtg}$ 分别为植被冠层内整体散射截面，其值完全依赖于植被冠层的几何属性，几乎与雷达信号频率和植被水分含量无关（Saatchi and Moghaddam，2000）。对于不同波段，水的介电常数为（Saatchi and Moghaddam，2000）

$$\begin{cases} \varepsilon_\omega = 72.0 - i28.4 & C 波段 \quad (约为5.3GHz) \\ \varepsilon_\omega = 83.2 - i7.81 & L 波段 \quad (约为1.25GHz) \\ \varepsilon_\omega = 83.9 - i2.77 & P 波段 \quad (约为0.44GHz) \end{cases} \tag{3.20}$$

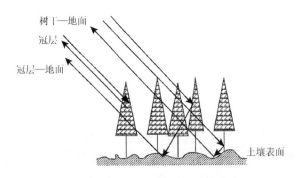

图 3.3　Saatchi 半经验模型的散射机理（Saatchi and Moghaddam，2000）

与理论模型相比，该模型结构简单，输入参数较少，具有较强的实用性。但该模型并未考虑植被的间隙信息，因此将其应用于存在较大间隙的稀疏森林时，可能存在一定的问题。

## 3.2　草本植被散射模型

一般而言，SAR 后向散射模型可以总结为经验模型、理论模型和半经验模型。经验模型不涉及机理问题，是对 SAR 信息参数和地面观测数据进行统计分析，并

在此基础上建立两者之间关系的模型。经验模型简单且使用方便，但缺乏普适性。理论模型基于物理推导，采用严格的数学表达式来解释每个散射分量。理论模型虽然详尽地描述了入射微波与地物目标之间的相互作用，可以使人们对于散射机理有很清楚的理解，但需要植被结构的详尽描述，且计算复杂，一般不适用于大尺度的植被参数反演。经验模型和理论模型的不足促使了半经验模型的应用。

### 3.2.1 草本植被散射模型的建立

为了使经典森林散射模型——密歇根微波冠层散射模型（Michigan microwave canopy scattering model，MIMICS）（Ulaby et al.，1990）适用于草本植被，de Roo 等（2001）去除了模型中树干层的散射贡献，将植被当作一层来处理。本节以生态脆弱区草原的草本植被为研究对象，建立一种适合草本植被生物量反演的方法。由于草本植被的茎干和植被冠层之间没有明显的区别，因此去除了 Saatchi 和 Moghaddam（2000）所述的植被散射模型的树干层，将植被当作一层处理，最终建立了草本植被后向散射模型，则草本植被后向散射可以表示为

$$\sigma_{pq}^0 = \sigma_{pqc}^0 + \sigma_{pqcg}^0 \tag{3.21}$$

式中，$\sigma_{pqc}^0$ 用式（3.17）表示，而 $\sigma_{pqcg}^0$ 改写为

$$\sigma_{pqcg}^0 = k_0^{1.4} |\varepsilon|^{1.3} e^{-k_0^2 s^2 \cos^2 \theta} \Gamma_p \gamma_{pqcg} W_c \times e^{-k_0^{\varepsilon_{c0}''} \sec \theta \beta_{pqc} W_c} \tag{3.22}$$

建立草本植被散射模型后，将 SAR 数据的后向散射系数、植被冠层水分含量、土壤水分含量、土壤粗糙度等作为模型的输入数据，利用 Levenberg–Marquardt 非线性最小二乘法，通过不断优化 SAR 测量的后向散射系数和模型模拟的后向散射系数之间的均方根误差来估算模型中的植被结构参数（$\beta_{pqc}$、$\gamma_{pqc}$ 和 $\gamma_{pqcg}$）。估算的植被结构参数见表 3.1。需要说明的是，上述植被散射模型建立在植被稠密的假设条件下，并未考虑植被间隙的影响。因此，在植被冠层具有较大间隙的情况下，该模型的反演精度可能较小。

**表 3.1　植被结构参数估算值**

| $\beta_{HHc}$ | $\gamma_{HHc}$ | $\gamma_{HHcg}$ | $\beta_{VVc}$ | $\gamma_{VVc}$ | $\gamma_{VVcg}$ |
|---|---|---|---|---|---|
| 0.000 14 | 0.023 18 | 0.264 27 | 0.000 08 | 0.017 97 | 0.226 72 |

### 3.2.2 改进的草本植被散射模型

生态脆弱区草原植被密度分布不均，且有的地方植被覆盖比较稀疏，下垫面土壤的后向散射强烈，因此必须考虑土壤直接散射对总后向散射系数的贡献。以往的研究

中，有学者将总后向散射系数分为植被覆盖部分的散射贡献和裸土直接散射的贡献（Svoray and Shoshany，2002）。为了将建立的草本植被模型应用于生态脆弱区草原，本书将植被覆盖度作为模型的附加参数，利用植被覆盖度将每个像元分为两个部分，即植被覆盖区域和裸露土壤区域（图 3.4）。首先假设整个像元完全由植被覆盖，计算出后向散射系数后，根据植被覆盖度计算出实际的植被后向散射贡献 $\sigma_{\text{veg}}^0$，即

$$\sigma_{\text{veg}}^0 = f_{\text{veg}} \sigma_{pq}^0 \tag{3.23}$$

式中，$f_{\text{veg}}$ 为植被覆盖度。

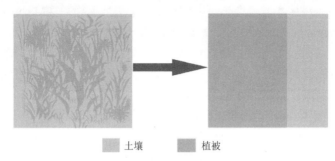

土壤 　　植被

图 3.4　植被覆盖区域和裸露土壤区域

将式（3.21）带入式（3.23）中，则植被后向散射可以表示为

$$\sigma_{\text{veg}}^0 = f_{\text{veg}} (\sigma_{pqc}^0 + \sigma_{pqcg}^0) \tag{3.24}$$

同理，假设整个像元完全是裸土，计算出后向散射系数后，根据裸土在整个像元内所占的比重计算出实际的裸土后向散射贡献 $\sigma_{\text{soil}}^0$，即

$$\sigma_{\text{soil}}^0 = (1 - f_{\text{veg}}) \sigma_{\text{soi}}^0 \tag{3.25}$$

式中，$\sigma_{\text{soi}}^0$ 为完全为裸土时的后向散射。结合式（3.24）和式（3.25），则总后向散射 $\sigma_{\text{total}}^0$ 可以写为

$$\sigma_{\text{total}}^0 = f_{\text{veg}} (\sigma_{pqc}^0 + \sigma_{pqcg}^0) + (1 - f_{\text{veg}}) \sigma_{\text{soi}}^0 \tag{3.26}$$

选择 Dubois 模型（Dubois et al.，1995）来计算改进模型中裸土的后向散射 $\sigma_{\text{soi}}^0$。选择 Dubois 模型不仅是由于该模型简单，且已经过了大量验证（Baghdadi and Zribi，2006），更重要的是，利用 Dubois 模型计算裸土后向散射不会为本书建立的模型带来新的未知参数。裸土条件下 HH 极化方式的后向散射系数 $\sigma_{\text{soiHH}}^0$ 和 VV 极化方式的后向散射系数 $\sigma_{\text{soiVV}}^0$ 利用 Dubois 模型可以表示为

$$\sigma_{\text{soiHH}}^0 = 10^{-2.75} \frac{\cos^{1.5} \theta}{\sin^5 \theta} 10^{0.028 \varepsilon \tan \theta} (k_0 s \times \sin \theta)^{1.4} \lambda^{0.7} \tag{3.27}$$

$$\sigma_{\text{soiVV}}^0 = 10^{-2.35} \frac{\cos^3 \theta}{\sin^3 \theta} 10^{0.046 \varepsilon \tan \theta} (k_0 s \times \sin \theta)^{1.1} \lambda^{0.7} \tag{3.28}$$

式中，$\lambda$ 为波长；$\varepsilon$ 为土壤介电常数，主要取决于土壤含水量。$\varepsilon$ 可以用 Topp 模型（Topp et al.，1980）表示为

$$\varepsilon = 3.03 + 9.3m_v + 146m_v^2 - 76.7m_v^3 \tag{3.29}$$

### 3.2.3　光学遥感数据反演微波模型输入参数

植被覆盖度作为植被散射模型的附加参数来区分像元内植被覆盖部分和裸土部分所占的比例。利用像元二分模型（dimidiate pixel model，DPM）（Gutman and Ignatov，1998）来计算植被覆盖度 $f_{veg}$，则植被覆盖度表示为

$$f_{veg} = \frac{NDVI - NDVI_{min}}{NDVI_{max} - NDVI_{min}} \tag{3.30}$$

式中，NDVI 为从环境卫星（HJ-1 CCD）影像中提取出的归一化植被指数（normalized difference vegetation index，NDVI）。归一化植被指数的最小值 $NDVI_{min}$ 和最大值 $NDVI_{max}$ 分别表示裸露土壤和完全植被覆盖时的 NDVI。NDVI 定义为近红外（near infrared，NIR）波段和红光波段上光谱反射率之差与之和的比率，可以表示为

$$NDVI = \frac{\rho_n - \rho_r}{\rho_n + \rho_r} \tag{3.31}$$

式中，$\rho_n$ 和 $\rho_r$ 分别为近红外波段和红光波段的光谱反射率。

## 3.3　草本植被生物量估算方法

利用双极化 SAR 数据估算植被生物量。根据改进的草本植被散射模型，建立 HH 极化方式和 VV 极化方式的后向散射方程组：

$$\begin{cases} \sigma_{HH}^0 = f(W_c, s, m_v) \\ \sigma_{VV}^0 = f(W_c, s, m_v) \end{cases} \tag{3.32}$$

基于式（3.32），构建后向散射系数与植被含水量 $W_c$、土壤表面均方根高度 $s$ 和土壤水分含量 $m_v$ 的查找表。根据 SAR 数据测量的后向散射与植被散射模型模拟的后向散射，在查找表中找出代价函数最小时所对应的植被含水量 $W_c$。代价函数的定义见式（3.33）：

$$S = \sqrt{\frac{1}{2}[(\sigma_{HH}^0 - \sigma_{HHSAR}^0)^2 + (\sigma_{VV}^0 - \sigma_{VVSAR}^0)^2]} \tag{3.33}$$

式中，$\sigma_{HHSAR}^0$ 和 $\sigma_{VVSAR}^0$ 分别为 SAR 图像中获取的 HH 极化和 VV 极化的后向散射系数。由于病态反演的存在，当代价函数最小时，查询的结果可能并不是唯一的。当出现多个查询结果时，取其平均值作为最终结果。

野外实测数据表明，植被含水量和植被生物量之间具有很强的线性关系

［图 3.5（a）表示乌图美仁实验区植被含水量和植被生物量之间的关系散点图；图 3.5（b）表示若尔盖实验区植被含水量和植被生物量之间的关系散点图］。获得植被含水量后，利用植被含水量与植被生物量之间的线性关系来计算植被生物量。为了评估植被生物量估算值与测量值之间的差异，分别计算了决定系数（$R^2$）和均方根误差（RMSE）。

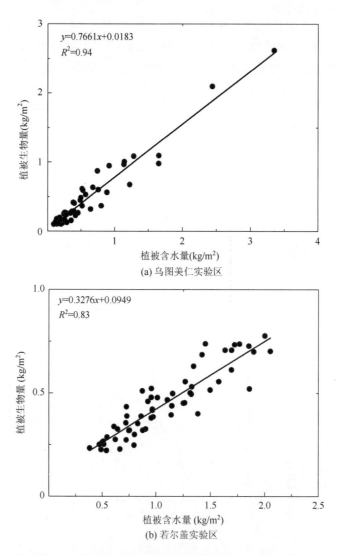

图 3.5　植被含水量和植被生物量之间的关系散点图

值得注意的是，乌图美仁实验区的植被生物量与植被含水量之间的决定系数（$R^2$）略高于若尔盖实验区。乌图美仁实验区植被以芦苇为主，植被单一，而若尔盖实验区植被种类较多，且不同植被种类的植被含水量不尽相同，造成了乌图美仁实验区植被生物量与植被含水量之间的相关性略好于若尔盖实验区。此外，也可以观察到，图 3.5（a）所表示的乌图美仁实验区植被生物量与植被含水量之间的线性关系的斜率为 0.7661，而图 3.5（b）所表示的若尔盖实验区植被生物量与植被含水量之间的线性关系的斜率为 0.3276，这说明乌图美仁实验区的植被干燥程度要远远大于若尔盖实验区。

## 3.4  结果与讨论

### 3.4.1  后向散射模拟

图 3.6 展示了乌图美仁实验区草本植被散射模型模拟的后向散射系数与 Envisat ASAR 测量的后向散射系数之间的关系散点图 [图 3.6（a）表示 HH 极化时的后向散射散点图；图 3.6（b）表示 VV 极化时的后向散射散点图]。图 3.7 展示了若尔盖实验区草本植被散射模型模拟的后向散射系数与 Radarsat-2 SAR 测量的后向散射系数之间的关系散点图 [图 3.7（a）表示 HH 极化时的后向散射散点图；图 3.7（b）表示 VV 极化时的后向散射散点图]。值得注意的是，为查看方便，已将后向散射系数统一转换为分贝（dB）值。从图 3.6 和图 3.7 中可以看出，模型模拟的后向散射系数与测量值之间具有一定的线性关系（对于乌图美仁实验区：HH 极化方式，$R^2$=0.63；VV 极化方式，$R^2$=0.60；对于若尔盖实验区：HH 极化方式，$R^2$=0.51；VV 极化方式，$R^2$=0.49）。从图 3.6 和图 3.7 中均发现了一个有趣的现象：无论是在 HH 极化下还是在 VV 极化下，与后向散射系数较小时相比，后向散射值较大时更偏离 1∶1 线。Svoray 和 Shoshany（2002）的研究表明，干旱区草原上后向散射系

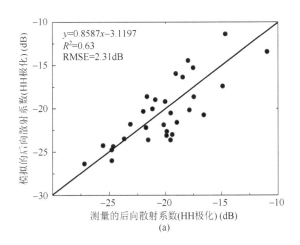

(a)

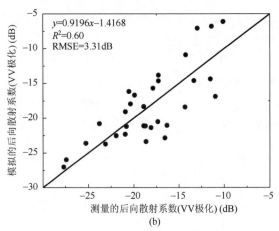

图 3.6　乌图美仁实验区测量的后向散射系数与草本植被散射模型模拟的后向散射系数之间的
关系散点图

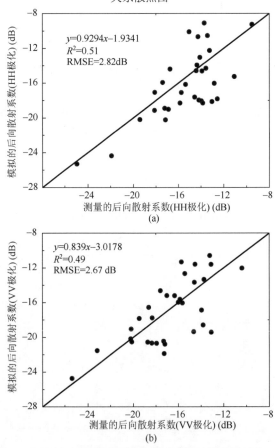

图 3.7　若尔盖实验区测量的后向散射系数与草本植被散射模型模拟的后向散射系数之间的
关系散点图

数与植被生物量之间呈负相关关系；换句话说，就是后向散射系数随植被生物量的增加而减小。其他研究者（Taconet et al.，1994；Prevot et al.，1993b）在相对湿润的条件下也发现了类似的现象。在雷达后向散射系数饱和前，后向散射系数随着植被生物量的增加而减小，这是由于土壤粗糙度和土壤水分含量对雷达信号的影响随着植被生物量的增加而减小（Svoray et al.，2001）。C 波段监测植被生物量的饱和度为 $2kg/m^2$（Imhoff，1995）。本书的实验区位于生态脆弱区草原，在所有的测量点中，仅仅是乌图美仁实验区 4 个样点的植被生物量超过了饱和值。鉴于后向散射与植被生物量的负相关关系，本书认为模型的误差主要发生在生物量较低的区域，即误差主要出现在植被稀疏的区域。这个现象可以解释为草本植被散射模型对稀疏植被条件不敏感，因为该模型并未计算植被间隙信息，忽略了植被间裸土斑点直接散射的信号。因此，当植被间存在较大间隙时，利用该模型模拟的后向散射系数是不精确的。

生态脆弱区草原植被密度分布不均，且有的地方植被覆盖稀疏，下垫面土壤对后向散射的影响强烈，因此在计算生态脆弱区草原的后向散射时，必须考虑土壤的贡献。鉴于植被和土壤的散射机理不同，利用植被覆盖度将混合像元分为植被覆盖部分和裸土部分，将植被覆盖度作为模型的参数之一来对草本植被散射模型进行改进。图 3.8 展示了将植被覆盖度作为草本植被散射模型的附加参数时模型模拟的乌图美仁实验区后向散射系数与 Envisat ASAR 测量的后向散射系数之间的关系散点图 [图 3.8（a）表示 HH 极化时的后向散射散点图；图 3.8（b）表示 VV 极化时的后向散射散点图]。图 3.9 展示了将植被覆盖度作为草本植被散射模型的附加参数时模型模拟的若尔盖实验区后向散射系数与 Radarsat-2 SAR 测量的后向散射系数之间的关系散点图 [图 3.9（a）表示 HH 极化时的后向散射散点图；图 3.9（b）表示 VV 极化时的后向散射散点图]。图 3.8 和图 3.9 的散点图呈现出测量值和模拟值之间具有较强的线性关系。与草本植被散射模型相比，改进的散射模型加入了植被覆盖度，包含了植被间隙中裸土的后向散射贡献，提高了植被后向散射的模拟精度（乌图美仁实验区：对于 HH 极化，$R^2$ 从 0.63 增加到 0.84，RMSE 从 2.31dB 减小到 1.47dB；对于 VV 极化，$R^2$ 从 0.60 增加到 0.82，RMSE 从 3.31dB 减小到 2.00dB；若尔盖实验区：对于 HH 极化，$R^2$ 从 0.51 增加到 0.78，RMSE 从 2.82dB 减小到 1.65dB；对于 VV 极化，$R^2$ 从 0.49 增加到 0.77，RMSE 从 2.67dB 减小到 1.99dB），这说明改进的草本植被散射模型在相对稀疏的植被条件下也具有较高的敏感性。结果表明，将植被覆盖度作为散射模型的附加参数以区分植被和裸土之间不同的散射机理，提高了模型的模拟精度。利用植被覆盖度将混合像元分为植被覆盖部分和裸土部分，能够解决生态脆弱区草原裸土斑点对散射的影响问题。

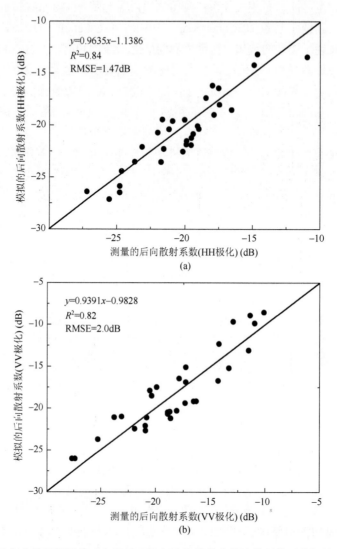

(a)

(b)

图 3.8　乌图美仁实验区测量的后向散射系数与改进的草本植被散射模型模拟的后向散射系数之间的关系散点图

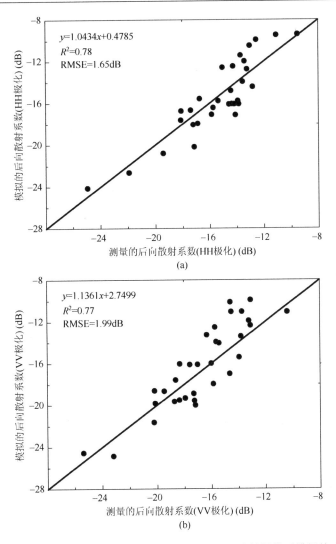

图 3.9　若尔盖实验区测量的后向散射系数与改进的草本植被散射模型模拟的后向散射系数
之间的关系散点图

## 3.4.2　生物量估算结果

通过查找表方法查找出植被含水量后，利用植被含水量与植被生物量的关系
（图 3.5），估算出地上生物量。图 3.10 展示了乌图美仁实验区野外实地测量的植
被生物量与利用草本植被散射模型估算的植被生物量之间的关系散点图。从图
3.10 和图 3.11 中可以观察到，在植被相对稀疏的区域，植被生物量被高估。植被
稀疏区裸露土壤对后向散射系数的影响强烈，而草本植被散射模型假设像元内植

被完全覆盖，并未考虑植被间隙中裸土的散射贡献，因而高估了植被生物量。值得注意的是，在乌图美仁实验区内，当植被生物量小于 $0.5kg/m^2$ 左右时被高估；而若尔盖实验区内，当植被生物量小于 $0.35kg/m^2$ 左右时被高估。乌图美仁实验区地处干旱区，植被干燥，而若尔盖实验区较为湿润，植物含水量较高。因此，当植被覆盖度相同时，乌图美仁实验区的植被具有更高的植被生物量。这可能是造成两个实验区植被生物量被高估阈值不同的原因。

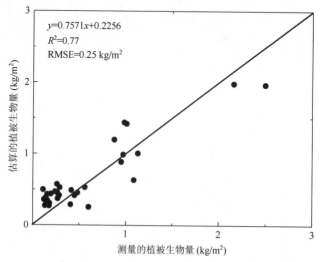

图 3.10　乌图美仁实验区测量的植被生物量与草本植被散射模型估算的植被生物量之间的关系散点图

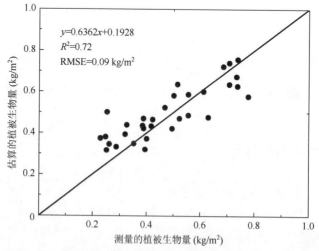

图 3.11　若尔盖实验区测量的植被生物量与草本植被散射模型估算的植被生物量之间的关系散点图

利用改进草本植被散射模型估算的植被生物量与测量的植被生物量之间的关系散点图（图 3.12 和图 3.13）显示出强线性关系（乌图美仁实验区：$R^2$=0.84，RMSE=0.20kg/m²；若尔盖实验区：$R^2$=0.78，RMSE=0.08kg/m²），这表明改进的草本植被散射模型可以有效地估计生态脆弱区草原的植被生物量。

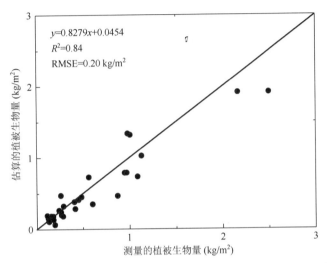

图 3.12  乌图美仁实验区测量的植被生物量与利用改进的草本植被散射模型估算的植被生物量之间的关系散点图

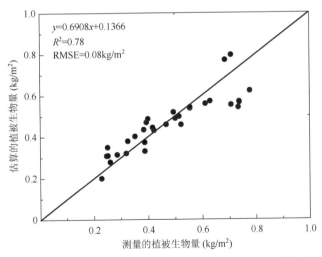

图 3.13  若尔盖实验区测量的植被生物量与利用改进的草本植被散射模型估算的植被生物量之间的关系散点图

利用改进的草本植被散射模型估算出了乌图美仁草原和若尔盖草原的植被生

物量空间分布图（图 3.14 和图 3.15）。

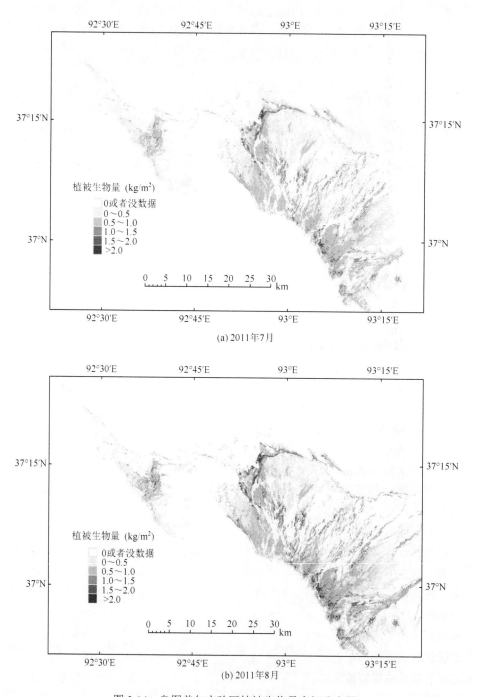

(a) 2011年7月

(b) 2011年8月

图 3.14　乌图美仁实验区植被生物量空间分布图

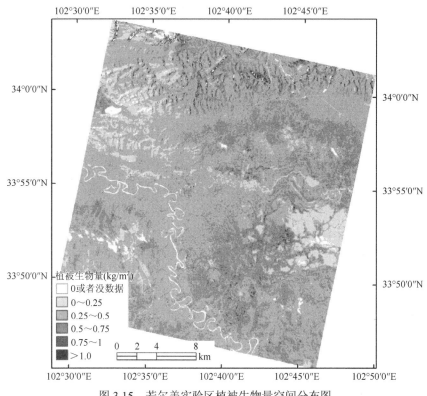

图 3.15　若尔盖实验区植被生物量空间分布图

　　这表明本书建立的方法能够有效地估计大尺度上的植被生物量分布。比较图 3.14 和图 3.15 可以发现，与若尔盖草原相比，乌图美仁草原的植被生物量空间变化更大。这是由于乌图美仁草原地处青海柴达木盆地，属于干旱区草原，植被生长所需的水分主要依赖于河流，因此靠近河流的植被更加茂密，而远离河流的植被相对稀疏。若尔盖草原相对湿润，植被生长所需要的水分充足，因此植被生物量的空间变化相对较小。

　　生物量估算的误差不仅来源于模型的模拟和反演，也可能来源于数据测量和预处理过程。导致误差的原因主要有以下几点：①模型本身存在的误差，由于模型本身存在一定的假设，因此模型本身的误差是不可避免的；②地面测量点是一个"点"的观测，而卫星的分辨率为 30m，以点验证面，难免存在误差；③病态反演的影响，在某些点上，输出的结果并不是唯一的，要取其平均值作为最终结果；④利用光学遥感数据，基于像元二分模型在一定的置信度范围内计算出的植被覆盖度的误差可能直接影响植被散射模型的生物量估算结果；⑤利用植被生物量和含水量之间的关系估算植被生物量，本身就存在一定的误差。但以上误差并不足以引起致命的错误。

# 参 考 文 献

Amini J，Sumantyo J T S. 2009. Employing a method on SAR and optical images for forest biomass estimation. IEEE Transactions on Geoscience and Remote Sensing，47：4020-4026.

Attarchi S，Gloaguen R. 2014. Improving the estimation of above ground biomass using dual polarimetric PALSAR and ETM+data in the Hyrcanian mountain forest（Iran）. Remote Sensing，6：3693-3715.

Attema E，Ulaby F T. 1978. Vegetation modeled as a water cloud. Radio Science，13：357-364.

Baghdadi N，Zribi M. 2006. Evaluation of radar backscatter models IEM，OH and Dubois using experimental observations. International Journal of Remote Sensing，27：3831-3852.

Bindlish R，Barros A P. 2001. Parameterization of vegetation backscatter in radar-based，soil moisture estimation. Remote Sensing of Environment，76：130-137.

Chen W，Blain D，Li J，et al. 2009. Biomass measurements and relationships with Landsat-7/ETM+ and JERS-1/SAR data over Canada's western sub-arctic and low arctic. International Journal of Remote Sensing，30：2355-2376.

Clevers J，Van der Heijden G，Verzakov S，et al. 2007. Estimating grassland biomass using SVM band shaving of hyperspectral data. Photogrammetric Engineering & Remote Sensing，73：1141-1148.

de Roo R D，Du Y，Ulaby F T，et al. 2001. A semi-empirical backscattering model at L-band and C-band for a soybean canopy with soil moisture inversion. IEEE Transactions on Geoscience and Remote Sensing，39：864-872.

Dubois P C，Van Zyl J，Engman T. 1995. Measuring soil moisture with imaging radars. IEEE Transactions on Geoscience and Remote Sensing，33：915-926.

Englhart S，Keuck V，Siegert F. 2011. Aboveground biomass retrieval in tropical forests-The potential of combined X-and L-band SAR data use. Remote Sensing of Environment，115：1260-1271.

Graham A，Harris R. 2003. Extracting biophysical parameters from remotely sensed radar data：A review of the water cloud model. Progress in Physical Geography，27：217-229.

Güneralp I，Filippi A M，Randall J. 2014. Estimation of floodplain aboveground biomass using multispectral remote sensing and nonparametric modeling. International Journal of Applied Earth Observation and Geoinformation，33：119-126.

Gutman G，Ignatov A. 1998. The derivation of the green vegetation fraction from NOAA/AVHRR data for use in numerical weather prediction models. International Journal of Remote Sensing，19：1533-1543.

Imhoff M L. 1995. Radar backscatter and biomass saturation：Ramifications for global biomass inventory. IEEE Transactions on Geoscience and Remote Sensing，33：511-518.

Inoue Y，Kurosu T，Maeno H，et al. 2002. Season-long daily measurements of multifrequency（Ka，Ku，X，C，and L）and full-polarization backscatter signatures over paddy rice field and their relationship with biological variables. Remote Sensing of Environment，81：194-204.

Jin Y，Yang X，Qiu J，et al. 2014. Remote sensing-based biomass estimation and its spatio-temporal variations in temperate grassland. Northern China. Remote Sensing，6：1496-1513.

Kumar S，Pandey U，Kushwaha S P，et al. 2012. Aboveground biomass estimation of tropical forest from Envisat advanced synthetic aperture radar data using modeling approach. Journal of Applied Remote Sensing，6：063588.

Li S，Potter C. 2012. Patterns of aboveground biomass regeneration in post-fire coastal scrub communities. GIScience & Remote Sensing，49：182-201.

Liang P，Moghaddam M，Pierce L E，et al. 2005a. Radar backscattering model for multilayer mixed-species forests. IEEE Transactions on Geoscience and Remote Sensing，43：2612-2626.

Liang P，Pierce L E，Moghaddam M. 2005b. Radiative transfer model for microwave bistatic scattering from forest canopies. IEEE Transactions on Geoscience and Remote Sensing，43：2470-2483.

Liao J，Shen G，Dong L. 2013. Biomass estimation of wetland vegetation in Poyang Lake area using ENVISAT advanced synthetic aperture radar data. Journal of Applied Remote Sensing，7：073579.

Lin H，Chen J，Pei Z，et al. 2009. Monitoring sugarcane growth using ENVISAT ASAR data. IEEE Transactions on Geoscience and Remote Sensing，47：2572-2580.

Liu J，Pattey E，Miller J R，et al. 2010. Estimating crop stresses，above ground dry biomass and yield of corn using multi-temporal optical data combined with a radiation use efficiency model. Remote Sensing of Environment，114：1167-1177.

Magagi R，Kerr Y. 1997. Retrieval of soil moisture and vegetation characteristics by use of ERS-1 wind scatterometer over arid and semi-arid areas. Journal of Hydrology，188：361-384.

Maity S，Patnaik C，Chakraborty M，et al. 2004. Analysis of temporal backscattering of cotton crops using a semiempirical model. IEEE Transactions on Geoscience and Remote Sensing，42：577-587.

Moghaddam M，Dungan J L，Acker S. 2002. Forest variable estimation from fusion of SAR and multispectral optical data. IEEE Transactions on Geoscience and Remote Sensing，40：2176-2187.

Moran M S，Vidal A，Troufleau D，et al. 1998. Ku-and C-band SAR for discriminating agricultural crop and soil conditions. IEEE Transactions on Geoscience and Remote Sensing，36：265-272.

Moran M S，Hymer D C，Qi J，et al. 2002. Comparison of ERS-2 SAR and Landsat TM imagery for monitoring agricultural crop and soil conditions. Remote Sensing of Environment，79：243-252.

Prasad R. 2009. Retrieval of crop variables with field-based X-band microwave remote sensing of ladyfinger. Advances in Space Research，43：1356-1363.

Prevot L，Champion I，Guyot G. 1993a. Estimating surface soil moisture and leaf area index of a wheat canopy using a dual-frequency（C and X bands）scatterometer. Remote Sensing of Environment，46：331-339.

Prevot L，Dechambre M，Taconet O，et al. 1993b. Estimating the characteristics of vegetation canopies with airborne radar measurements. International Journal of Remote Sensing，14：2803-2818.

Saatchi S S，Mcdonald K C. 1997. Coherent effects in microwave backscattering models for forest canopies. IEEE Transactions on Geoscience and Remote Sensing，35：1032-1044.

Saatchi S S，Moghaddam M. 2000. Estimation of crown and stem water content and biomass of boreal forest using polarimetric SAR imagery. IEEE Transactions on Geoscience and Remote Sensing，38：697-709.

Shoshany M. 2000. Satellite remote sensing of natural Mediterranean vegetation：A review within an ecological context. Progress in Physical Geography，24：153-178.

Singh D. 2006. Scatterometer performance with polarization discrimination ratio approach to retrieve crop soybean parameter at X-band. International Journal of Remote Sensing，27：4101-4115.

Svoray T，Shoshany M，Curran P J，et al. 2001. Relationship between green leaf biomass volumetric density and ERS-2 SAR backscatter of four vegetation formations in the semi-arid zone of Israel. International Journal of Remote Sensing，22：1601-1607.

Svoray T，Shoshany M. 2002. SAR-based estimation of areal aboveground biomass（AAB）of herbaceous vegetation in the semi-arid zone：A modification of the water-cloud model. International Journal of Remote Sensing，23：4089-4100.

Taconet O，Benallegue M，Vidal-Madjar D，et al. 1994. Estimation of soil and crop parameters for wheat from airborne radar backscattering data in C and X bands. Remote Sensing of Environment，50：287-294.

Topp G，Davis J，Annan A P. 1980. Electromagnetic determination of soil water content：Measurements in coaxial transmission lines. Water Resources Research, 16: 574-582.

Tsolmon R, Tateishi R, Tetuko J. 2002. A method to estimate forest biomass and its application to monitor Mongolian Taiga using JERS-1 SAR data. International Journal of Remote Sensing, 23: 4971-4978.

Ulaby F T, Sarabandi K, Mcdonald K, et al. 1990. Michigan microwave canopy scattering model. International Journal of Remote Sensing, 11: 1223-1253.

Wang C, Qi J, Moran S, et al. 2004. Soil moisture estimation in a semiarid rangeland using ERS-2 and TM imagery. Remote Sensing of Environment, 90: 178-189.

Wang C, Qi J. 2008. Biophysical estimation in tropical forests using JERS-1 SAR and VNIR imagery. II. Aboveground woody biomass. International Journal of Remote Sensing, 29: 6827-6849.

Wang H, Ouchi K. 2010. A simple moment method of forest biomass estimation from non-Gaussian texture information by high-resolution polarimetric SAR. IEEE Geoscience and Remote Sensing Letters, 7: 811-815.

Wu W, de Pauw E, Helldén U. 2013. Assessing woody biomass in African tropical savannahs by multiscale remote sensing. International Journal of Remote Sensing, 34: 4525-4549.

Xing M, He B, Quan X, et al. 2014. An extended approach for biomass estimation in a mixed vegetation area using ASAR and TM data. Photogrammetric Engineering & Remote Sensing, 80: 429-438.

# 4 混合植被生物量反演

植被生物量是衡量生态系统的一个重要指标，体现了地球生态系统获取能量的能力，对地球生态系统结构和功能具有十分重要的意义。定量估计混合植被环境中的植被生物量对准确预测植被分布、重生和破坏等生态状况变化（Pickup，1996；Svoray and Shoshany，2003）、土地退化（Imeson and Lavee，1998）和生态系统恢复（Shoshany，2000）等具有重要的意义。

植被的后向散射不仅依赖于植被生物量，也依赖于植被结构信息（大小、形状、分布方向等）（Kasischke and Christensen Jr，1990），因此混合植被区不同植被类型具有不同的散射机理。不同植被类型散射机理不同，这为植被生物量的反演带来了一定的问题。如何区分混合植被区不同植被类型之间的散射机理，成为混合植被生物量反演的一个重点。

## 4.1 混合植被散射模型

### 4.1.1 改进的水云模型

自从 Attema 和 Ulaby（1978）提出水云模型后，该模型已经被多次改进和扩展，使其能够适用于不同的植被覆盖环境（Prevot et al.，1993a；Svoray and Shoshany，2003；Clevers and Van Leeuwen，1996；Paris，1986）。Svoray 和 Shoshany（2003）建立了一种改进的水云模型来模拟包含灌木、低矮灌木、草本植被的复杂植被环境下的雷达后向散射系数。该模型通过总覆盖度中不同植被类型所占比例来区分每种植被类型的后向散射贡献。模型中土壤和植被的比例一般利用混合像元分解模型（Shoshany and Svoray，2002；Ustin et al.，1996；Smith et al.，1990；Foody et al.，1997）从光学遥感数据中获得。本章基于 Svoray 和 Shoshany（2003）模型建立了一种估算混合植被区植被生物量的方法。

以前的研究中，水云模型主要用于模拟假设植被冠层均匀的自然植被和农作物（Svoray and Shoshany，2002），很难将其用于具有异质冠层的大范围区域。应用水云模型的一个前提条件是以植被的体散射为主体（Attema and Ulaby，1978）。然而，在实际自然草原环境中，植被往往分布不均且不满足体散射为主体这个假设。本书的研究对象是生态脆弱区草原，实验区内植被覆盖稀疏且分布不均，下垫面对后向散射的影响强烈，无法直接应用水云模型。乌图美仁实验区的边缘是灌木和草本的混合植被，其散射机理不同，直接应用水云模型会带来很大的误差。为了解决这个问题，将植被覆盖度引入水云模型，将总后向散射系数分为草本植被散射贡献、灌木植被散射贡献和土壤散射贡献三部分，如图 4.1 所示。

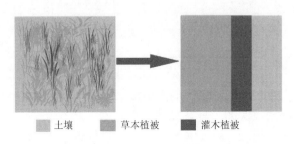

土壤　　　草本植被　　　灌木植被

图 4.1　草本植被覆盖、灌木植被覆盖和裸露土壤

混合植被覆盖区内，植被后向散射可以表示为

$$\sigma_{\text{veg}}^0 = \sum_{i=1}^{n} f_{\text{veg}} \sigma_{\text{veg}i}^0 \tag{4.1}$$

式中，$f_{\text{veg}}$ 为一个像元内第 $i$ 种植被类型所占的比例；$\sigma_{\text{veg}i}^0$ 为一个像元内第 $i$ 种植被类型的后向散射。$\sigma_{\text{veg}}^0$ 可以根据式（3.1）计算，则像元内总后向散射可以表示为

$$\sigma^0 = \sum_{i=1}^{n} f_{\text{veg}} (\sigma_{\text{veg}i}^0 + \tau_i^2 \sigma_{\text{soil}}^0) \tag{4.2}$$

式中，$\tau_i^2$ 为第 $i$ 种植被类型的双向衰减。

结合水云模型表达式，式（4.2）可以写为

$$\begin{aligned}
\sigma^0 = {} & f_{\text{s}} A_{\text{s}} V_{1\text{s}}^{E_{\text{s}}} \cos\theta \left[ 1 - \exp\left( \frac{-2B_{\text{s}} V_{2\text{s}}}{\cos\theta} \right) \right] \\
& + f_{\text{s}} \sigma_{\text{soil}}^0 \exp\left( \frac{-2B_{\text{s}} V_{2\text{s}}}{\cos\theta} \right) \\
& + f_{\text{h}} A_{\text{h}} V_{1\text{h}}^{E_{\text{h}}} \cos\theta \left[ 1 - \exp\left( \frac{-2B_{\text{h}} V_{2\text{h}}}{\cos\theta} \right) \right] \\
& + f_{\text{h}} \sigma_{\text{soil}}^0 \exp\left( \frac{-2B_{\text{h}} V_{2\text{h}}}{\cos\theta} \right)
\end{aligned} \tag{4.3}$$

式中，下标 s 代表灌木；下标 h 代表草本植被；参数 $A_{\text{s}}$、$B_{\text{s}}$ 和 $E_{\text{s}}$ 分别为灌木类型的经验系数；参数 $A_{\text{h}}$、$B_{\text{h}}$ 和 $E_{\text{h}}$ 分别为草本类型的经验系数；$f_{\text{s}}$ 和 $f_{\text{h}}$ 分别为像元内灌木和草本植被所占的比例；$V_{1\text{s}}$ 和 $V_{2\text{s}}$ 为灌木的冠层描述；$V_{1\text{h}}$ 和 $V_{2\text{h}}$ 为草本植被的冠层描述；变量 $\sigma_{\text{soil}}^0$ 由水云模型表达式计算，并且将其单位从 dB 转化为 $\text{m}^2/\text{m}^2$。

灌木覆盖区域的植被冠层比较稠密，C 波段的 SAR 信号无法穿透到植被底层
（Svoray and Shoshany，2003；Dobson et al.，1992）。因此，去除灌木下垫面的后
向散射贡献。此外，将像元内裸土斑块的散射贡献增加到模型中。所以，式（4.3）
可以改写为

$$
\begin{aligned}
\sigma^0 = & f_s A_s V_{1s}^{E_s} \cos\theta \left[ 1 - \exp\left( \frac{-2B_s V_{2s}}{\cos\theta} \right) \right] \\
& + f_h A_h V_{1h}^{E_h} \cos\theta \left[ 1 - \exp\left( \frac{-2B_h V_{2h}}{\cos\theta} \right) \right] \\
& + f_h \sigma_{soil}^0 \exp\left( \frac{-2B_h V_{2h}}{\cos\theta} \right) \\
& + f_{soil} \sigma_{soil}^0
\end{aligned}
\tag{4.4}
$$

值得注意的是，这里假设裸露土壤和植被覆盖下的土壤在同一个像元内是一
致的，即具有相同的土壤粗糙度和土壤水分。裸露土壤和植被覆盖下土壤的散射
贡献均用式（3.4）计算获得，且将其单位从 dB 转化为 m²/m²。本书中，冠层描
述 $V_1$ 和 $V_2$ 均用植被生物量表示，即 $V_1 = V_2 = \mathrm{AGB}$，其中 AGB 表示植被生物量。因
此，后向散射系数 $\sigma^0$ 可以表示为

$$
\begin{aligned}
\sigma^0 = & f_s A_s \times \mathrm{AGB}_s^{E_s} \cos\theta \left[ 1 - \exp\left( \frac{-2B_s \times \mathrm{AGB}_s}{\cos\theta} \right) \right] \\
& + f_h A_h \times \mathrm{AGB}_h^{E_h} \cos\theta \left[ 1 - \exp\left( \frac{-2B_h \times \mathrm{AGB}_h}{\cos\theta} \right) \right] \\
& + f_h \sigma_{soil}^0 \exp\left( \frac{-2B_h \times \mathrm{AGB}_h}{\cos\theta} \right) \\
& + f_{soil} \sigma_{soil}^0
\end{aligned}
\tag{4.5}
$$

值得一提的是，$\mathrm{AGB}_h$ 表示假设整个像元完全由草本植被覆盖时的草本植被
生物量；同理，$\mathrm{AGB}_s$ 表示假设整个像元完全由灌木覆盖时的灌木植被生物量。
因此，像元内植被生物量为

$$
\mathrm{AGB} = f_s \times \mathrm{AGB}_s + f_h \times \mathrm{AGB}_h
\tag{4.6}
$$

需要说明的是，当像元内不存在灌木时，即像元内只有草本植被时，灌木的
植被覆盖度为 0，则式（4.5）可以简化为

$$
\begin{aligned}
\sigma^0 = & f_h A_h \times \mathrm{AGB}_h^{E_h} \cos\theta \left[ 1 - \exp\left( \frac{-2B_h \times \mathrm{AGB}_h}{\cos\theta} \right) \right] \\
& + f_h \sigma_{soil}^0 \exp\left( \frac{-2B_h \times \mathrm{AGB}_h}{\cos\theta} \right) \\
& + f_{soil} \sigma_{soil}^0
\end{aligned}
\tag{4.7}
$$

从式（4.7）可以看出，该方法也能够应用于单一草本植被区的植被生物量反演。

### 4.1.2　光学遥感数据反演水云模型输入参数

将植被覆盖度带入水云模型来区分像元内植被覆盖部分和裸土部分所占比例。植被覆盖度利用像元二分模型来计算，具体方法参见第 3 章。

在混合植被区，利用物候减法方法（Shoshany and Svoray, 2002）来计算像元内的草本植被和灌木所占的比例。这种方法是建立在相同植被类型在一段时间内具有相同生长速率的假设上，利用不同植被类型具有不同的物候特征来计算像元内植被所占比例。乌图美仁实验区的边缘地带为灌木和草本植被的混合区域。

$$f - f' = -(\lambda_h f_h + \lambda_s f_s) \tag{4.8}$$

$$f_h + f_s = f \tag{4.9}$$

式中，$f$ 为乌图美仁实验区 2011 年 8 月 20 日像元内植被所占比例；$f'$ 为 6 月 17 日像元内植被所占比例；$\lambda_h$ 和 $\lambda_s$ 分别为 6～8 月草本植被和灌木的生长速率。本实验中，由于观测数据远远多于模型参数，因此利用最小二乘法计算出像元内草本植被比例 $f_h$ 和灌木比例 $f_s$。根据最小二乘法，建立代价函数如下所示：

$$S = \sum_{i=1}^{N} [y_i - f(x_i)]^2 \tag{4.10}$$

式中，$y_i$ 为观测到的第 $i$ 个数据；$f(x_i)$ 为输入参数为 $x_i$ 时的模拟结果；$N$ 为数据的总观测量。为了获得最优的参数估计，不断搜索 $f(x_i)$ 中的参数，使得代价函数 $S$ 最小。

## 4.2　混合植被生物量估算方法

利用查找表方法来解决模型反演问题。基于改进的水云模型建立地表参数（$m_v$，$AGB_h$ 和 $AGB_s$）与 SAR 后向散射系数之间的关系，建立查找表，根据最优代价函数 $S$ 来确定与 SAR 测量的后向散射系数最匹配的模型参数。

$$S = \sqrt{(\sigma_{HH}^0 - \sigma_{HHm}^0)^2} \tag{4.11}$$

式中，$\sigma_{HH}^0$ 为 SAR 图像中提取的 HH 极化的后向散射系数；$\sigma_{HHm}^0$ 为利用改进水云模型模拟的后向散射系数。然而，由于病态反演的存在，查找表求出的解可能不是唯一的。为了避免这种状况，当出现不是唯一解的情况时，将 SAR 图像中提取的 VV 极化后向散射系数与模型模拟的 VV 极化后向散射系数进行比较，确定最优解。结合 VV 极化后，仍然无法确定唯一解时，取其平均值作为最终结果。

# 4.3 混合植被后向散射模拟

图 4.2 呈现了利用水云模型模拟的乌图美仁实验区后向散射系数与 Envisat ASAR 图像提取的后向散射系数之间的关系散点图。需要说明的是，由于乌图美仁实验区混合植被的采样点较少，因此在进行后向散射模拟时，也用到了部分草本植被的采样数据，即图 4.2 中也包含了第 3 章中用到的后向散射数据。图 4.3 呈现了利用水云模型模拟的若尔盖实验区后向散射系数与 Radarsat-2 SAR 图像提取的后向散射系数之间的关系散点图。从图 4.3 中可以观察到，与后向散射系数较低时相比，后向散射系数较高时更偏离 1∶1 线。如第 3 章所讨论的，后向散射系数随着植被生物量的增加而减小，与植被生物量呈负相关关系（Taconet et al.，1994；Svoray and Shoshany，2002；Prevot et al.，1993b）。这是由于随着植被生物量的增加降低了下垫面土壤粗糙度和土壤水分含量的后向散射贡献（Svoray et al.，2001）。因此，水云模型模拟植被后向散射的误差主要发生在低植被密度区域。在乌图美仁实验区可以明显地观察到，由于混合植被区的植被更加稠密，所以利用水云模型模拟的草本植被区后向散射误差比混合植被区的后向散射误差更大。这个现象可以解释为水云模型模拟对稀疏植被条件不敏感。这也进一步证明了植被体散射为主体是应用水云模型的必要条件。此外，如果仅观察图 4.2 中草本植被区域的后向散射，可以发现与第 3 章类似的现象，即与后向散射系数较低时相比，后向散射系数较高时更偏离 1∶1 线。这也进一步说明了，即使在草本植被条件下，水云模型模拟植被后向散射的误差也主要发生在植被稀疏区域。

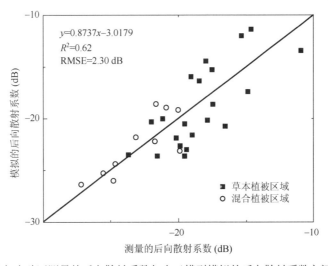

图 4.2 乌图美仁实验区测量的后向散射系数与水云模型模拟的后向散射系数之间的关系散点图

草本植被区的 RMSE 为 2.66dB；混合植被区的 RMSE 为 1.61dB

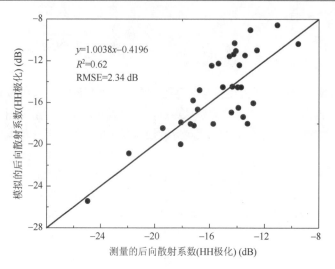

图 4.3　若尔盖实验区测量的后向散射系数与水云模型模拟的后向散射系数之间的关系散点图

　　图 4.4 呈现了利用改进水云模型模拟的乌图美仁实验区后向散射系数与 Envisat ASAR 图像提取的后向散射系数之间的关系散点图。图 4.5 展示了利用改进水云模型模拟的若尔盖实验区后向散射系数与 Radarsat-2 SAR 图像提取的后向散射系数之间的关系散点图。从乌图美仁实验区和若尔盖实验区中均可以观察到，水云模型模拟的后向散射系数与 SAR 测量的后向散射系数之间呈线性关系。然而，改进的水云模型比水云模型模拟的后向散射系数的精度有显著提高（乌图美仁实验区：$R^2$ 从 0.62 增加到 0.82，RMSE 从 2.30dB 减小到 1.47dB；若尔盖实验区：$R^2$ 从 0.62 增加到 0.81，RMSE 从 2.34dB 减小到 1.48dB），说明与水云模型相比，改进的水云模型对相对稀疏的植被条件更敏感。然而，与图 4.2 和图 4.3 相比，图 4.4 和图 4.5 中后向散射系数较高（低植被生物量）区域的精度更高，而后向散射系数较低（高植被生物量）区域的精度略低。也就是说，与水云模型相比，改进的水云模型在植被稀疏条件下提高了后向散射模拟的精度，而在植被稠密条件下却降低了后向散射模拟的精度。这表明，与水云模型相比，改进的水云模型对低植被生物量条件敏感，而对高植被生物量条件不敏感。当叶面积指数（LAI）大于 2 时，NDVI 几乎达到饱和水平（Haboudane et al.，2004；Mutanga and Skidmore，2004）。研究区内高植被生物量意味着其具有较高的 LAI 值（特别是在灌木覆盖的情况下），该区域内 NDVI 可能已经达到了饱和水平。将低后向散射系数（高植被生物量）区域的 NDVI 带入像元二分模型（Gutman and Ignatov，1998）计算植被覆盖度可能带来了一定的误差。因此，造成了改进的水云模型对高植被生物量条件敏感性较低的现象。

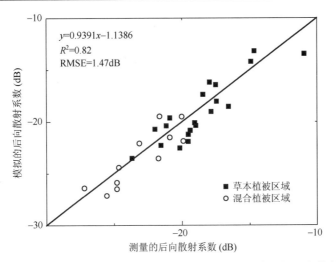

图 4.4    乌图美仁实验区测量的后向散射系数与改进水云模型模拟的后向散射系数之间的
关系散点图

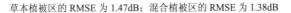

草本植被区的 RMSE 为 1.47dB；混合植被区的 RMSE 为 1.38dB

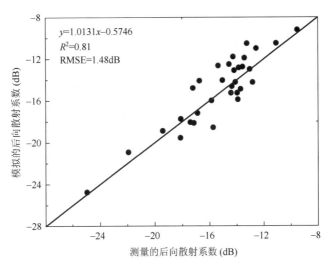

图 4.5    若尔盖实验区测量的后向散射系数与改进水云模型模拟的后向散射系数之间的
关系散点图

# 4.4    生物量估算结果

雷达响应在土壤和水面之间的差异可能引起生物量估算值的变化（Grings et al.，2006）。在乌图美仁实验区所采集的部分样点的下垫面为水面，为了更精确地估计乌图美仁草原的植被生物量，将乌图美仁实验区的下垫面分为土壤和水面两部分。图 4.6

是未将下垫面区分为土壤和水面两部分时，乌图美仁实验区植被生物量估算值与测量值之间的关系。图 4.7 是将下垫面区分为土壤和水面两部分后，植被生物量估算值与测量值之间的关系。比较图 4.6 和图 4.7 可以看出，区分下垫面后，提高了植被生物量估算的精度（$R^2$ 从 0.75 增加到 0.80，RMSE 从 0.29kg/m$^2$ 减小到 0.28kg/m$^2$）。

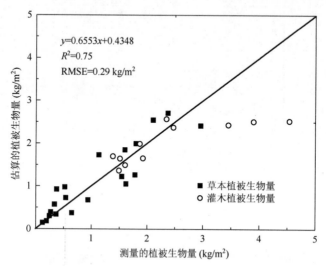

图 4.6　乌图美仁实验区测量的植被生物量与未区分下垫面时模型估算的植被生物量之间的关系散点图

估算的草本植被生物量的 RMSE 为 0.28kg/m$^2$，估算的灌木植被生物量的 RMSE 为 0.84kg/m$^2$

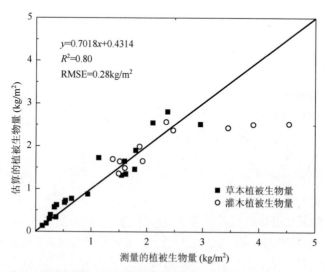

图 4.7　乌图美仁实验区测量的植被生物量与区分下垫面后模型估算的植被生物量之间的关系散点图

估算的草本植被生物量的 RMSE 为 0.26kg/m$^2$，估算的灌木植被生物量的 RMSE 为 0.86kg/m$^2$

当像元内无灌木覆盖时，该方法可以简化为草本植被生物量的估算方法。为了验证该方法在单一植被区的适用性，利用该方法也估算了若尔盖实验区的植被生物量，如图4.8所示。从图4.8中可以看出，该方法能够有效地估算单一植被区的植被生物量。

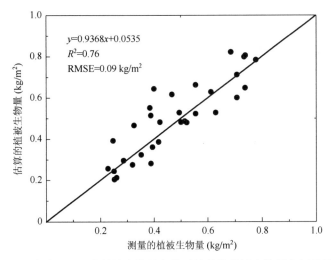

图 4.8　若尔盖实验区测量的植被生物量与模型估算的植被生物量之间的关系散点图

从图4.6和图4.7中可以看出，在乌图美仁实验区中，当测量的植被生物量大于 $2.5kg/m^2$ 时，生物量被低估，这可能是由 C 波段雷达信号达到饱和造成的。而 Imhoff（1995）的研究表明，植被生物量在 C 波段上的饱和值为 $2.0kg/m^2$，与本书的研究结果存在较大差异。植被冠层的后向散射主要取决于植被的介电常数，而植被介电常数主要受植被水分含量的影响（Bindlish and Barros，2001）。微波后向散射对植被生物量的敏感性主要受植被结构和植被含水量的影响（Saatchi and Moghaddam，2000）。乌图美仁草原地处干旱区，植被干燥，这导致在 C 波段植被生物量饱和值比其他研究结果高，达到了 $2.5kg/m^2$。利用波长较长的雷达信号，如 L 波段或者 S 波段，就可以解决植被生物量饱和的问题。

估算的植被生物量值与实测值之间存在一定的误差，经过分析认为，误差可能的来源如下：①水云模型本身存在的误差，其将植被假设为均匀分布的球形水滴，并且忽略了植被与地面的多次散射项等；②植被稠密区的 NDVI 值可能已经达到饱和，因此利用像元二分模型提取的植被覆盖度的误差带入到了模型中；③病态反演的存在及测量的不确定性导致了一定的误差；④裸土的后向散射贡献根据水云模型计算，认为其仅与土壤含水量有关，没有考虑土壤粗糙度等带来的影响；⑤地面实测点是一个"点"的观测，而卫星的空间分辨率为 30m，以点验证面，难免存在误差；⑥遥感数据的预处理过程也是一种误差来源。

利用改进水云模型获得了研究区内植被生物量空间分布图（图4.9和图4.10）。乌图美仁实验区中（图 4.9），草本植被区生物量较低（0.5~2.0kg/m²），有些区域低于0.5kg/m²。而混合植被区生物量值较高，大部分大于 1.5kg/m²。从图 4.9 中可以观察到，

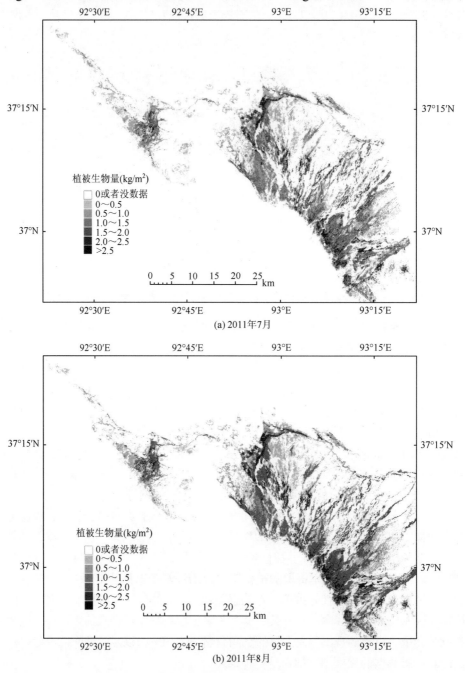

(a) 2011年7月

(b) 2011年8月

图 4.9　乌图美仁实验区植被生物量空间分布图

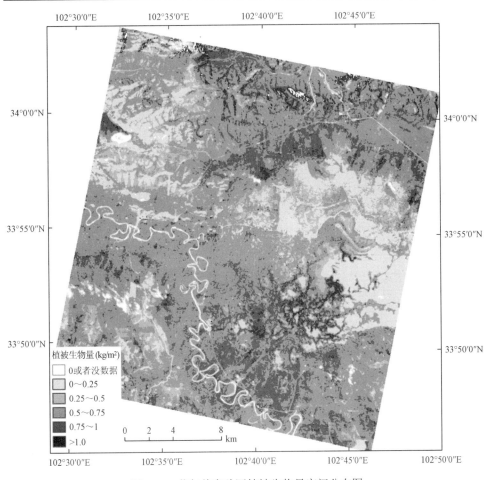

图 4.10 若尔盖实验区植被生物量空间分布图

2011 年 8 月的植被生物量大于 7 月，这与实际情况相符。若尔盖实验区中（图 4.10），大部分区域的植被生物量小于 0.75kg/m²，只有极个别地方的植被生物量大于 1kg/m²。

本章与第 3 章相同，均是利用植被散射模型对研究区的植被生物量进行反演。为了比较两种方法的反演结果，将两种模型反演的植被生物量差异定义为两者之差的绝对值（kg/m²）：

$$\Delta AGB = \left| AGB_p - AGB_c \right| \tag{4.12}$$

式中，$\Delta AGB$ 为植被生物量之差的绝对值；$AGB_p$ 和 $AGB_c$ 分别为利用第 4 章所介绍的方法和本章所介绍的方法反演的植被生物量。图 4.11 展示了乌图美仁实验区内植被生物量的空间差异图。

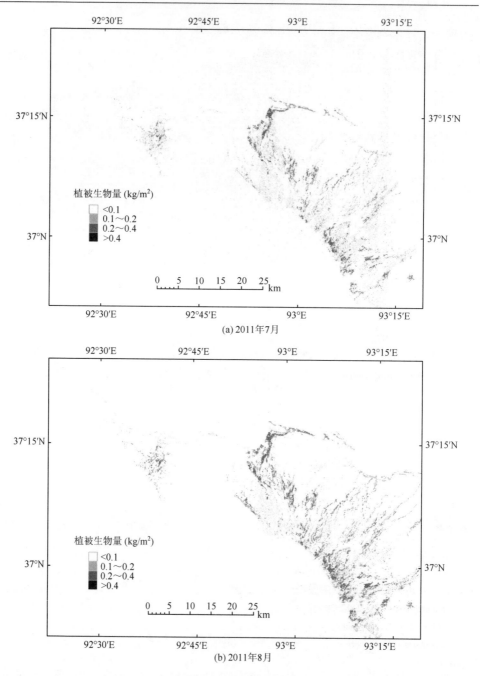

(a) 2011年7月

(b) 2011年8月

图 4.11　乌图美仁实验区植被生物量空间差异图

　　通过图 4.11 可以看出，两种方法反演结果差异较大的区域主要是在混合植被区和下垫面为水面的区域。这主要是由于第 3 章所建立的植被散射模型为草本植被模型，并未考虑不同植被类型的散射机理差别；而本章所建立的植被散射模型为混合植被模型，考虑了不同植被类型的散射机理差别对植被生物量反演的影响。此外，在反演植被生物量时将下垫面区分为土壤和水面两部分，更精确地描述了真实环境。

对水云模型的改进主要包括：①水云模型假设植被均匀分布，而改进的水云模型则仅仅假设不同植被类型在像元内占据一定比例，且增加了裸土部分的散射贡献，拓展了水云模型的应用范围；②水云模型假设草本植被和灌木的散射机理相同，而改进的水云模型则利用每种植被在像元内所占比例将其散射机理区分开来。将改进的水云模型应用于草原的植被生物量空间和时间变化的监测，可以为草原管理提供信息。植被生物量的时空分布图可以为草原生态平衡提供信息支持，如通过灌溉、牧草栽培、动物转移等保持牧草和动物之间的数量平衡。

# 参 考 文 献

Attema E，Ulaby F T. 1978. Vegetation modeled as a water cloud. Radio Science，13：357-364.

Bindlish R，Barros A P. 2001. Parameterization of vegetation backscatter in radar-based，soil moisture estimation. Remote Sensing of Environment，76：130-137.

Clevers J，Van Leeuwen H. 1996. Combined use of optical and microwave remote sensing data for crop growth monitoring. Remote Sensing of Environment，56：42-51.

Dobson M C，Pierce L，Sarabandi K，et al. 1992. Preliminary analysis of ERS-1 SAR for forest ecosystem studies. IEEE Transactions on Geoscience and Remote Sensing，30：203-211.

Foody G M，Lucas R M，Curran P J，et al. 1997. Non-linear mixture modelling without end-members using an artificial neural network. International Journal of Remote Sensing，18：937-953.

Grings F M，Ferrazzoli P，Jacobo-Berlles J C，et al. 2006. Monitoring flood condition in marshes using EM models and Envisat ASAR observations. IEEE Transactions on Geoscience and Remote Sensing，44：936-942.

Gutman G，Ignatov A. 1998. The derivation of the green vegetation fraction from NOAA/AVHRR data for use in numerical weather prediction models. International Journal of Remote Sensing，19：1533-1543.

Haboudane D，Miller J R，Pattey E，et al. 2004. Hyperspectral vegetation indices and novel algorithms for predicting green LAI of crop canopies：Modeling and validation in the context of precision agriculture. Remote Sensing of Environment，90：337-352.

Imeson A，Lavee H. 1998. Soil erosion and climate change：The transect approach and the influence of scale. Geomorphology，23：219-227.

Imhoff M L. 1995. Radar backscatter and biomass saturation：Ramifications for global biomass inventory. IEEE Transactions on Geoscience and Remote Sensing，33：511-518.

Kasischke E S，Christensen Jr N L. 1990. Connecting forest ecosystem and microwave backscatter models. International Journal of Remote Sensing，11：1277-1298.

Mutanga O，Skidmore A K. 2004. Narrow band vegetation indices overcome the saturation problem in biomass estimation. International Journal of Remote Sensing，25：3999-4014.

Paris J. 1986. The effect of leaf size on the microwave backscattering by corn. Remote Sensing of Environment，

19：81-95.

Pickup G. 1996. Estimating the effects of land degradation and rainfall variation on productivity in rangelands：An approach using remote sensing and models of grazing and herbage dynamics. Journal of Applied Ecology，33（4）：819-832.

Prevot L，Champion I，Guyot G. 1993a. Estimating surface soil moisture and leaf area index of a wheat canopy using a dual-frequency（C and X bands）scatterometer. Remote Sensing of Environment，46：331-339.

Prevot L，Dechambre M，Taconet O，et al. 1993b. Estimating the characteristics of vegetation canopies with airborne radar measurements. International Journal of Remote Sensing，14：2803-2818.

Saatchi S S，Moghaddam M. 2000. Estimation of crown and stem water content and biomass of boreal forest using polarimetric SAR imagery. IEEE Transactions on Geoscience and Remote Sensing，38：697-709.

Shoshany M，Svoray T. 2002. Multidate adaptive unmixing and its application to analysis of ecosystem transitions along a climatic gradient. Remote Sensing of Environment，82：5-20.

Shoshany M. 2000. Satellite remote sensing of natural Mediterranean vegetation：A review within an ecological context. Progress in Physical Geography，24：153-178.

Smith M O，Ustin S L，Adams J B，et al. 1990. Vegetation in deserts：I. A regional measure of abundance from multispectral images. Remote Sensing of Environment，31：1-26.

Svoray T，Shoshany M. 2002. SAR-based estimation of areal aboveground biomass（AAB）of herbaceous vegetation in the semi-arid zone：A modification of the water-cloud model. International Journal of Remote Sensing，23：4089-4100.

Svoray T，Shoshany M. 2003. Herbaceous biomass retrieval in habitats of complex composition：A model merging SAR images with unmixed Landsat TM data. IEEE Transactions on Geoscience and Remote Sensing，41：1592-1601.

Svoray T，Shoshany M，Curran P J，et al. 2001. Relationship between green leaf biomass volumetric density and ERS-2 SAR backscatter of four vegetation formations in the semi-arid zone of Israel. International Journal of Remote Sensing，22：1601-1607.

Taconet O，Benallegue M，Vidal-Madjar D，et al. 1994. Estimation of soil and crop parameters for wheat from airborne radar backscattering data in C and X bands. Remote Sensing of Environment，50：287-294.

Ustin S，Hart Q J，Duan L，et al. 1996. Vegetation mapping on hardwood rangelands in California. International Journal of Remote Sensing，17：3015-3036.

# 5 草原土壤水分反演

表面土壤水分的分布信息对于评价草原植被生长具有十分重要的意义，因为它影响着放牧季节的长短、草地生长速度和植被的养分吸收。然而，利用传统技术很难观测到土壤水分在大尺度上的空间和时间变化。卫星遥感的出现，使及时、宏观、动态地监测土壤水分成为了可能。

土壤含水量的变化是影响土壤介电常数变化的一个最重要的原因（Svoray and Shoshany，2004），土壤介电常数是影响雷达后向散射强度的一个最重要的因素，因此雷达遥感对土壤水分非常敏感（Wang et al.，2004）。基于 SAR 数据，已经建立了许多针对裸土的土壤水分反演模型（Oh et al.，1992；Dubois et al.，1995；Shi et al.，1997；Fung et al.，1992；Chen et al.，2003；Fung and Chen，2004；Zribi and Dechambre，2003）。然而，由于植被散射的存在，这些模型不能直接应用于植被覆盖区的土壤水分反演（Prakash et al.，2012）。植被冠层自身含有水分，因此获取的 SAR 后向散射数据中包含了植被水分和土壤水分的共同信息（Sang et al.，2014；Lakhankar et al.，2009），这导致植被覆盖下土壤水分反演的复杂性（Bindlish and Barros，2001）。由于冠层的多次散射，土壤水分和植被之间的相互作用与观测的后向散射之间是高度非线性的（Bindlish and Barros，2001；Notarnicola et al.，2006）。因此，定量估计土壤水分的关键问题是如何从观测的后向散射中区分植被后向散射贡献和土壤后向散射贡献。

为了利用 SAR 数据反演植被覆盖区的土壤水分，植被对后向散射的影响可以用植被散射模型来表示（de Roo et al.，2001；Gherboudj et al.，2011；Lievens and Verhoest，2011；Du et al.，2010；Bindlish and Barros，2001）。植被对 SAR 信号的影响是通过其生物物理参数来控制的（如植被覆盖度和叶面积指数等），而这些生物物理参数可以通过光学遥感数据获取。植被参数可以用来量化辐射传输模型中植被对雷达信号的衰减（Wang and Qi，2008）。一些研究者（Notarnicola et al.，2006；Moran et al.，2000；Mattar et al.，2012；Santi et al.，2013）尝试利用从光学遥感中提取的植被信息来去除植被对后向散射的影响。此外，有研究（Notarnicola et al.，2006；Hosseini and Saradjian，2011）表明，与单独利用 SAR 数据反演植被覆盖下土壤水分相比，光学遥感和 SAR 数据的结合提高了反演的精度。虽然土壤水分的反演已经取得了一定成功，但在山区中，由于地形的影响，反演仍然存在一些问题，需要进一步的研究（Pasolli et al.，2012；Paloscia et al.，2013）。

土壤的雷达后向散射主要与土壤表面粗糙度和土壤水分含量有关，然而在植被覆盖区域，雷达对植被含水量高度敏感（Ulaby，1974），雷达后向散射还受到植被覆盖和植被水分含量的影响（de Roo et al.，2001；Merzouki et al.，2011；Jacome et al.，2013）。因此，植被覆盖区的雷达后向散射主要包含两个方面：植被冠层的体散射和经过植被衰减的下垫面土壤散射（Joseph et al.，2008）。

# 5.1　土壤散射模型

对于裸露的随机粗糙表面，目标地物的散射特性除与雷达波长、极化方式和入射角相关外，还与地物表面的粗糙度及其介电特性相关。自然地表的复杂性导致雷达入射波和土壤之间的相互作用所发生的散射是一种极其复杂的过程，因此无法建立一个非常完美的理论模型来描述所有地表条件的散射特征。对于微波遥感的研究来说，可以通过已经建立的描述裸土散射的模型来理解与分析电磁波在地物目标中的传播和散射机理。

## 5.1.1　理论模型

描述裸土散射特征的所有理论模型主要是基于随机粗糙表面的电磁散射理论而建立的（Fung et al.，1992）。裸土散射理论模型不会受到实验地点的约束，能够应用于不同的 SAR 传感器参数，具有非常好的普适性。

### 5.1.1.1　小扰动模型

假设电磁波以入射角为 $\theta$ 入射到随机粗糙度表面，则入射电磁波与后向散射之间的几何关系如图 5.1 所示：

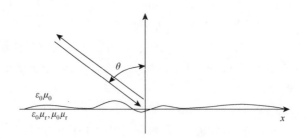

图 5.1　随机粗糙表面的后向散射几何关系

设随机粗糙度表面上层介质的介电常数为 $\varepsilon_0$，磁导率为 $\mu_0$，下层介质的介电常数为 $\varepsilon_r$，磁导率为 $\mu_r$，则随机粗糙表面的后向散射系数的一般形式为

$$\sigma_{\mathrm{hh}}^0 = (4k^4 s^2 \cos^4 \theta) \left| (\mu_{\mathrm{r}} - 1)[(\mu_{\mathrm{r}} \varepsilon_{\mathrm{r}} - \sin^2 \theta) + \mu_{\mathrm{r}} \sin^2 \theta] + \mu_{\mathrm{r}}^2 (\varepsilon_{\mathrm{r}} - 1) \right|^2 \tag{5.1}$$
$$\times W(2k \sin \theta, 0) / [\pi (\mu_{\mathrm{r}} \cos \theta + \sqrt{\mu_{\mathrm{r}} \varepsilon_{\mathrm{r}} - \sin^2 \theta})^4]$$

$$\sigma_{\mathrm{vv}}^0 = (4k^4 s^2 \cos^4 \theta) \left| (\varepsilon_{\mathrm{r}} - 1)[(\mu_{\mathrm{r}} \varepsilon_{\mathrm{r}} - \sin^2 \theta) + \varepsilon_{\mathrm{r}} \sin^2 \theta] + \varepsilon_{\mathrm{r}}^2 (\mu_{\mathrm{r}} - 1) \right|^2 \tag{5.2}$$
$$\times W(2k \sin \theta, 0) / [\pi (\varepsilon_{\mathrm{r}} \cos \theta + \sqrt{\mu_{\mathrm{r}} \varepsilon_{\mathrm{r}} - \sin^2 \theta})^4]$$

$$\sigma_{\mathrm{vh}}^0 = \frac{S(\theta)}{2\pi^2} k^8 s^2 \cos^2 \theta \left| (\varepsilon_{\mathrm{r}} - 1)(\Gamma_{\parallel} - \Gamma_{\perp}) \right|^2 \tag{5.3}$$
$$\times \int_0^{2\pi} \int_0^1 \left| \frac{S(v) v^2 \cos \varphi \sin \varphi}{\varepsilon_{\mathrm{r}} \sqrt{1 - v^2} + \sqrt{\varepsilon_{\mathrm{r}} - v^2}} \right|^2 W_1 W_2 v \mathrm{d}v \mathrm{d}\varphi$$

式中，$W_1 = W[k(v \cos \varphi - \sin \theta), kv \sin \varphi]$；$W_2 = W[k(v \cos \varphi + \sin \theta), kv \sin \varphi]$；$S(\theta)$ 和 $S(v)$ 为阴影函数；$\Gamma_{\parallel}$ 和 $\Gamma_{\perp}$ 为平行和垂直时的菲涅尔（Fresnel）反射系数。表面粗糙度谱如下：

$$W(k_x, k_y) = \int_{-\infty}^{+\infty} \int_{-\infty}^{+\infty} \rho(x, y) \exp\left[-j(k_x x + k_y y)\right] \mathrm{d}x \mathrm{d}y \tag{5.4}$$
$$W(k, \varphi) = \int_0^{2\pi} \int_0^{+\infty} \rho(r, \varphi) \exp\left[-jkr \cos(\varphi - \phi)\right] r \mathrm{d}r \mathrm{d}\varphi$$

式中，$k = \sqrt{k_x^2 + k_y^2}$；$\cos\varphi = k_x / k$；$\sin\varphi = k_y / k$；对于后向散射而言，则有 $W(k, \varphi) = W(2k \sin \theta, 0)$。粗糙度谱的积分计算通常采用无量纲量 $v$，它是对 $k$ 作归一化后的结果，仅包含传播模式，舍弃了对远区散射没有贡献的非传播模式。

如果表面粗糙度和微波的视向无关，则相关函数为各向同性，粗糙度谱的变化仅依赖于幅度变量 $r$：

$$W(k) = 2\pi \int_0^{+\infty} \rho(r) J_0(kr) r \mathrm{d}r \tag{5.5}$$

式中，$J_0(kr)$ 为零阶贝塞尔函数；在后向散射条件下，波数 $k = 2k \sin \theta$。

小扰动模型（small perturbation model，SPM）适合模拟地表粗糙度很小时的裸土表面。地表粗糙度的概念与雷达入射波长 $\lambda$ 相关。设地表粗糙度的均方根高度为 $s$，相关长度为 $l$，则应用小扰动模型时地表粗糙度范围必须同时满足下列条件：

$$\begin{cases} ks < 0.3 \\ kl < 3 \\ s/l < 0.3 \end{cases} \tag{5.6}$$

式中，$k = 2\pi / \lambda$ 为入射电磁波空间波数。这说明小扰动模型仅适用于低频范围的单尺度粗糙表面（Fung and Chen，2010）。

### 5.1.1.2 基尔霍夫模型

基尔霍夫模型（Kirchhoff model）是标准的后向散射理论模型，其假设表面的任何一点都会产生平面界面反射。地表粗糙度采用统计学表征其特征，基尔霍夫模型近似要求粗糙表面的平均曲率半径必须大于微波信号的波长 $\lambda$（Ulaby et al.，1978）。因此，对表面粗糙度的要求如下：①在水平方向上，地表粗糙度的表面相关长度 $l$ 必须要大于 SAR 信号的波长 $\lambda$；②在垂直方向上，地表粗糙度的表面均方根高度 $s$ 必须足够小。应用基尔霍夫模型时必须满足的粗糙度条件如下：

$$\begin{cases} kl > 6 \\ l^2 = 2.76s\lambda \end{cases} \tag{5.7}$$

基尔霍夫模型包括物理光学模型（physical optics model，POM）和几何光学模型（geometrical optics model，GOM）。需要注意的是，当表面粗糙度不大时，即均方根高度 $s$ 的值为中等或者较小时，利用标量近似法来模拟目标地物的散射特征，因此则建立了物理光学模型（POM）；而当表面粗糙度的均方根高度 $s$ 较大时，可以用基尔霍夫模型采用相位驻留近似法来模拟，因此则建立了几何光学模型（GOM）（Beckmann and Spizzichino，1987；Sancer，1969）。相比而言，小扰动模型适用于平滑的小粗糙度表面，物理光学模型适用于中等粗糙度表面，而几何光学模型适用于较大粗糙度表面（Fung and Chen，2010；Engman and Chauhan，1995；Henderson and Lewis，1998）。

（1）几何光学模型

几何光学模型是基尔霍夫模型在相位驻留近似下得到的解析解。在满足上述基尔霍夫模型粗糙度的条件下，当地表粗糙度条件也满足 $ks > 2$ 时，便可假设微波信号只能沿着地表表面的镜面点方向进行散射，即驻留相位近似法，近似建立了几何光学模型，可以表示为

$$\sigma_{pq}^0 = \frac{\Gamma_{pq}(0)\exp\left(\dfrac{-\tan^2(\theta)}{2s^2\left|\rho''(0)\right|}\right)}{2s^2\left|\rho''(0)\right|\cos^4(\theta)} \tag{5.8}$$

式中，$p$ 和 $q$ 表示极化方式，可以是水平极化方式（H）或者垂直极化方式（V）；$\sigma_{pq}^0$ 为极化方式是 $p$ 和 $q$ 时的后向散射系数；$s\sqrt{\left|p''(0)\right|}$ 为表面均方根的斜度；$\Gamma_{HH}^0(0) = \Gamma_{VV}^0(0) = \left|\dfrac{1-\sqrt{\varepsilon}}{1+\sqrt{\varepsilon}}\right|^2$ 为水平和垂直极化方式法向入射时的 Fresnel 反射系数，$\varepsilon$ 为地表相对介电常数。式（5.8）是面散射表达式，不包括体散射，因此交叉极化的后向散射系数为0，即当 $p \neq q$ 时，$\sigma_{pq}^0 = 0$。

应用几何光学模型需要满足的粗糙度条件为

$$
\begin{cases}
s > \lambda / 3 \\
l = \lambda \\
0.4 < l / s < 0.7
\end{cases}
\tag{5.9}
$$

（2）物理光学模型

几何光学模型只对表面高程标准差值大的粗糙表面有效。上述几何光学模型只有非相干散射项，并没有相干散射项。实际地表的后向散射中既包括相干散射项，又包括非相干散射项。地表粗糙度的均方根高度 $s$ 较大时，地表的散射是纯粹的非相干散射项，则几何光学模型有效。随着地表粗糙度的减小，地表的相干散射项能量开始出现，特别是当达到 $ks = 0$ 的极端情况时，得到的是完全相干的散射能量。因此，当 $ks$ 较小时，采样标量近似法模拟目标地物的后向散射特征，将表面自相关函数在均方根高度处于 0 的地方进行展开，保留展开式中的低阶项，因此则建立了物理光学模型，其地表后向散射系数可以表示为

$$
\begin{aligned}
\sigma_{pp}^0 = {} & k^2 \cos^2(\theta) \Gamma_{pp}(\theta) \exp\left\{ -\left[2ks\cos(\theta)\right]^2 \right\} \\
& \times \sum_{n=1}^{+\infty} \frac{\left[4k^2 s^2 \cos^2(\theta)\right]^n}{n!} W^n\left[2k\sin(\theta), 0\right]
\end{aligned}
\tag{5.10}
$$

式中，$\Gamma_{pp}(\theta)$ 为雷达入射角为 $\theta$ 时的同极化 Fresnel 反射系数。$\Gamma_{pp}(\theta)$ 可以表示为

$$
\Gamma_{HH}(\theta) = \left| \frac{\cos\theta - \sqrt{\varepsilon - \sin^2\theta}}{\cos\theta + \sqrt{\varepsilon - \sin^2\theta}} \right|
\tag{5.11}
$$

$$
\Gamma_{VV}(\theta) = \left| \frac{\varepsilon\cos\theta - \sqrt{\varepsilon - \sin^2\theta}}{\varepsilon\cos\theta + \sqrt{\varepsilon - \sin^2\theta}} \right|
\tag{5.12}
$$

式中，$W^n[2k\sin(\theta),0]$ 为地表粗糙度第 $n$ 阶功率谱，可以将其表示为地表相干函数进行傅立叶变换后的第 $n$ 项表达式。相关函数既可以用高斯相关表示又可以用指数相关表示，取不同的形式时，其具有不同的功率谱形式：

$$
W^n[2k\sin(\theta),0] = \begin{cases}
\dfrac{nl^2}{\left[n + (2kl\sin\theta)^2\right]^{1.5}} & \text{指数相关} \\[2mm]
\dfrac{l^2}{n}\exp\left[-\dfrac{(kl\sin\theta)^2}{n}\right] & \text{高斯相关}
\end{cases}
\tag{5.13}
$$

应用物理光学模型时，需要满足的地表粗糙度条件如下：

$$
\begin{cases}
0.05\lambda < s < 0.15\lambda \\
\lambda < l \\
l / s < 0.25
\end{cases}
\tag{5.14}
$$

　　小扰动模型、几何光学模型、物理光学模型均具有一定的缺陷，三者之间的适用范围不存在连续性，均只适用于一个有限的地表粗糙度范围（Henderson and Lewis，1998；Engman and Chauhan，1995），如图 5.2 所示。自然界的地表粗糙度包括了不同尺度，是连续而非离散的。利用 SAR 图像观测地物目标时，每个像元的后向散射系数均代表着不同粗糙度的目标地物表面散射平均的结果。因此，要模拟不同粗糙度的地表土壤后向散射，需要建立一个能够模拟连续粗糙度的地表散射模型。

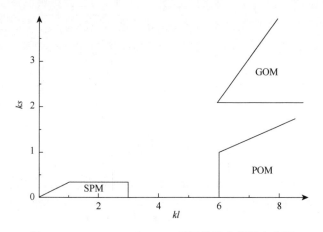

图 5.2　SPM、GOM 和 POM 适用的地表粗糙度范围

### 5.1.1.3　IEM 模型

　　积分方程模型（integrated equation model，IEM）（Fung et al.，1992）是一种理论裸露地表散射模型，其基于电磁波辐射传输理论，将表面场分为基尔霍夫场和补偿场，得到比基尔霍夫近似更精确的散射场的解。与其他理论模型相比，IEM 模型能够精确模拟真实自然地表的后向散射情况，可以应用于更宽的地表粗糙度范围。目前，众多学者利用 IEM 模型进行微波地表散射的模拟分析与参数反演（Wu et al.，2001；Rahman et al.，2008；Bryant et al.，2007；Chen et al.，2003；Shi et al.，2002；Della Vecchia et al.，2006；Kim et al.，2011）。

　　IEM 模型可以表示为

$$\sigma_{pq}^{0} = \sigma_{pq}^{k} + \sigma_{pq}^{kc} + \sigma_{pq}^{c} \tag{5.15}$$

式中，$\sigma_{pq}^{k}$、$\sigma_{pq}^{c}$ 及 $\sigma_{pq}^{kc}$ 分别为后向散射中的基尔霍夫项、补偿项及两者交叉项，其具体表达形式参见 Fung（1992）。通常可以用 IEM 模型的单次散射来近似表达小到中等粗糙度条件的地表后向散射系数，表示为

$$\sigma_{pq}^0 = \frac{k^2}{2} \exp(-2k_z^2 s^2) \sum_{n=1}^{+\infty} s^{2n} \left| I_{pq}^n \right|^2 \frac{W^n(-2k_x, 0)}{n!} \tag{5.16}$$

式（5.16）中，

$$I_{pq}^n = (2k_z)^2 f_{pq} \exp(-s^2 k_z^2) + \frac{k_z^n \left[ F_{pq}(-k_x, 0) + F_{pq}(k_x, 0) \right]}{2} \tag{5.17}$$

$$F_{HH}(-k_x, 0) + F_{HH}(-k_x, 0) = -\frac{2\sin^2\theta(1 + \Gamma_\perp)^2}{\cos\theta}$$
$$\times \left[ \left( 1 - \frac{1}{\mu_r} \right) + \frac{\mu_r \varepsilon_r - \sin^2\theta - \mu_r \cos^2\theta}{\mu_r^2 \cos^2\theta} \right] \tag{5.18}$$

$$F_{VV}(-k_x, 0) + F_{VV}(k_x, 0) = -\frac{2\sin^2\theta(1 + \Gamma_\|)^2}{\cos\theta}$$
$$\times \left[ \left( 1 - \frac{1}{\varepsilon_r} \right) + \frac{\mu_r \varepsilon_r - \sin^2\theta - \varepsilon_r \cos^2\theta}{\varepsilon_r^2 \cos^2\theta} \right] \tag{5.19}$$

式中，$s$ 为均方根高度；$k$ 为波数；$k_z = k\cos\theta$；$k_x = k\sin\theta$；$f_{HH} = -2\Gamma_\perp / \cos\theta$；$f_{VV} = -2\Gamma_\| / \cos\theta$；$W^n$ 为表面自相关函数的 $n$ 阶粗糙度谱。

IEM 模型将 SPM 模型和基尔霍夫模型自然地连接起来，因此能够适用于各种地表粗糙度范围。IEM 模型在一些实际应用中显现出较高的模拟精度且易于运算的优势，成为处理随机粗糙面电磁波极化散射的通用模型（施建成等，2012）。

但将 IEM 模型应用于自然地表时，仍然存在一些问题：①IEM 模型对自然地表的粗糙度描述不够精确；②对不同粗糙度条件的 Fresnel 反射系数的处理过于简单。针对这两个方面，研究者对 IEM 模型进行了改进（Wu et al.，2001；Wu and Chen，2004；Chen et al.，2000；Fung et al.，2002；Fung and Chen，2004），发展了一种新的 IEM 模型（advanced integrated equation model，AIEM）。AIEM 模型经过了大量实验的验证（Du et al.，2010；Chen et al.，2010；Nearing et al.，2010；Du et al.，2006），能够更好地模拟各种裸露地表的情况。

### 5.1.2 经验、半经验模型

理论模型的表达形式十分复杂，在某些情况下无法直接应用。当无法直接应用理论模型分析地表后向散射时，经验、半经验模型仍然是一个有效的方法。经验、半经验模型是通过大量实测实验获得某个地点的统计规律，因此通常只在特定地表粗糙度、土壤水分、雷达频率及入射角的范围内适用。相对于理论模型而言，经验模型也有其特定的优势，如表达形式简单等。在超出理论模型有效应用范围的情况下，可以利用经验模型进行目标地物的微波散射模拟分析（Oh et al.，1992）。

#### 5.1.2.1　线性回归

线性回归是通过实测值建立后向散射系数 $\sigma^0$ 与土壤体积含水量 $m_v$ 之间的一种线性关系，可以表示为

$$\sigma^0 = am_v + b \tag{5.20}$$

式中，$a$ 和 $b$ 为经验系数，其依赖于地表粗糙度、雷达入射角和极化方式（Zribi et al.，2005）。这个经验关系得到了大量实验的验证（Weimann et al.，1998；Quesney et al.，2000；Cognard et al.，1995；Hégarat-Mascle et al.，2002；Wang et al.，1997；Zribi and Dechambre，2003；Lin et al.，1994；Taconet et al.，1996）。线性关系的经验系数 $a$ 和 $b$ 在不同的研究区、不同的年份往往具有不同的值。因此，土壤含水量和雷达信号之间的线性关系不具有普适性。

研究者还根据不同的实验建立了地表参数与后向散射系数之间的非线性模型，如 Oh 模型（Oh et al.，1992）、Dubois 模型（Dubois et al.，1995）和 Shi 模型（Shi et al.，1997）等，与简单的线性模型相比，非线性模型具有较高的模拟精度。

#### 5.1.2.2　Oh 模型

基于 L、C 和 X 波段的全极化散射计在入射角为 20°～70°时测量的裸土条件下的实验数据，Oh 等（1992）建立了后向散射系数同极化比（$\dfrac{\sigma^0_{HH}}{\sigma^0_{VV}}$）和交叉极化比（$\dfrac{\sigma^0_{HV}}{\sigma^0_{VV}}$）的经验关系：

$$\frac{\sigma^0_{HH}}{\sigma^0_{VV}} = \left[ 1 - \left( \frac{2\theta}{\pi} \right)^{1/3\Gamma_0} \times \exp(-ks) \right]^2 \tag{5.21}$$

$$\frac{\sigma^0_{HV}}{\sigma^0_{VV}} = 0.23\sqrt{\Gamma_0}\left[ 1 - \exp(-ks) \right] \tag{5.22}$$

式中，$\Gamma_0$ 为表面最低点的 Fresnel 反射系数。$\Gamma_0$ 可以表示为

$$\Gamma_0 = \left| \frac{1 - \sqrt{\varepsilon_r}}{1 + \sqrt{\varepsilon_r}} \right|^2 \tag{5.23}$$

Oh 模型是在 $0.1 \leqslant ks \leqslant 6$、$2.5 \leqslant kl \leqslant 20$ 和 $0.09 \leqslant m_v \leqslant 0.31$ 的条件下建立的模型，虽然能在上述范围内取得与实测值较为一致的模拟结果，但该模型较多地使用了地面测量数据。Oh 模型所用的测量数据是从车载散射计系统中获得的，如将该模型应用到 SAR 上，还需进一步的验证。

上述 Oh 模型并未考虑地表相关长度 $l$ 对后向散射的影响，因此 Oh 等在上述

模型的基础上，利用车载散射计数据和美国喷气推进实验室（jet propulsion laboratory，JPL）机载 SAR 数据，考虑地表相关长度 $l$ 对地表后向散射系数的影响，重新建立了裸土地表参数与后向散射系数之间的半经验后向散射模型：

$$\sigma_{VH}^0 = 0.11 m_v^{0.7} (\cos\theta)^{2.2} \left\{ 1 - \exp\left[ -0.23(ks)^{1.8} \right] \right\} \tag{5.24}$$

$$\frac{\sigma_{HH}^0}{\sigma_{VV}^0} = 1 - \left( 2\theta \middle/ n \right)^{0.35 m_v^{-0.65}} \times \exp\left[ -0.4(ks)^{1.4} \right] \tag{5.25}$$

$$\frac{\sigma_{HV}^0}{\sigma_{VV}^0} = 0.1 \left[ \frac{s}{l} + \sin(1.3\theta) \right]^{1.2} \left\{ 1 - \exp\left[ -0.9(ks)^{0.8} \right] \right\} \tag{5.26}$$

Oh 模型可以应用于较宽的地表粗糙度范围，能够较好地刻画裸露地表的后向散射，在很多研究中被采用（Gherboudj et al.，2011；Kim et al.，2011；Oh，2004；Álvarez-Mozos et al.，2007；Song et al.，2009；Paloscia et al.，2013）。

### 5.1.2.3 Dubois 模型

基于散射计的实测数据集，Dubois 等（1995）通过实验建立了裸土地表同极化后向散射系数与地表参数（土壤粗糙度和土壤介电常数）、雷达系统参数（微波信号入射频率和入射角）之间的一种经验关系，表示为

$$\sigma_{HH}^0 = 10^{-2.75} \frac{\cos^{1.5}\theta}{\sin^5\theta} 10^{0.028\varepsilon\tan\theta} (ks \times \sin\theta)^{1.4} \lambda^{0.7} \tag{5.27}$$

$$\sigma_{VV}^0 = 10^{-2.35} \frac{\cos^3\theta}{\sin^3\theta} 10^{0.046\varepsilon\tan\theta} (ks \times \sin\theta)^{1.1} \lambda^{0.7} \tag{5.28}$$

经过大量实验的验证（Neusch and Sties，1999；Merzouki et al.，2011；Bell et al.，2001；Bolten et al.，2003），在 $30° \leq \theta \leq 65°$、$0.3 \leq s \leq 3$、$m_v \leq 0.35$，以及 $1.5\text{GHz} \leq f \leq 11\text{GHz}$ 的条件下，应用 Dubois 模型能够得到较好的结果。在土壤粗糙度较大的情况下，Dubois 模型模拟的 VV 极化方式的后向散射系数小于 HH 极化方式的后向散射系数，这与 SAR 的观测值相反。因此，对于粗糙裸土表面，当 $ks > 2.5$ 时，Dubois 模型不再适用。

与 Oh 模型一样，Dubois 模型也没有考虑表面粗糙度谱，这导致不能正确地刻画真实地表的后向散射特征，使其在某些区域无法应用。

### 5.1.2.4 Shi 模型

Shi 模型是在 IEM 模型的基础上建立的一种半经验模型。其通过数值模拟来分析不同土壤参数（土壤粗糙度和土壤介电常数）对土壤后向散射特性的影响，建立了 L 波段 SAR 数据不同极化方式组合的后向散射系数与土壤参数（土壤介电常数和土壤粗糙度功率谱）之间的一种对应关系，可以表示为

$$10\lg\left[\frac{\left|a_{pp}\right|^2}{\sigma_{pp}^0}\right] = a_{pp}(\theta) + b_{pp}(\theta)10\lg\left[\frac{1}{S_R}\right] \qquad (5.29)$$

$$10\lg\left[\frac{\left|a_{VV}\right|^2 + \left|a_{HH}\right|^2}{\sigma_{VV}^0 + \sigma_{HH}^0}\right] = a_{VH}(\theta) + b_{VH}(\theta)10\lg\left[\frac{\left|a_{VV}\right|\left|a_{HH}\right|}{\sqrt{\sigma_{VV}^0 \sigma_{HH}^0}}\right] \qquad (5.30)$$

式中，$S_R$ 为粗糙度谱，其包括了地表粗糙度均方根高度 $s$ 和相关长度 $l$，以及地表相关函数；$a_{pp}$ 为同极化状态下的极化幅度。

$$a_{HH} = \frac{(\varepsilon - 1)}{(\cos\theta + \sqrt{\varepsilon - \sin^2\theta})^2} \qquad (5.31)$$

$$a_{VV} = \frac{(\varepsilon - 1)\left[\sin^2\theta - \varepsilon(1 + \sin^2\theta)\right]}{(\cos\theta + \sqrt{\varepsilon - \sin^2\theta})^2} \qquad (5.32)$$

$a_{pq}(\theta)$ 和 $b_{pq}(\theta)$ 是与入射角相关的经验系数，可以表示为

$$a_{VV}(\theta) = -6.901 + 5.492\tan\theta - 1.051\lg(\sin\theta) \qquad (5.33)$$

$$b_{VV}(\theta) = 0.515 + 0.896\sin\theta - 0.475\sin^2\theta \qquad (5.34)$$

$$a_{VH}(\theta) = \exp(-12.37 + 37.206\sin\theta - 41.187\sin^2\theta + 18.898\sin^3\theta) \qquad (5.35)$$

$$b_{VH}(\theta) = 0.649 + 0.659\cos\theta - 0.306\cos^2\theta \qquad (5.36)$$

Shi 模型中考虑了粗糙度谱的影响，所以这一模型在实际应用中对后向散射系数的模拟能够取得较好的结果（Shi and Dozier，2000）。

## 5.2　植被对土壤水分反演的影响

### 5.2.1　植被衰减模型

土壤散射模型只能用来描述裸土表面的后向散射系数，并未考虑植被对后向散射的影响（Bindlish and Barros，2001）。利用主动微波遥感数据反演植被覆盖地表的土壤水分时，如果忽略植被对后向散射的影响，则会低估土壤含水量（Neusch and Sties，1999；刘伟等，2005）。因此，如何去除植被的影响，则成为实现土壤水分反演的关键。本章利用水云模型来考虑植被对后向散射的影响。

水云模型将总后向散射系数 $\sigma^0$ 描述为植被散射贡献 $\sigma_{veg}^0$ 和经植被层衰减后下垫面散射贡献 $\sigma_{soil}^0$ 之和。由于叶片是植被对 SAR 信号衰减和散射的主要因素之一，众多研究者（Prevot et al.，1993；Lievens and Verhoest，2011；Moran et al.，1998）提议用 LAI 作为水云模型中的冠层描述。LAI 可以利用光学遥感数据提取，因此利用水云模型去除植被影响时，将 LAI 作为水云模型的冠层描述参数，即 $V_1 = V_2 = \text{LAI}$，则水云模型可以表示为

$$\sigma^0 = A \times \text{LAI} \times \cos\theta \left[ 1 - \exp\left( \frac{-2B \times \text{LAI}}{\cos\theta} \right) \right]$$
$$+ \exp\left( \frac{-2B \times \text{LAI}}{\cos\theta} \right) \times \sigma_{\text{soil}}^0 \tag{5.37}$$

将上式子水云模型中的土壤后向散射项 $\sigma_{\text{soil}}^0$ 用 IEM 模型来替代。由于原始水云模型中 $\sigma_{\text{soil}}^0$ 并未考虑土壤表面粗糙度的影响，因此将其用 IEM 模型替换后更能精确地反映土壤后向散射（Wang et al.，2004）。

### 5.2.2 改进的植被衰减模型

应用水云模型模拟植被后向散射贡献的前提条件是植被体散射为主体（Attema and Ulaby，1978），即水云模型只适用于植被稠密的区域。然而，在实际环境中，植被并不是均匀分布的，所以无法满足这个假设。植被稀疏区的下垫面裸土斑块对后向散射的影响强烈，因此必须考虑裸露土壤表面对后向散射的贡献。利用植被覆盖度将一个像元内的散射机理分为植被覆盖下的散射贡献和裸土斑块的散射贡献（Svoray and Shoshany，2002，2003；Xing et al.，2014）。因此，像元内总后向散射系数 $\sigma_{\text{total}}^0$ 可以表示为

$$\sigma_{\text{total}}^0 = f_{\text{veg}}\sigma^0 + (1 - f_{\text{veg}})\sigma_{\text{soil}}^0 \tag{5.38}$$

水云模型结合式（5.38），则像元内总后向散射系数 $\sigma_{\text{total}}^0$ 可以表示为

$$\sigma_{\text{total}}^0 = f_{\text{veg}}(\sigma_{\text{veg}}^0 + \tau^2\sigma_{\text{soil}}^0) + (1 - f_{\text{veg}})\sigma_{\text{soil}}^0$$
$$= f_{\text{veg}} \times A \times \text{LAI} \times \cos\theta \left[ 1 - \exp\left( \frac{-2B \times \text{LAI}}{\cos\theta} \right) \right]$$
$$+ f_{\text{veg}} \times \exp\left( \frac{-2B \times \text{LAI}}{\cos\theta} \right) \times \sigma_{\text{soil}}^0 \tag{5.39}$$
$$+ (1 - f_{\text{veg}})\sigma_{\text{soil}}^0$$

### 5.2.3 光学遥感数据反演微波模型的输入参数

本章中，植被覆盖度 $f_{\text{veg}}$ 利用像元二分模型（Gutman and Ignatov，1998），从光学遥感数据中获取。LAI 则选用 PROSAIL 模型来反演。

PROSAIL 模型基于辐射传输理论，由叶片光学特性模型 PROSPECT（Jacquemoud and Baret，1990）和冠层辐射传输模型 SAIL（Verhoef，1984）耦合而成（Jacquemoud et al.，2009）。PROSAIL 模型通过输入一系列参数模拟冠层光谱反射率，这些参数主要包括太阳天顶角、观测天顶角、太阳方位角和冠层方位角之间的夹角、平均叶倾角、叶片层数、叶片干重、叶片含水量、叶绿素含量、

叶片干物质含量，以及 LAI 等。

基于 PROSAIL 模型，构建冠层光谱反射率与输入参数之间的查找表。根据光学影像的反射率数据，在查找表中找出最适合 PROSAIL 模型的参数，使得光谱反射率的实测值与模拟值之间的差别最小。代价函数为

$$\varsigma = \sum (\rho - \rho_{m})^2 \tag{5.40}$$

式中，$\rho$ 为光学影像的实测光谱反射率；$\rho_{m}$ 为 PROSAIL 模型模拟的反射率。

利用 PROSAIL 模型反演 LAI 时，通过对模型参数的敏感性分析来确定对冠层反射率变化敏感的参数。对于敏感的参数，结合实测值，将其设置为一个范围，取合适的步长分别带入模型中。对于不敏感的参数，则直接赋予实测平均值或经验值。其他固定参数则可从光学遥感数据的头文件中获得。由于病态反演的存在，查询结果可能并不是唯一的。当出现多个查询结果时，取其平均值作为最终的 LAI 反演值。

## 5.3　后向散射模拟

利用建立的前向模型和表面参数模拟了采样点的总后向散射系数。为了综合评价植被覆盖度对模型的影响，分别利用加入植被覆盖度前后的模型模拟了总后向散射系数。图 5.3 展示了未加入植被覆盖度时模型模拟的若尔盖实验区的后向散射系数和 Radarsat-2 SAR 测量的后向散射系数之间的散点图 [图 5.3（a）表示 HH 极化时的后向散射散点图，图 5.3（b）表示 VV 极化时的后向散射散点图]。图 5.4 展示了未加入植被覆盖度时模型模拟的乌图美仁实验区的后向散射系数和 TerraSAR-X 测量的后向散射系数之间的散点图 [图 5.4（a）表示 HH 极化时的后向散射散点图，图 5.4（b）表示 VV 极化时的后向散射散点图]。从图 5.3 和图 5.4 中可以看出，模拟的后向散射系数和 SAR 测量的后向散射系数之间呈线性相关，具有一定的相关性（若尔盖实验区：对于 HH 极化，$R^2=0.58$，$p<0.01$；对于 VV 极化，$R^2=0.52$，$p<0.01$；乌图美仁实验区：对于 HH 极化，$R^2=0.49$，$p<0.01$；对于 VV 极化，$R^2=0.53$，$p<0.01$）。然而，无论在 HH 极化还是在 VV 极化方式下，后向散射系数值较高的区域比后向散射系数值较低的区域更偏离 1∶1 线。换句话说，与后向散射系数较低的区域（若尔盖实验区所用数据为 C 波段：对于 HH 极化，后向散射系数小于–14dB 时；对于 VV 极化，后向散射系数小于–17dB 时；乌图美仁实验区所用数据为 X 波段：对于 HH 极化，后向散射系数小于–8dB 时；对于 VV 极化，后向散射系数小于–8dB 时）相比，后向散射系数较高区域的模型模拟值与测量值之间具有更好的相关性。雷达信号饱和之前，植被生物量的增加减小了土壤粗糙度和土壤湿度对后向散射的贡献（Svoray et al.，2001），后向散射与植被生物量之间呈负相关关系（Taconet et al.，1994；Svoray and Shoshany，2002），因此后向散射随着植被生物量的增加而减小。由于研究区中没有样点的植被生物量达到 C 波段或 X 波段的饱和值（Imhoff,

1995；王海鹏等，2008）。因此，可以断定模型模拟的误差主要发生在植被相对稀疏的区域，这个现象说明将水云模型应用于植被稀疏区域可能存在较大误差。综合在干旱区乌图美仁草原得到的结论，这个现象也进一步说明，即使在较为湿润的若尔盖草原，应用水云模型的前提条件也是以植被体散射为主体。

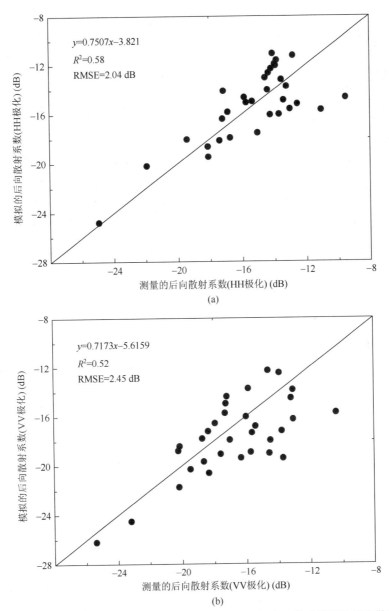

图 5.3　若尔盖实验区测量的后向散射系数（C 波段）与水云模型模拟的后向散射系数之间的关系散点图

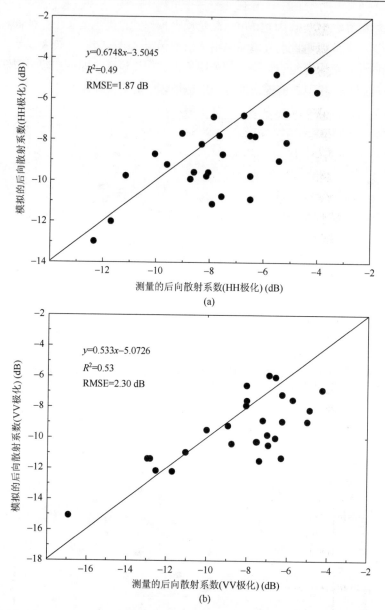

图 5.4　乌图美仁实验区测量的后向散射系数（X 波段）与水云模型模拟的后向散射系数之间
的关系散点图

　　上述结果是在假设植被均一，未考虑植被间隙信息的条件下模型模拟得到
的后向散射系数，其精度较低。在植被稀疏条件下，模型忽略了植被下垫面裸
土斑块的直接散射信号，敏感度较低。研究区草原植被密度不均，且有的地方
植被覆盖稀疏，下垫面土壤对后向散射的影响强烈，因此，在计算草原后向散

射时，必须考虑土壤的贡献。鉴于植被和土壤的散射机理不同，当植被稀疏或存在裸露土壤时，通过加入植被覆盖度，将像元区分为植被完全覆盖部分和裸土部分对模型进行改进，并且假设在像元内植被覆盖部分的植被均一。图 5.5 呈现了若尔盖实验区测量的后向散射与改进的水云模型模拟的后向散射之间的散点图［图 5.5（a）表示 HH 极化的后向散射散点图，图 5.5（b）表示 VV 极化的后向散射散点图］。图 5.6 呈现了乌图美仁实验区测量的后向散射与改进的水云模型模拟的后向散射之间的散点图［图 5.6（a）表示 HH 极化的后向散射散点图，图 5.6（b）表示 VV 极化的后向散射散点图］。利用植被覆盖度加入裸土对总后向散射系数的影响后，模型模拟的后向散射的精度得到了显著提高（若尔盖实验区：对于 HH 极化，$R^2$ 从 0.58 提高到 0.79，RMSE 从 2.04dB 减小到 1.40dB；对于 VV 极化，$R^2$ 从 0.52 提高到 0.77，RMSE 从 2.45dB 减小到 1.69dB；乌图美仁实验区：对于 HH 极化，$R^2$ 从 0.49 提高到 0.72，RMSE 从 1.87dB 减小到 1.29dB；对于 VV 极化，$R^2$ 从 0.53 提高到 0.71，RMSE 从 2.30dB 减小到 1.83dB），特别是在后向散射系数较高的区域（植被相对稀疏的区域）。这说明改进的模型在植被稀疏条件下具有较高的敏感性。模拟的后向散射系数结果表明，利用植被覆盖度可以区分像元内植被覆盖区和裸土之间的散射机理，显著提高模型模拟后向散射系数的精度。本章所提出的改进模型可以解决植被稀疏和裸土斑块对总后向散射影响强烈的问题。

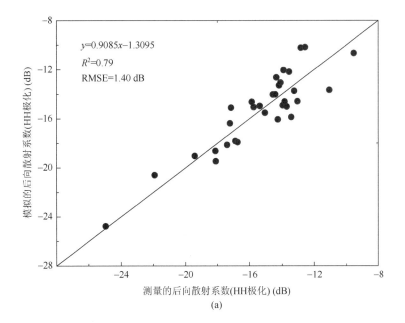

$y=0.9085x-1.3095$
$R^2=0.79$
RMSE=1.40 dB

(a)

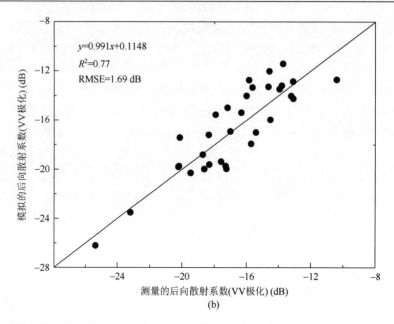

图 5.5　若尔盖实验区测量的后向散射系数与改进水云模型模拟的后向散射系数之间的关系散点图

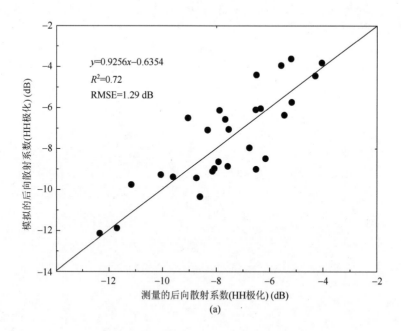

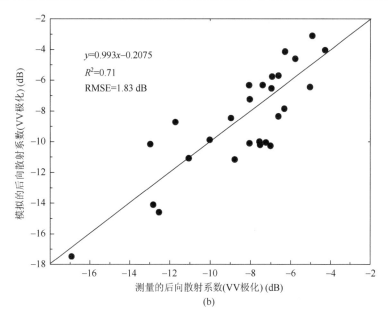

图 5.6 乌图美仁实验区测量的后向散射系数与改进水云模型模拟的后向散射系数之间的关系散点图

为了理解模型在不同植被条件下的表现，表 5.1 中列出了不同条件下模型的模拟精度（RMSE）和拟合系数（$R^2$）。从表 5.1 中可以观察到，加入植被覆盖度的改进模型在植被稀疏条件下模拟的结果比未加入植被覆盖度时模型模拟结果的精度有显著提高，这说明改进模型对稀疏植被条件具有较高的敏感性。而在植被相对稠密条件下改进模型模拟的精度并未显著提高。这是由于植被稠密条件下植被间隙很小或者没有，裸土对后向散射的贡献只占总后向散射中很小的一部分，可以忽略不计。

表 5.1 植被散射模型及改进模型在不同植被条件下的性能表现

| 研究区 | 植被覆盖条件 | 模型 | HH 极化方式 | | VV 极化方式 | |
|---|---|---|---|---|---|---|
| | | | $R^2$ | RMSE（dB） | $R^2$ | RMSE（dB） |
| 若尔盖 | 稠密 | 植被散射模型 | 0.78 | 1.58 | 0.74 | 1.63 |
| | | 改进植被散射模型 | 0.81 | 1.23 | 0.78 | 1.61 |
| | 稀疏 | 植被散射模型 | 0.25 | 2.65 | 0.15 | 2.93 |
| | | 改进植被散射模型 | 0.73 | 1.77 | 0.74 | 1.79 |
| 乌图美仁 | 稠密 | 植被散射模型 | 0.51 | 1.11 | 0.86 | 1.07 |
| | | 改进植被散射模型 | 0.73 | 1.20 | 0.73 | 1.75 |
| | 稀疏 | 植被散射模型 | 0.35 | 2.23 | 0.19 | 2.90 |
| | | 改进植被散射模型 | 0.69 | 1.34 | 0.48 | 1.88 |

为了直观地展示该方法应用于若尔盖实验区和乌图美仁实验区的误差空间分布情况，将模型模拟的误差（error）定义为模型模拟的后向散射系数与 SAR 数据观测的后向散射系数之差的绝对值（dB）（Wang and Qi，2008）：

$$\text{error} = \left| \sigma_{\text{model}}^0 - \sigma_{\text{SAR}}^0 \right| \tag{5.41}$$

式中，$\sigma_{\text{model}}^0$ 和 $\sigma_{\text{SAR}}^0$ 分别为模型模拟和 SAR 观测的后向散射系数。

图 5.7 是覆盖若尔盖实验区的 2013 年 8 月 4 日 HH 极化的误差空间分布图。SAR 图像中的叠掩和阴影区域在预处理过程中已经进行了掩膜处理。实验区中大部分模型误差低于 2dB，说明该模型能够应用于该区域。然而，坡度陡峭及地形复杂区域的模型误差可能达到 6dB 以上，这说明这些区域反演的土壤水分是不可靠的。图 5.8 是覆盖乌图美仁实验区的 HH 极化的误差空间分布图。从图 5.8 中可以看出，实验区下方区域的误差较大，大部分大于 6dB。乌图美仁实验区中采样点为植被覆盖区域，

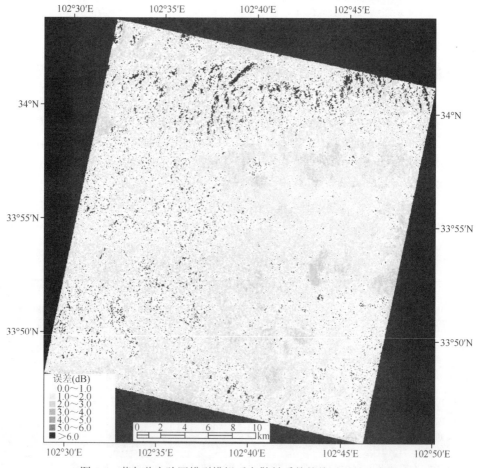

图 5.7  若尔盖实验区模型模拟后向散射系数的绝对误差分布图

其土壤为黏土，而下方区域没有植被覆盖，土壤为沙砾。土壤质地是影响 SAR 后向散射的一个重要原因（Ulaby and Long，2014），这导致了下方区域具有较大的误差。

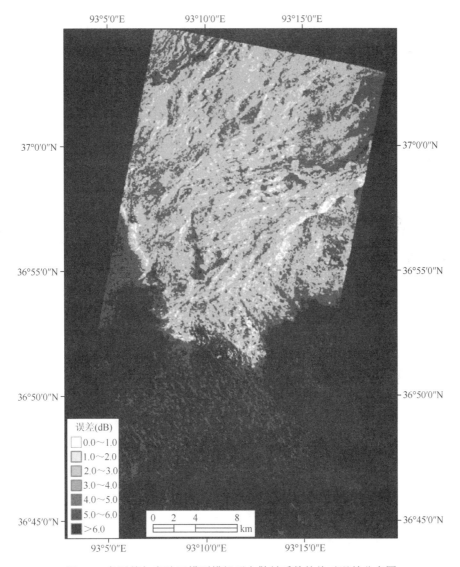

图 5.8　乌图美仁实验区模型模拟后向散射系数的绝对误差分布图

## 5.4　土壤水分估算结果

图 5.9 是利用水云模型去除植被影响后反演的若尔盖实验区土壤水分值与测量值之间的关系。图 5.10 是利用水云模型去除植被影响后反演的乌图美仁实验区土壤

水分值与测量值之间的关系。从图5.9和图5.10中可以观察到，当土壤水分较小时，土壤含水量被高估，这可能是由植被的强烈影响造成的。在植被稀疏的条件下，植被散射对总后向散射的贡献超过了植被衰减的贡献（Wang et al.，2004）。土壤水分被高估的采样点的生物量均较小。因此，由于植被稀疏，造成在这些点上植被对后向散射的衰减贡献小于植被对后向散射增加的贡献，所以这些点上的土壤水分被高估。

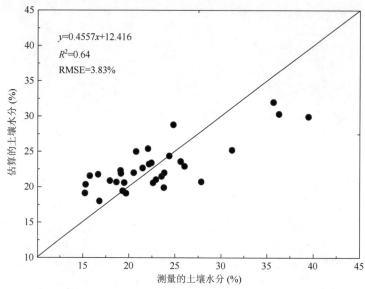

图5.9　利用水云模型去除植被影响后估算的若尔盖实验区土壤水分值与测量值之间的关系散点图

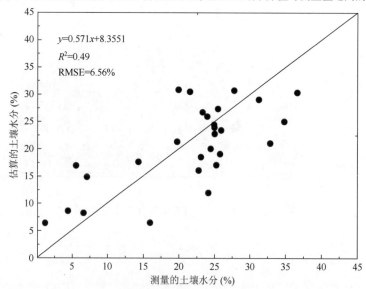

图5.10　利用水云模型去除植被影响后估算的乌图美仁实验区土壤水分值与测量值之间的关系散点图

图 5.11 是利用改进模型反演的若尔盖实验区土壤水分值与测量值之间的关系。图 5.12 是利用改进模型反演的乌图美仁实验区土壤水分值与测量值之间的关系。从图 5.11 和图 5.12 中可以观察到，研究区土壤水分反演值与测量值之间具有很强的线性关系，这表明该方法能够有效地估算植被覆盖下的土壤水分含量。与相对干燥区域的土壤水分值相比，较湿润区域的土壤水分反演值更偏离 1∶1 线。换句话说，较湿润区域反演的土壤水分值比较干旱区域具有更大的误差。这可以解释为 SAR 后向散射系数对土壤水分含量较低时的变化更敏感，而对土壤水分含量较高时的变化不敏感（Bindlish and Barros，2000）。也可以解释为，IEM 模型模拟的后向散射系数 $\sigma^0$ 对湿润条件下的土壤含水量变化不敏感（Joseph et al.，2010），并且 IEM 模型模拟的后向散射系数在实际雷达信号达到饱和前就已经饱和（Zribi et al.，2005）。因此，本书建立的方法可能无法应用于湿润条件下土壤水分的反演。

从图 5.11、图 5.12 中可以看出，利用 X 波段反演的乌图美仁实验区的土壤水分精度远小于利用 C 波段反演的若尔盖实验区的精度（乌图美仁实验区：$R^2$=0.59，RMSE=6.16%；若尔盖实验区：$R^2$=0.71，RMSE=3.32%）。粗糙度是土壤水分反演误差的主要来源（Zribi et al.，1997），波长越短受粗糙度的影响越大（Ulaby and Long，2014）。X 波段穿透性弱，与 C 波段相比，更容易受到植被散射的影响。因此，与 C 波段相比，X 波段反演土壤水分时更容易受到土壤粗糙度和植被散射的干扰，其反演的精度更低。

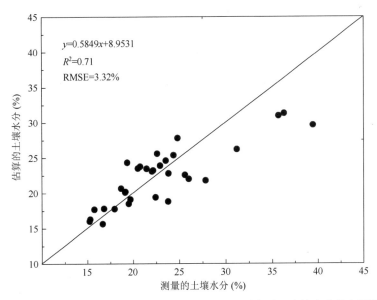

图 5.11  利用改进水云模型去除植被影响后估算的若尔盖实验区土壤水分值与测量值之间
的关系散点图

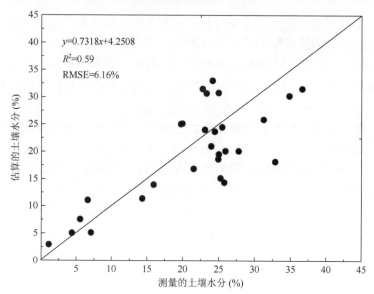

图 5.12　利用改进水云模型去除植被影响后估算的乌图美仁实验区土壤水分值与测量值之间的
关系散点图

　　结果显示,若尔盖实验区土壤水分的反演误差最大达到了±24.8%(图 5.11),
乌图美仁实验区土壤水分的反演误差最大达到了±44.6%（图 5.12）。土壤水分
反演的误差不仅来源于模型模拟和反演，也可能来源于数据处理过程。经过分
析认为，土壤水分反演的误差可能来源于以下几个方面：①由于测量的不确定
性和病态反演问题，在结果不唯一时将平均值作为最终结果。如果随机选择反
演结果，若尔盖实验区土壤水分反演的最大误差达到了±64.6%；而乌图美仁研
究区的最大误差达到了±167.2%。②从光学遥感中估算植被覆盖度和 LAI 所带
来的误差直接影响了土壤水分反演。③在若尔盖实验区，SAR 图像中的某些区
域，地形严重影响着土壤水分反演。SAR 图像侧视成像，因此山区地形造成的
地形扭曲不容易通过地形校正来解决。如图 5.7 所示，相对平坦区域的模型误差
一般小于 2dB，而坡度陡峭区域的模型误差可能大于 6dB，这表明在坡度陡峭的
区域反演的土壤水分是不可靠的。④若尔盖实验区所用的两景 Radarsat-2 SAR
图像的轨道分别位于上升轨和下降轨，其拍摄时间分别是早上和晚上。早上露
珠的存在可能增加了植被的介电常数（Kasischke and Bourgeau-Chavez，1997），
这个误差也可能直接带入土壤水分的反演中。⑤土壤质地的差别较大也是引起
误差的一个主要来源。⑥遥感数据的预处理过程也是一种误差来源。

参 考 文 献

刘伟, 施建成, 王建明. 2005. 极化分解技术在估算植被覆盖地区土壤水分变化中的应用. 遥感信息, (04): 3-6.
施建成, 杜阳, 杜今阳, 等. 2012. 微波遥感地表参数反演进展. 中国科学：地球科学（中文版）, 42: 814-842.

王海鹏，金亚秋，大内和夫，等. 2008. Pi-SAR 极化数据与 K 分布指数估算森林生物量与实验验证. 遥感学报，03：477-482.

Álvarez-Mozos J，Gonzalez-Audícana M，Casalí J. 2007. Evaluation of empirical and semi-empirical backscattering models for surface soil moisture estimation. Canadian Journal of Remote Sensing，33：176-188.

Attema E，Ulaby F T. 1978. Vegetation modeled as a water cloud. Radio Science，13：357-364.

Beckmann P，Spizzichino A. 1987. The Scattering of Electromagnetic Waves from Rough Surfaces. Norwood，MA：Artech House，Inc.

Bell D，Menges C，Ahmad M，et al. 2001. The application of dielectric retrieval algorithms for mapping soil salinity in a tropical coastal environment using airborne polarimetric SAR. Remote Sensing of Environment，75：375-384.

Bindlish R，Barros A P. 2000. Multifrequency soil moisture inversion from SAR measurements with the use of IEM. Remote Sensing of Environment，71：67-88.

Bindlish R，Barros A P. 2001. Parameterization of vegetation backscatter in radar-based，soil moisture estimation. Remote Sensing of Environment，76：130-137.

Bolten J D，Lakshmi V，Njoku E G. 2003. Soil moisture retrieval using the passive/active L-and S-band radar/radiometer. IEEE Transactions on Geoscience and Remote Sensing，41：2792-2801.

Bryant R，Moran M S，Thoma D P，et al. 2007. Measuring surface roughness height to parameterize radar backscatter models for retrieval of surface soil moisture. IEEE Geoscience and Remote Sensing Letters，4：137-141.

Chen K-S，Wu T D，Tasy M K，et al. 2000. Note on the multiple scattering in an IEM model. IEEE Transactions on Geoscience and Remote Sensing，38：249-256.

Chen K-S，Wu T D，Tsang L，et al. 2003. Emission of rough surfaces calculated by the integral equation method with comparison to three-dimensional moment method simulations. IEEE Transactions on Geoscience and Remote Sensing，41：90-101.

Chen L，Wu T D，Tsang L，et al. 2010. A parameterized surface emission model at L-band for soil moisture retrieval. IEEE Geoscience and Remote Sensing Letters，7：127-130.

Cognard A L，Loumagne C，Normand M，et al. 1995. Evaluation of the ERS 1/synthetic aperture radar capacity to estimate surface soil moisture：Two-year results over the Naizin watershed. Water Resources Research，31：975-982.

de Roo R D，Du Y，Ulaby F T，et al. 2001. A semi-empirical backscattering model at L-band and C-band for a soybean canopy with soil moisture inversion. IEEE Transactions on Geoscience and Remote Sensing，39：864-872.

Della Vecchia A，Saleh K，Ferrazzoli P，et al. 2006. Simulating L-band emission of coniferous forests using a discrete model and a detailed geometrical representation. IEEE Geoscience and Remote Sensing Letters，3：364-368.

Du J，Shi J，Tjuatja S，et al. 2006. A combined method to model microwave scattering from a forest medium. IEEE Transactions on Geoscience and Remote Sensing，44：815-824.

Du J，Shi J，Sun R. 2010. The development of HJ SAR soil moisture retrieval algorithm. International Journal of Remote Sensing，31：3691-3705.

Dubois P C，Van Zyl J，Engman T. 1995. Measuring soil moisture with imaging radars. IEEE Transactions on Geoscience and Remote Sensing，33：915-926.

Engman E T，Chauhan N. 1995. Status of microwave soil moisture measurements with remote sensing. Remote Sensing of Environment，51：189-198.

Fung A K，Chen K. 2004. An update on the IEM surface backscattering model. IEEE Geoscience and Remote Sensing Letters，1：75-77.

Fung A K，Chen K-S. 2010. Microwave Scattering and Emission Models for Users. London：Artech House.

Fung A K，Li Z，Chen K. 1992. Backscattering from a randomly rough dielectric surface. IEEE Transactions on Geoscience and Remote Sensing，30：356-369.

Fung A，Liu W Y，Chen K S，et al. 2002. An improved IEM model for bistatic scattering from rough surfaces. Journal of Electromagnetic Waves and Applications，16：689-702.

Gherboudj I，Magagi R，Berg A A，et al. 2011. Soil moisture retrieval over agricultural fields from multi-polarized and multi-angular RADARSAT-2 SAR data. Remote Sensing of Environment，115：33-43.

Gutman G，Ignatov A. 1998. The derivation of the green vegetation fraction from NOAA/AVHRR data for use in numerical weather prediction models. International Journal of Remote Sensing，19：1533-1543.

Hégarat-Mascle L，Zribi M，Alem F，et al. 2002. Soil moisture estimation from ERS/SAR data：Toward an operational methodology. IEEE Transactions on Geoscience and Remote Sensing，40：2647-2658.

Henderson F M，Lewis A J. 1998. Principles and Applications of Imaging Radar. Manual of Remote Sensing，Volume 2. New York：John Wiley and Sons.

Hosseini M，Saradjian M. 2011. Soil moisture estimation based on integration of optical and SAR images. Canadian Journal of Remote Sensing，37：112-121.

Imhoff M L. 1995. Radar backscatter and biomass saturation：Ramifications for global biomass inventory. IEEE Transactions on Geoscience and Remote Sensing，33：511-518.

Jacome A，Bernier M，Chokmani K，et al. 2013. Monitoring volumetric surface soil moisture content at the La Grande basin boreal wetland by radar multi polarization data. Remote Sensing，5：4919-4941.

Jacquemoud S，Baret F. 1990. PROSPECT：A model of leaf optical properties spectra. Remote Sensing of Environment，34：75-91.

Jacquemoud S，Verhoef W，Baret F，et al. 2009. PROSPECT+SAIL models：A review of use for vegetation characterization. Remote Sensing of Environment，113：S56-S66.

Joseph A T，Van der Velde R，O'Neill P E，et al. 2008. Soil moisture retrieval during a corn growth cycle using L-band （1.6 GHz）radar observations. IEEE Transactions on Geoscience and Remote Sensing，46：2365-2374.

Joseph A，Van der Velde R，O'Neill P E，et al. 2010. Effects of corn on C-and L-band radar backscatter：A correction method for soil moisture retrieval. Remote Sensing of Environment，114：2417-2430.

Kasischke E S，Bourgeau-Chavez L L. 1997. Monitoring South Florida wetlands using ERS-1 SAR imagery. Photogrammetric Engineering and Remote Sensing，63：281-291.

Kim D-J，Moon W M，Kim G，et al. 2011. Submarine groundwater discharge in tidal flats revealed by space-borne synthetic aperture radar. Remote Sensing of Environment，115：793-800.

Lakhankar T，Ghedira H，Temimi M，et al. 2009. Effect of land cover heterogeneity on soil moisture retrieval using active microwave remote sensing data. Remote Sensing，1：80-91.

Lievens H，Verhoest N E. 2011. On the retrieval of soil moisture in wheat fields from L-band SAR based on Water Cloud modeling，the IEM，and effective roughness parameters. IEEE Geoscience and Remote Sensing Letters，8：740-744.

Lin D-S，Wood E F，Troch P A，et al. 1994. Comparisons of remotely sensed and model-simulated soil moisture over a heterogeneous watershed. Remote Sensing of Environment，48：159-171.

Mattar C，Wigneron J P，Sobrino J A，et al. 2012. A combined optical-microwave method to retrieve soil moisture over vegetated areas. IEEE Transactions on Geoscience and Remote Sensing，50：1404-1413.

Merzouki A，Mcnairn H，Pacheco A. 2011. Mapping soil moisture using RADARSAT-2 data and local autocorrelation statistics. IEEE Journal of Selected Topics in Applied Earth Observations and Remote Sensing，4：128-137.

Moran M S，Vidal A，Troufleau D，et al. 1998. Ku-and C-band SAR for discriminating agricultural crop and soil conditions. IEEE Transactions on Geoscience and Remote Sensing, 36: 265-272.

Moran M S, Hymer D C, Qi J, et al. 2000. Soil moisture evaluation using multi-temporal synthetic aperture radar (SAR) in semiarid rangeland. Agricultural and Forest meteorology, 105: 69-80.

Nearing G S, Moran M S, Thorp K R, et al. 2010. Likelihood parameter estimation for calibrating a soil moisture model using radar bakscatter. Remote Sensing of Environment, 114: 2564-2574.

Neusch T, Sties M. 1999. Application of the Dubois-model using experimental synthetic aperture radar data for the determination of soil moisture and surface roughness. ISPRS Journal of Photogrammetry and Remote Sensing, 54: 273-278.

Notarnicola C, Angiulli M, Posa F. 2006. Use of radar and optical remotely sensed data for soil moisture retrieval over vegetated areas. IEEE Transactions on Geoscience and Remote Sensing, 44: 925-935.

Oh Y, Sarabandi K, Ulaby F T. 1992. An empirical model and an inversion technique for radar scattering from bare soil surfaces. IEEE Transactions on Geoscience and Remote Sensing, 30: 370-381.

Oh Y. 2004. Quantitative retrieval of soil moisture content and surface roughness from multipolarized radar observations of bare soil surfaces. IEEE Transactions on Geoscience and Remote Sensing, 42: 596-601.

Paloscia S, Pettinato S, Santi E, et al. 2013. Soil moisture mapping using Sentinel-1 images: Algorithm and preliminary validation. Remote Sensing of Environment, 134: 234-248.

Pasolli L, Notarnicola C, Bruzzone L, et al. 2012. Polarimetric RADARSAT-2 imagery for soil moisture retrieval in alpine areas. Canadian Journal of Remote Sensing, 37: 535-547.

Prakash R, Singh D, Pathak N P. 2012. A fusion approach to retrieve soil moisture with SAR and optical data. IEEE Journal of Selected Topics in Applied Earth Observations and Remote Sensing, 5: 196-206.

Prevot L, Champion I, Guyot G. 1993. Estimating surface soil moisture and leaf area index of a wheat canopy using a dual-frequency (C and X bands) scatterometer. Remote Sensing of Environment, 46: 331-339.

Quesney A, Le Hégarat-Mascle S, Taconet O, et al. 2000. Estimation of watershed soil moisture index from ERS/SAR data. Remote Sensing of Environment, 72: 290-303.

Rahman M, Moran M S, Thoma D P, et al. 2008. Mapping surface roughness and soil moisture using multi-angle radar imagery without ancillary data. Remote Sensing of Environment, 112: 391-402.

Sancer M. 1969. Shadow-corrected electromagnetic scattering from a randomly rough surface. IEEE Transactions on Antennas and Propagation, 17: 577-585.

Sang H, Zhang J, Lin H, et al. 2014. Multi-polarization ASAR backscattering from herbaceous wetlands in Poyang Lake region, China. Remote Sensing, 6: 4621-4646.

Santi E, Paloscia S, Pettinato S, et al. 2013. Comparison between SAR soil moisture estimates and hydrological model simulations over the Scrivia test site. Remote Sensing, 5: 4961-4976.

Shi J, Dozier J. 2000. Estimation of snow water equivalence using SIR-C/X-SAR. I. Inferring snow density and subsurface properties. IEEE Transactions on Geoscience and Remote Sensing, 38: 2465-2474.

Shi J, Wang J, Hsu A Y, et al. 1997. Estimation of bare surface soil moisture and surface roughness parameter using L-band SAR image data. IEEE Transactions on Geoscience and Remote Sensing, 35: 1254-1266.

Shi J, Chen K S, Li Q, et al. 2002. A parameterized surface reflectivity model and estimation of bare-surface soil moisture with L-band radiometer. IEEE Transactions on Geoscience and Remote Sensing, 40: 2674-2686.

Song K, Zhou X, Fan Y. 2009. Empirically adopted IEM for retrieval of soil moisture from radar backscattering coefficients. IEEE Transactions on Geoscience and Remote Sensing, 47: 1662-1672.

Svoray T, Shoshany M, Curran P J, et al. 2001. Relationship between green leaf biomass volumetric density and ERS-2

SAR backscatter of four vegetation formations in the semi-arid zone of Israel. International Journal of Remote Sensing，22：1601-1607.

Svoray T，Shoshany M. 2002. SAR-based estimation of areal aboveground biomass（AAB）of herbaceous vegetation in the semi-arid zone：A modification of the water-cloud model. International Journal of Remote Sensing，23：4089-4100.

Svoray T，Shoshany M. 2003. Herbaceous biomass retrieval in habitats of complex composition：A model merging SAR images with unmixed Landsat TM data. IEEE Transactions on Geoscience and Remote Sensing，41：1592-1601.

Svoray T，Shoshany M. 2004. Multi-scale analysis of intrinsic soil factors from SAR-based mapping of drying rates. Remote Sensing of Environment，92：233-246.

Taconet O，Benallegue M，Vidal-Madjar D，et al. 1994. Estimation of soil and crop parameters for wheat from airborne radar backscattering data in C and X bands. Remote Sensing of Environment，50：287-294.

Taconet O，Vidal-Madjar D，Emblanch C，et al. 1996. Taking into account vegetation effects to estimate soil moisture from C-band radar measurements. Remote Sensing of Environment，56：52-56.

Ulaby F T，Batlivala P P，Dobson M C. 1978. Microwave backscatter dependence on surface roughness，soil moisture，and soil texture：Part I-Bare soil. IEEE Transactions on Geoscience Electronics，16：286-295.

Ulaby F T，Long D G. 2014. Microwave Radar and Radiometric Remote Sensing. Ann Arbor：The University of Michigan Press.

Ulaby F T. 1974. Radar measurement of soil moisture content. IEEE Transactions on Antennas and Propagation，22：257-265.

Verhoef W. 1984. Light scattering by leaf layers with application to canopy reflectance modeling：The SAIL model. Remote Sensing of Environment，16：125-141.

Wang C，Qi J，Moran S，et al. 2004. Soil moisture estimation in a semiarid rangeland using ERS-2 and TM imagery. Remote Sensing of Environment，90：178-189.

Wang C，Qi J. 2008. Biophysical estimation in tropical forests using JERS-1 SAR and VNIR imagery. II. Aboveground woody biomass. International Journal of Remote Sensing，29：6827-6849.

Wang J，O'Neill P E，Engman E T，et al. 1997. Estimating surface soil moisture from SIR-C measurements over the Little Washita River watershed. Remote Sensing of Environment，59：308-320.

Weimann A，Von Schonermark M，Schumann A，et al. 1998. Soil moisture estimation with ERS-1 SAR data in the East-German loess soil area. International Journal of Remote Sensing，19：237-243.

Wu T-D，Chen K-S. 2004. A reappraisal of the validity of the IEM model for backscattering from rough surfaces. IEEE Transactions on Geoscience and Remote Sensing，42：743-753.

Wu T-D，Chen K S，Shi J，et al. 2001. A transition model for the reflection coefficient in surface scattering. IEEE Transactions on Geoscience and Remote Sensing，39：2040-2050.

Xing M，He B，Li X. 2014. Integration method to estimate above-ground biomass in arid prairie regions using active and passive remote sensing data. Journal of Applied Remote Sensing，8：083677.

Zribi M，Dechambre M. 2003. A new empirical model to retrieve soil moisture and roughness from C-band radar data. Remote Sensing of Environment，84：42-52.

Zribi M，Taconet O，Le Hégarat-Mascle S，et al. 1997. Backscattering behavior and simulation comparison over bare soils using SIR-C/X-SAR and ERASME 1994 data over Orgeval. Remote Sensing of Environment，59：256-266.

Zribi M，Baghdadi N，Holah N，et al. 2005. New methodology for soil surface moisture estimation and its application to ENVISAT-ASAR multi-incidence data inversion. Remote Sensing of Environment，96：485-496.

# 6 基于数据同化技术的草原植被叶面积指数时序模拟

## 6.1 数据同化技术

数据同化，可理解为一种最优化处理技术：将在时间序列上获取的多源观测值（如遥感观测值、地面实测值等），利用数据同化算法融入到动态模型（如植被生长模型、陆面过程模型等）中，对动态模型的输入参数或状态变量进行实时优化及更新，使动态模型在相对正确的轨迹上运行，最终得出目标参数在时间序列上的最优模拟值。因此，数据同化也可称为动态反演。数据同化包含两部分内容：一是同化模型，包括将参数从参数空间转换到观测空间的观测算子（或称观测模型）及描述动力学过程或陆面动态过程的动态模型；二是同化算法，主要分为变分法及滤波法两大类。针对植被参数的数据同化，其观测模型一般为辐射传输模型，动态模型一般为拟合经验模型或复杂的植被生长模型，使用的同化算法主要为集合卡尔曼滤波算法（ensemble Kalman filter，EnKF）或四维变法算法。通过数据同化技术可对目标参数达到滤波、平滑及预测 3 个目的。其中，滤波，即为优化动态模型的模拟值；平滑，是对动态模型模拟的时间序列曲线进行平滑，使之更符合实际情况；预测，即为通过动态模型模拟对目标参数未来变化趋势的估计。

在研究如何反演获取植被参数信息以了解植被的生长状况时，如果能获得植被目标参数在时间序列上的变化分布信息，这比只在某个单一时间点获取植被目标参数在空间上的分布信息更具有实际意义。数据同化技术则是获取目标植被参数在时间序列上分布信息的有力手段。数据同化源自数值天气预报，后被学者引用到水文、农业及生态环境研究应用中。数据同化算法思想可以概括为基于最优估计理论，在动态模型（陆面过程模型、作物生长模型等）模拟值与观测值（遥感观测值或实际测量数据）之间，通过最优化算法的反复迭代计算出一个最优值，再利用这个最优值去更新动态模型的输入参数值或模型的状态变量，依次循环下去，直到没有新的观测信息为止，最终使模型在相对正确的轨迹上运行。可以看出，模型及算法是数据同化的两大基本组成，目前常用的动态模型在第 1 章中有所提及，现只对目前主流的同化算法简介如下。

根据优化方式的不同，数据同化算法可以分为变分法与驱动法两类。前者的典型代表为四维变分算法，后者的代表为卡尔曼滤波算法，两类方法分别介绍如下。

### 6.1.1　四维变分算法

四维变分算法是各大天气预报机构主流使用的数值天气预报方法（Rabier，2005），主要应用于确定动态模型参数值的初始场。该算法基于最小二乘法的原理，首先将一个同化窗口中的所有观测值与动态模型模拟值构建成一个代价函数；然后利用最优化算法（最速下降法、共轭梯度法等）解代价函数，计算得出最优模型参数初始场；接着将其输入到动态模型之中，使其运行轨迹在一个同化窗口中达到全局最优；最终达到滤波、平滑及预测目标参数值在时间序列上的变化情况。

四维变分算法由三维变分算法演变而来，三维变分算法的表达式为

$$
\begin{aligned}
J(x) &= J_b + J_o \\
&= \frac{1}{2}(x - x_b)^T B^{-1}(x - x_b) + \frac{1}{2}[H(x) - y]^T R^{-1}[H(x) - y]
\end{aligned}
\tag{6.1}
$$

式中，$x$ 为待优化目标参数值；$x_b$ 为目标参数值的背景值；$B$ 为背景误差协方差矩阵；$H$ 为观测算子（将目标参数从参数空间转换到观测空间）；$y$ 为观测值（遥感观测值或地表测量值）；$R$ 为观测值误差协方差矩阵。上述表达式可分为 $J_b$ 及 $J_o$ 两项，前一项是让目标参数值尽量接近背景值，后一项是让模拟值与观测值之间的差距尽量减小。

四维变分算法是在三维变分算法的基础上加上时间维构成的，其表达式为

$$
\begin{aligned}
J[x(t_0)] &= J_b + J_o = \frac{1}{2}[x(t_0) - x_b]^T B^{-1}[x(t_0) - x_b] \\
&\quad + \frac{1}{2}\sum\{H_i[x(t_i)] - y_i\}^T R_i^{-1}\{H_i[x(t_i)] - y_i\}
\end{aligned}
\tag{6.2}
$$

式中，$x(t_i) = M_{t_0 \to t_i}[x(t_0)]$；$M$ 为动力学模型（陆面过程模型或植被生长模型等）。式（6.2）可进一步修改为

$$
\begin{aligned}
J[x(t_0)] &= J_b + J_o = \frac{1}{2}[x(t_0) - x_b]^T B^{-1}[x(t_0) - x_b] \\
&\quad + \frac{1}{2}\sum\left(H_i\{M_{t_0 \to t_i}[x(t_0)]\} - y_i\right)^T R_i^{-1}\left(H_i\{M_{t_0 \to t_i}[x(t_0)]\} - y_i\right)
\end{aligned}
\tag{6.3}
$$

四维变分公式中加入了动态模型变量，目前的最优化算法大部分都需要计算变量的梯度值，需要求得模型的伴随模型，从而使得解该公式变得非常困难。解决该问题的一种方法是在模型数学公式上求得其伴随模式，然后再编写成计算机代码。但是，动态模型一般非常复杂，采用这种方法将花费大量的时间及精力。另一种方法则是在计算机代码层次上使用自动微分技术，它能够根据模型的计算机代码直接获得其相应的伴随模型代码，极大地提高了同化效率。但是，由于计算机代码的不确定因素较多，导致在采用自动微分技术时可能会出现难以发觉的误差，这些不稳定因素的发觉需要较多时间及精力，但与前一种计算模型伴随模

型的方法相比，该方法仍是一种简单、高效的方法。

从第 2 章式（2.14）中可以看出，该代价函数中并没有考虑动态模型的误差，这称为强约束条件的代价函数。后来研究人员进一步将动态模型的误差引入代价函数中，形成了弱约束条件的代价函数（Qin et al.，2007），其表达式为

$$J[x(t_0),\eta] = J_b + J_o = \frac{1}{2}[x(t_0) - x_b]^T B^{-1}[x(t_0) - x_b]$$
$$+ \frac{1}{2}\sum\left(H_i\{M_{t_0 \to t_i}[x(t_0)]\} - y_i\right)^T R_i^{-1}\left(H_i\{M_{t_0 \to t_i}[x(t_0)]\} - y_i\right) \quad (6.4)$$
$$+ \frac{1}{2}\eta^T Q^{-1}\eta$$

式中，$\eta$ 为动态模型误差；$Q$ 为动态模型误差协方差矩阵。

一般情况下，目标参数都具有一定的取值范围，采用优化算法进行寻优时不能超出规定范围值。此时，需要用到罚函数法，在代价函数后添加一项罚函数，使得算法迭代时不会超出规定的范围值，其代价函数的形式如下：

$$J[x_1(t_0)] = J_b + J_o = \frac{1}{2}[x_1(t_0) - x_{1b}]^T B^{-1}[x_1(t_0) - x_{1b}]$$
$$+ \frac{1}{2}\sum\left(H_i\{M_{t_0 \to t_i}[x_1(t_0)]\} - y_{1i}\right)^T R_i^{-1}\left(H_i\{M_{t_0 \to t_i}[x_1(t_0)]\} - y_{1i}\right) \quad (6.5)$$
$$+ \frac{1}{2}\eta^T Q^{-1}\eta + \ln\left[\frac{x_1(t_0)}{a - x_1(t_0)}\right]$$

式中，$\ln\left(\dfrac{x_1(t_0)}{a - x_1(t_0)}\right)$ 为罚函数项，$x_1(t_0) \in (0,a)$，$a$ 为非负数。

利用四维变分算法进行数据同化的流程如图 6.1 所示，其流程主要分为以下几个步骤。

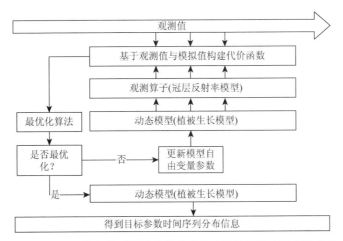

图 6.1 基于观测值与模型模拟值构建代价函数的四维变分算法流程图

　　首先，运用一个同化窗口中的所有观测值与动态模型模拟值及其对应的误差构建代价函数，并确定动态模型自由变量的初始场。其中，代价函数中可能会涉及如植被冠层反射率模型等观测算子，其作用在于将目标参数从参数空间转化到观测空间。

　　其次，对代价函数求导。其中，动态模型及冠层反射率模型的求导采用自动微分技术，在计算机代码层次上获得其伴随模型代码，以获得动态模型自由变量的梯度信息。

　　再次，利用最优化算法求得动态模型自由变量的最优估计值，再将其带入模型中计算目标参数在时间序列上的变化信息。其中，最简单的梯度算法为最速下降法，一般情况下采用运行速度较快且准确的共轭梯度法。

　　最后，将该同化窗口中获得的最优估计值，作为下一个同化窗口中动态模型自由变量的背景值，重复上述计算过程，直到没有新的观测值为止。

　　另一种四维变分同化的流程是首先在第一步中将目标参数值从观测空间通过相应的模型（物理或经验模型）反演到参数空间，然后构建参数值与模拟值之间的代价函数，最后进行动态模型自由变量最优化处理，其流程如图6.2所示。

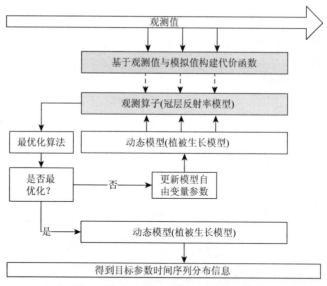

图6.2　基于目标参数值构建代价函数的四维变分算法流程图

## 6.1.2　卡尔曼滤波算法

　　另一种常用的数据同化算法为基于最小方差估计原理的卡尔曼滤波算法，其主要应用于状态变量动态模型的最优化估计中。目前，常用的滤波算法为集合卡尔曼滤波算法（Quan et al.，2012），它是在卡尔曼滤波算法的基础上，针对非线性状态变量模型发展而来的最优化估计算法，而卡尔曼滤波算法只能应用于线性动态模型的最优化估计中。现就卡尔曼滤波算法的推导介绍如下。

1）给定初始时刻 $t_0$ 的状态变量 $X_0^a$（目标参数集）及相应的误差协方差矩阵 $P_0^a$。

2）根据 $t$ 时刻（其中，$t = 0,1,2,\cdots$）计算获得的状态变量 $X_t^a$ 及相应的背景场误差协方差矩阵 $P_t^a$，推导 $t+1$ 时刻预报场的状态变量 $X_{t+1}^f$ 及相应的背景场误差协方差矩阵 $P_{t+1}^f$：

$$X_{t+1}^f = MX_t^a$$
$$P_{t+1}^f = MP_t^aM^T + Q \tag{6.6}$$

式中，$M$ 为动态模型（线性）；$Q$ 为动态模型的误差协方差矩阵。

3）计算 $t+1$ 时刻的卡尔曼增益 $K_{t+1}$：

$$K_{t+1} = P_{t+1}^fH^T(HP_{t+1}^fH^T + R)^{-1} \tag{6.7}$$

式中，$H$ 为观测算子（线性）；$R$ 为观测值的误差协方差矩阵。

4）计算 $t+1$ 时刻的最优估计状态变量 $X_{t+1}^a$ 及对应的误差协方差矩阵 $P_{t+1}^a$：

$$X_{t+1}^a = X_{t+1}^f + K_{t+1}(Y_{t+1} - HX_{t+1}^f)$$
$$P_{t+1}^a = (1 - K_{t+1}H)P_{t+1}^f \tag{6.8}$$

5）依据上述步骤2）开始依次循环迭代，直到没有新的观测值为止，最终获得目标参数集的时间序列分布。

利用卡尔曼滤波算法进行数据同化的流程如图 6.3 所示，集合卡尔曼滤波算法流程与之相似。

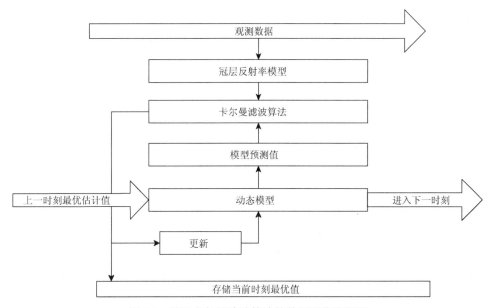

图 6.3 基于卡尔曼滤波算法的数据同化流程图

# 6.2　LAI 的遥感定量反演

通过数据同化技术将研究区植被叶面积指数（LAI）反演从空间上推广到时间序列上，这对于监测植被生长状况演变具有重要的研究价值及实际意义。本章使用 MODIS 下午星 Aqua 从年积日（day of year，DOY）137～297 天总共获取的 11 幅 16 天合成 250m 空间分辨率的植被指数产品（MYD13）。通过 MODIS 自带质量控制（QC）文件选择质量较好的遥感影像数据，以满足实验要求。对于遥感影像数据的预处理工作，由于 MODIS 已提供相应的反射率或植被指数数据产品，因此不需对其进行大气校正。总体技术路线如图 6.4 所示。

由于 NDVI 对植被具有高灵敏性，因此使用遥感影像 NDVI 值作为数据源反演植被 LAI 值。但是，根据第 2 章中的分析可看出，当 LAI 值过高时（LAI>4.0），NDVI 值逐渐趋于饱和状态；当 LAI 值过低时（LAI<0.5），NDVI 对 LAI 的值过于敏感，二者都不适用于 LAI 反演。从实地采样情况来看，研究区只有少部分区域的植被的 LAI 值大于 4.0，对于一年生草本植物而言，大部分植被的 LAI 值都为 1～3。因此，针对研究区域植被的特殊性，使用 NDVI 值作为反演研究区植被 LAI 的数据源。

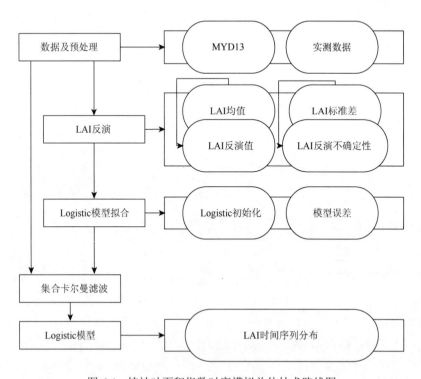

图 6.4　植被叶面积指数时序模拟总体技术路线图

LAI 反演方法基于物理模型的植被参数反演方法，这包括物理模型及反演算法两部分内容。如前所述，所用的植被冠层反射率模型仍然为 ACRM 模型，模型参数初始值及相应取值范围见表 6.1。反演中设定的自由变量为 LAI、$S_z$、$S_1$、$N$、$C_{ab}$ 及 $C_m$，并通过先验知识限定其取值范围。模型其他输入参数值一部分通过图像头文件信息、相关行业部门提供，另一部分由于对近红外波段及红波段反射率不敏感，所以设定为默认值。

表 6.1　ACRM 模型参数初始值及其取值范围

| 参数 | 单位 | 符号 | 取值 | 步长 |
|---|---|---|---|---|
| 太阳天顶角 | (°) | $\theta_S$ | 20.72 | |
| 观测天顶角 | (°) | $\theta_v$ | 4 | |
| 相对方位角 | (°) | $\theta_{raz}$ | 218.24 | |
| Ángström 浑浊系数 | | $\beta$ | 0.12 | |
| 上层 LAI | m²/m² | LAI | 0～6 | 0.1 |
| 下层 LAI | m²/m² | $LAI_g$ | 0.05 | |
| 平均叶倾角 | (°) | $\theta_l$ | 60 | |
| 热点效应 | | $S_L$ | 0.5/LAI | |
| Markov 参数 | | $S_z$ | 0.4～1.0 | 0.2 |
| 第一基函数权重 | | $S_1$ | 0.25～0.45 | 0.05 |
| 叶片结构参数 | | $N$ | 1.0～2.4 | 0.2 |
| 叶绿素 a+b 含量 | μg/cm² | $C_{ab}$ | 30～90 | 10 |
| 叶片等水分厚度 | cm | $C_w$ | 0.015 | |
| 干物质含量 | g/m² | $C_m$ | 40～110 | 10 |
| 叶片棕色素 | | $C_{bp}$ | 0.4 | |

反演算法仍为查找表算法，通过自由变量的自由组合，生成一组联系模型主要输入参数与近红外波段及红波段反射率的数据集，再根据代价函数及遥感图像反向运算求得相应目标参数值。其中，构建的代价函数为

$$\chi = \sqrt{\sum_{j=1}^{m}(\text{NDVI}^* - \text{NDVI})^2} \pm \varepsilon \qquad (6.9)$$

式中，$\text{NDVI}^*$ 为模拟的 NDVI 值；NDVI 为遥感图像的 NDVI 值；$\varepsilon$ 为容许误差，本实验中设定为 0.01。

由于病态反演的问题，反演的结果为一组 LAI 分布，而非单一确定 LAI 值，且反演得出的每个 LAI 值在总体 LAI 中占有不同的比例。通过对多组反演结果进行制图可得出如图 6.5 所示的 LAI 概率分布图。本实验中，假定这组 LAI 值服从

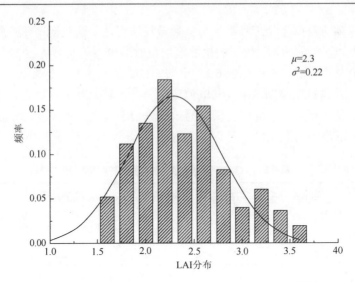

图 6.5　病态反演问题导致反演结果不确定性的分布特征

正态分布，其均值作为反演结果将用于 Logistic 模型的参数拟合，标准差作为反演结果的不确定性将引入到同化过程中。

## 6.3　动态模型拟合

由于 Logistic 模型能够很好地模拟一年生草本植被的生长曲线，因此常用于描述草本类型植被，如农作物生长。在实际应用中，可根据植被具体的生长情况，使用单 Logistic 模型或双 Logistic 模型对植被生长状况进行模拟。本实验中使用的动态模型为拟合的单 Logistic 模型，其模型的表达式为

$$Y(t) = \frac{k}{1 + e^{at^2 + bt + c}} \qquad (6.10)$$

式中，$a$、$b$ 及 $c$ 为待拟合的模型参数值；$k$ 在本实验中代表芦苇一年中 LAI 最大值；$t$ 为 DOY。由于集合卡尔曼滤波算法中要求的动态模型一般为状态变量模型，因此将式（6.10）改写成动态模型形式，即

$$Y(t+1) = \frac{Y(t)[1 + e^{at^2 + bt + c}]}{1 + e^{a(t+1)^2 + b(t+1) + c}} \qquad (6.11)$$

通过多时相遥感卫星影像数据反演获得的 LAI 值将用于此模型中参数 $a$、$b$ 及 $c$ 的拟合，采用的拟合算法为最小二乘算法，拟合的误差将作为模型误差引入到同化过程中。图 6.6 展示的是根据一组 LAI 值拟合 Logistic 模型得到的结果，从图 6.6 中可看出，拟合的 LAI 变化曲线能够很好地表征 LAI 在一年中的分布情况。

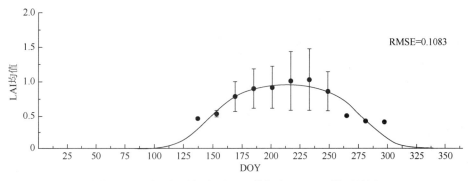

图 6.6　通过一组时间序列 LAI 值拟合 Logistic 模型结果

# 6.4　集合卡尔曼滤波算法简介

在卡尔曼滤波中,假定动态模型为线性模型,这样的假定能够直接计算预测值背景场误差矩阵,即假定 $t$ 时刻模拟值的背景场误差服从高斯分布。根据高斯分布线性变换不变性原理,经线性模型运算到 $t+1$ 时刻时,预测值的背景误差矩阵同样服从高斯分布,并能够计算其均值及方差值。但是,对于非线性动态模型,高斯分布的背景场误差经非线性运算之后不一定再具有高斯分布的特征。针对这一问题提出的集合卡尔曼滤波算法是基于蒙特卡罗模拟的思想,通过一组粒子模拟状态变量的先验概率密度,然后通过动态模型的演进,最后获得下一时刻目标参数值的后验概率密度分布,即通过非线性模型运算后粒子的均值及方差,达到获取预测值的后验概率分布特征的目的,从而克服了集合卡尔曼滤波算法对非线性模型不适用这一问题。集合卡尔曼滤波流程如图 6.7 所示,其算法流程简要介绍如下。

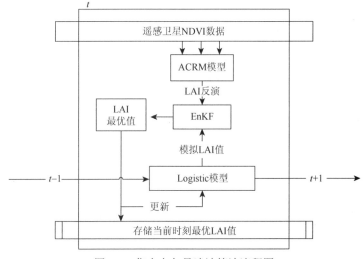

图 6.7　集合卡尔曼滤波算法流程图

从算法描述中可以看成，集合卡尔曼滤波同卡尔曼滤波的原理一样，都是基于最小方差估计，其不同之处在于对预测值后验概率描述的不同。本章所用的 Logistic 模型为非线性模型，因此不能使用卡尔曼滤波算法，而采用的是集合卡尔曼滤波算法。

算法：集合卡尔曼滤波（EnKF）。

算法输入变量：模拟粒子数、$Q$、$R$、$y$、$X_0$、$P^0$。

算法输出变量：$\overline{X^a}$。

步骤如下：

初始化，设定参量 $X_0$、$P^0$ 及模拟粒子数目，并对 $X_0$、$P^0$ 进行计算机采样，获取描述其概率分布的一组粒子。

第一步，通过状态变量模型演进，计算下一时刻所有粒子的模拟值。

$$X_{i,t+1}^f = M(X_{i,t}^a) + w_{i,t} \tag{6.12}$$

式中，$w_{i,t} \sim N(0, Q_t)$。

第二步，计算卡尔曼增益矩阵。

$$K_{t+1} = P_{t+1}^f H^T (H P_{t+1}^f H^T + R_t)^{-1} \tag{6.13}$$

式中，$P_{t+1}^f = \dfrac{1}{N-1} \displaystyle\sum_{i=1}^{N} (X_{i,t+1}^f - \overline{X_{t+1}^f})(X_{i,t+1}^f - \overline{X_{t+1}^f})^T$。

第三步，计算状态变量的分析值 $\overline{X_{i,t+1}^a}$ 及背景误差矩阵 $P_{i,t+1}^a$。

$$X_{i,t+1}^a = X_{i,t+1}^f + K_{t+1}[y_{t+1} - H(x_{i,k+1}^f) + v_{i,t+1}] \tag{6.14}$$

式中，$v_{i,t} \sim N(0, R_t)$。

$$\overline{X_{t+1}^a} = \frac{1}{N} \sum_{i=1}^{N} X_{i,t+1}^a \tag{6.15}$$

$$P_{t+1}^a = \frac{1}{N-1} \sum_{i=1}^{N} (X_{i,t+1}^a - \overline{X_{i,t+1}^a})(X_{i,t+1}^a - \overline{X_{i,t+1}^a})^T \tag{6.16}$$

第四步，从第一步开始进行循环迭代，直到没有新的观测值 $y$ 时为止。

集合卡尔曼滤波算法的公式中涉及的符号解释如下：$M$ 为动态模型算子，即为 Logistic 模型；$w$ 为动态模型的误差矩阵，在本实验中将其假定为符合 0 均值，方差为 $Q$ 的高斯分布；$H$ 为观测算子，即将参数空间前向转换到观测空间，或者将观测空间后向转换到参数空间，本实验中的观测算子为 ACRM 模型；$v$ 为观测值 $y$ 的误差矩阵，同样假定为符合 0 均值，方差为 $R$ 的高斯分布；$K$ 为卡尔曼增益；$y_t$ 为在 $t$ 时刻的观测值；$X_0$ 为初始目标参数空间，为自由变量，可设定为默认值；$X_{i,t+1}^f$ 为 $X_0$ 在 $t+1$ 时刻第 $i$ 个粒子的预测值；$\overline{X_{t+1}^a}$ 为 $t+1$ 时刻 $X_0$ 的平均分析值；$P^0$ 为初始背景场 $X_0$ 的误差矩阵；$P_{t+1}^f$ 为预测 $X_{i,t+1}^f$ 的背景误差矩阵；$P_{t+1}^a$ 为分析场 $X_{i,t+1}^f$ 的背景误差矩阵。

# 6.5　草原植被 LAI 数据同化

　　基于上述步骤中反演获取的不同年积日 LAI 数据及其对应的误差、模型模拟 LAI 及模型误差,利用集合卡尔曼滤波算法,将其同化进入拟合的 Logistic 模型中,使模型在相对正确的轨迹上运行,最终获取 LAI 的时序信息。使用 100 个粒子描述 Logistic 模型状态变量的先验概率分布及经模型运算后的后验概率分布,通过计算其均值及方差来表征其最终优化结果及其不确定性,以对 Logistic 模型状态变量进行实时更新。更新后的 Logistic 模型对研究区从 DOY137~297 天 16 天合成的 LAI 最优模拟结果分布,如图 6.8 所示。图 6.9 是任意选取的图像上的 4 个像元经同化处理前后的对比,从图 6.9 中可以看出,同化后的 LAI 分布曲线更符合自然界草本类型植被实际的生长情况。

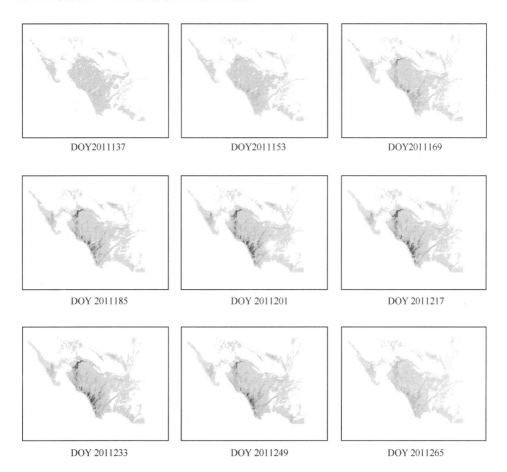

DOY2011137　　　　　DOY2011153　　　　　DOY2011169

DOY 2011185　　　　　DOY 2011201　　　　　DOY 2011217

DOY 2011233　　　　　DOY 2011249　　　　　DOY 2011265

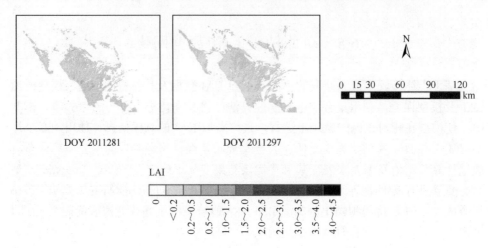

图 6.8　利用集合卡尔曼滤波算法对研究区植被 LAI 分布进行优化估计结果

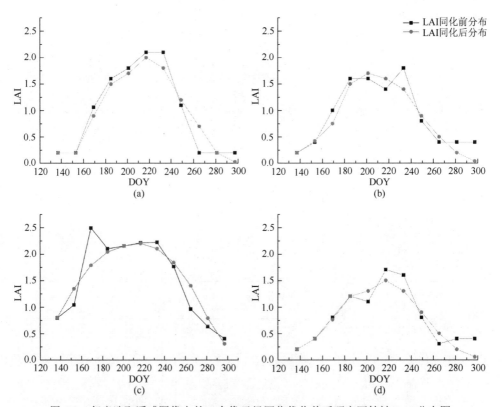

图 6.9　任意选取遥感图像上的 4 个像元经同化优化前后研究区植被 LAI 分布图

　　图 6.10 显示的为 2011 年 7 月下旬利用数据同化后得到 LAI 值与实测 LAI 值的对比结果。从图 6.10 中显示的结果来看，数据同化后的 LAI 值其精度较第 2 章

定量反演得到 LAI 值低: 数据同化后的 LAI 值与实测值的相关系数 $R^2$ 为 0.79, 均方根误差 RMSE 为 0.30, 而定量反演后的 LAI 值与实测值的相关系数 $R^2$ 为 0.82, 均方根误差为 0.25。造成上述问题的原因可能包括以下几点: ①使用的遥感影像数据不同, 第 3 章定量反演中使用的遥感影像数据为 MODIS 上午星 Terra 数据, 而同化流程中使用的是 MODIS 下午星 Aqua; ②定量反演只是针对单时刻点研究区 LAI 值的最优反演, 而数据同化可认为是一种在全局角度上的最优化处理, 可能使得某些局部点的 LAI 值不是最优值; ③误差的来源不同, 定量反演结果误差来源于遥感数据、实测数据、数据预处理、植被冠层反射率模型、反演算法等方面, 而本实验中的误差来源除上述误差之外, 还包括动态模型及同化算法等方面的误差。但是, 使用 NDVI 值反演 LAI 最大的缺点在于其在高植被覆盖区域易达到饱和状态, 而对于低植被覆盖区域的植被又过于敏感, 这也是造成同化结果精度低于定量反演 LAI 精度的原因之一。这需要进一步探讨利用 NDVI 值反演 LAI 的利与弊。

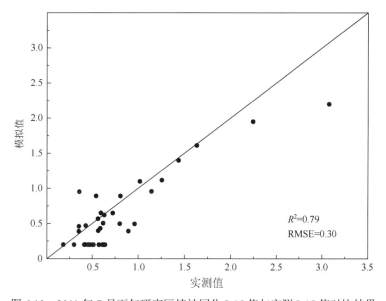

图 6.10 2011 年 7 月下旬研究区植被同化 LAI 值与实测 LAI 值对比结果

在同化流程中, 针对同化算法低效性问题, 使用拟合的 Logistic 模型而不是植被生长模型来模拟植被 LAI 值在时间序列上的变化特征。这是由于: ①研究区植被的种类较为单一、部分区域植被分布较为均匀, 可以使用拟合模型对植被生长进行模拟; ②一般的植被生长模型, 如 WOFOST、DSSAT 等具有非常庞大的输入参数集。对于缺乏较多先验知识的本研究区来讲, 如何确定这些模型的输入参数是非常困难的, 输入参数的难以确定必将导致同化结果的不确定性增大。在使用集合卡尔曼滤波算法时使用了 100 个粒子模拟状态变量参数的先验概率密度及经动态模型运算后的状态变量的后验概率密度。增大粒子的数目在一定程度上能够提高同化结果的精度，但这也将相应地降低运算速率。

本章用于同化的观测数据为单一的 MODIS Aqua 数据，并未使用多源的遥感数据。但从同化技术本身的适用性来讲，可以对多源的遥感数据进行同化处理，包括对不同传感器、不同时空分辨率的遥感影像数据进行同化。但是，对于不同类型、时空分辨率的多源遥感数据来讲，如何对其最小单位的像元值尺度进行统一及对其观测误差进行表征将是一个难点，这将在今后的研究中进行探索。

本实验同化流程中使用的同化算法为集合卡尔曼滤波算法，这种算法相对于四维变分算法，其显著的优点在于计算速率的高效性。四维变分算法由于需对动态模型的伴随模型进行反复迭代，计算速率相当低下，但四维变分算法能够对获取的植被时间序列曲线起平滑的作用，而集合卡尔曼滤波算法则只进行优化而不对其曲线进行平滑。但是，从本章实验结果来看，同化后得到的时间序列曲线同样符合自然界植被实际生长变化的情况，使用四维变分算法得出的植被 LAI 变化曲线可能会更加平滑。

# 参 考 文 献

Qin J，Liang S，Liu R，et al. 2007. A weak-constraint-based data assimilation scheme for estimating surface turbulent fluxes. IEEE Geoscience and Remote Sensing Letters，4：649-653.

Quan X，He B，Xing M. 2012. Use of Data Assimilation Technique for Improving the Retrieval of Leaf Area Index in Time-Series in Alpine Wetlands. Munich，Germany：IEEE International Geoscience and Remote Sensing Symposium （IGARSS）.

Rabier F. 2005. Overview of global data assimilation developments in numerical weather-prediction centres. Quarterly Journal of the Royal Meteorological Society，131：3215-3233.

# 7 基于数据同化技术的草原植被生物量时序模拟

地上生物量干重的研究对于生物圈和大气相互作用非常重要（Anaya et al.，2009）。对于植被地上生物量在不同阶段的时间、空间上的评估，可以为监测植被在关键生长阶段的生产力和承载力提供有价值的信息（Moreau et al.，2003）。遥感技术应用在区域尺度上来监测植被条件和预测地上生物量或者作物产量在过去几十年已经得到广泛的研究（de Wit et al.，2012；Fang et al.，2008；Dente et al.，2008；Doraiswamy et al.，2005）。传统的方法是使用经验回归模型，建立植被指数和实测生物量或产量之间的经验关系（Doraiswamy et al.，2005；Tucker et al.，1985；Doraiswamy and Cook，1995；Liu et al.，2010；Tian et al.，2012；Steininger，2000），虽然得到不错的结果，但是经验关系取决于区域当地条件，不具有普适性（Doraiswamy et al.，2005）。

一个更有前途的方法是结合使用遥感技术和作物生长模型（Dente et al.，2008）的数据同化方法。作物生长模型，如针对小麦的作物环境资源综合模型（CERES-Wheat）（Ritchie et al.，1992）和世界粮食研究模型（WOFOST）（Diepen et al.，1989），被设计用来模拟土壤-作物-大气系统的生物物理过程，能够提供作物生长连续的描述，在单点尺度上已经得到成功的应用（Doraiswamy et al.，2004）。然而，在大的空间尺度上应用这些模型仍然受到挑战，因为大量关于作物遗传特征、土壤属性、气象数据和作物管理信息的模型输入参数在时间和空间高度变化（Claverie et al.，2012；Dente et al.，2008）。遥感技术能够提供植被覆盖，以及一些模型状态变量，如叶面积指数和生物量的时空分布信息（Dente et al.，2008）。因此，数据同化技术结合遥感技术和作物模型的综合使用，有利于提高模型预测水平（Dente et al.，2008；Fang et al.，2008）。

传统的数据同化算法主要包括滤波同化算法和变分同化算法（Dong et al.，2013）。其中，集合卡尔曼滤波算法（Evensen，1994）和四维变分算法（Talagrand and Courtier，1987）使用最多。在产量或者生物量估计的研究领域，很明显的是大家更倾向于集合卡尔曼滤波算法。在过去的研究中，不同复杂度的集合卡尔曼滤波方案估计作物产量被发展和评估（Curnel et al.，2011；Zhao et al.，2013；Ma et al.，2013b；De Wit and Van Diepen，2007；Quaife et al.，2008；Pellenq and Boulet，2004）。集合卡尔曼滤波算法在作物模型中得到广泛的应用是因为它简单易行，并且可以提供估计的统计特征。四维变分同化（4D-VAR）将一个时间窗口的所有观测值整合到一个动态物理模型中，允许同化异时数据，如卫星辐射值，通常被认为更有效（Gustafsson，2007；Kalnay et al.，2007）。然而，4D-VAR 需要发展和维护复杂模型的伴随模型，展现出了很大的计算复杂性和不确定性（Qin et al.，

2007；Dong et al.，2013；Gustafsson，2007）。

鉴于以上 4D-VAR 的缺点，本章利用一个先进的自动微分技术，能够在计算机语言水平上有效地提供伴随模型代码（Qin et al.，2007；Faure，2002）。因此，研究的目的是在 4D-VAR 和自动微分技术的支持下，通过将反演的 LAI 同化到 SWAP 模型中来估算草地地上生物量干重。过程中使用基于物理的方法来反演 LAI，全局敏感性分析方法用来获取 SWAP 模型中需要优化的参数。在 4D-VAR 实验中，提出了一个新的估算观测误差的方法，其严重影响了 4D-VAR 的表现。最后，对比了自动微分技术和有限差分法。

## 7.1　SWAP 模型

土壤-水-大气-植物（SWAP）模型（Kroes et al.，2008）是一个基于发生在土壤-水-植被-大气环境中的，基本的水文、化学、生物过程中确定的和物理法则的一个生态-水文模型（Singh et al.，2006；Bonfante et al.，2010；Eitzinger et al.，2004）。SWAP 模型包括 3 个作物生长模块：简单模块、针对所有作物的细节模块和草地生长模块。作物模块基于 WOFOST 模型，其模拟了作物生长，以及生长中的水分和盐分限制。模型输出参数包括每日的 LAI、作物高度、作物因子、根深和生物量干重。WOFOST 模型是一个针对作物生长的通用模型，已经被成功地用于模拟不同的作物（de Wit et al.，2012；Curnel et al.，2011；Yuping et al.，2008；Ma et al.，2013a）。许多研究已经表明了 WOFOST 模型在中国的适用性（Ma et al.，2013a，2013b；Wu et al.，2002；Wang et al.，2010a）。针对草地生长的细节模块是一个修改过的 WOFOST 模型，用来模拟草地生长。

为了同化 LAI 到 SWAP 模型中，一些基本过程需要提前完成，包括参数敏感性分析、模型实地定标及 SWAP 模型区域化。

1）参数敏感性分析：实施敏感性分析是为了获取 SWAP 模型中对 LAI 和生物量最敏感的参数。这些参数将在后续同化过程中被优化。敏感性分析是研究模型输出的不确定性是如何分配给不同模型输入值的（Saltelli and Sobol，1995）。本书使用了 Sobol′（1990）全局敏感性分析方法。

模型有一个函数代表（Nossent et al.，2011）

$$Y = f(X) = f(x_1, \cdots, x_n) \tag{7.1}$$

式中，$Y$ 为模型输出结果；$X$ 为参数集。

$f(X)$ 的总方差 $D$ 定义为

$$D = \int_{K^n} f^2(X)\mathrm{d}X - f_0^2 \tag{7.2}$$

式中，$K^n$ 为 $n$ 维单位空间。

假定模型参数相互正交，方差分解的结果如下：

$$D = \sum_{i=1}^{n} D_i + \sum_{i=1}^{n} \sum_{j=i+1}^{n} D_{ij} + \cdots + D_{1,2,\cdots,n} \tag{7.3}$$

在这种情况下，每个参数对于总方差的贡献可以确定。总的敏感指数（TSI）定义为（Homma and Saltelli，1996）

$$S_{Ti} = 1 - D_{\sim i} / D \tag{7.4}$$

Sobol'指数具有的一点优势为 $D$ 和 $D_{\sim i}$ 可以利用同样的蒙特卡洛积分计算。

$$\hat{D} = \frac{1}{N} \sum_{M=1}^{N} f^2(x_m) - \hat{f}_0^2 \tag{7.5}$$

$$\hat{D}_{\sim i} = \frac{1}{N} \sum_{M=1}^{N} f[x_{\sim im}^{(1)}, x_{im}^{(1)}] f[x_{\sim im}^{(1)}, x_{im}^{(2)}] - \hat{f}_0^2 \tag{7.6}$$

$$\hat{f}_0 = \frac{1}{N} \sum_{M=1}^{N} f(x_m) \tag{7.7}$$

式中，$N$ 为获取蒙特卡洛估计产生的样本数目；$x_m$ 为采样点。

2）模型实地定标：为了在一个具体的研究区应用作物生长模型，模型首先需要定标。定标的意义在于使用一组与作物遗传或生长的参数集代表研究区的总体特征，因此获得更精确的估计。需要校正的参数基于敏感性分析的结果。这里利用模拟退火算法（Kirkpatrick et al.，1983），根据实测数据校正这些参数（Wang et al.，2013）。校正之后，得到的 LAI 和生物量与实地测量值一致，相应的参数被认为是能够代表研究区总体特征的最优参数，并将其作为 4D-VAR 中的初始值。

3）SWAP 模型的区域化：还有一个基本过程就是 SWAP 模型的区域化。区域化的模型参数通常包括气象参数和一些作物参数。因为本实验没有测量足够的关于作物生长的参数，简单起见，利用气象数据进行区域化。SWAP 模型所需要的气象参数包括一些逐日数据：最小温度、最大温度、空气湿度、风速、降水量和太阳辐射。数据是从中国气象科学数据共享服务网（http://cdc.cma.gov.cn/home.do）获取的。最终，选取了研究区附近的八个气象站点。利用反距离权重插值法，气象数据被扩展至区域尺度。

## 7.2 利用 ACRM 模型反演 LAI

1）ACRM 模型：利用广泛使用的辐射传输模型 ACRM（Kuusk，1995，2001）来反演 LAI。模型在波谱范围 400~2500nm 中运行，可以以 1nm 的波谱分辨率计算方向冠层反射率（Kuusk，2001；Houborg and Boegh，2008；He et al.，2013；Quan et al.，2014）。ACRM 模型的输入参数在表 7.1 中列出。叶片的角向分布用平均叶倾角 $\theta_1$ 描述。马尔科夫参数 $S_z$ 变化范围为 0.4~1.0，用来测量给出冠层的均质程度（Houborg et al.，2009）。模型考虑了非朗伯体土壤反射率，土壤反射率的波谱变异根据 Price 利用四矢量的函数估计（Price，1990）。在 ACRM 模型中叶片反射率和透射率的波谱利用叶片光学模型 PROSPECT 模型计算（Baret and Fourty，1997；Jacquemoud and Baret，1990）。模型有 5 个参数：叶片结构参数($N$)、叶绿素 a+b 含量($C_{ab}$)、叶片等水分厚度($C_w$)、干物质含量($C_m$)、叶片棕色素($C_{bp}$)。

表 7.1　ACRM 模型要求的参数

| 参数 | 单位 | 符号 | 取值范围 |
|---|---|---|---|
| Ångström 浑浊系数 | | $\beta$ | 0.1 |
| 叶面积指数 | $m^2/m^2$ | LAI | 0～7 |
| 热点效应 | | $S_L$ | 0.5/LAI |
| Markov 参数 | | $S_z$ | 0.4～1.0 |
| 平均叶倾角 | (°) | $\theta_1$ | 60 |
| 叶片结构参数 | | $N$ | 1.0～3.0 |
| 第一基函数权重 | | $S_1$ | 0～0.5 |
| 叶绿素 a+b 含量 | $ug/cm^2$ | $C_{ab}$ | 50 |
| 干物质含量 | $g/m^2$ | $C_m$ | 90 |
| 叶片棕色素 | | $C_{bp}$ | 0.0005 |
| 叶片等水分厚度 | cm | $C_w$ | 0.01 |
| 太阳天顶角 | (°) | $\theta_S$ | |
| 相对方位角 | (°) | $\theta_{raz}$ | |
| 观测天顶角 | (°) | $\theta_v$ | |

注：每个像元的太阳天顶角（$\theta_S$）、观测天顶角（$\theta_v$）、相对方位角（$\theta_{raz}$）是不同的，由 MOD09A1 产品给出。

2）查找表反演：目前已经提出了不同的策略反演模型，包括迭代数值最优化方法（Jacquemoud et al.，1995）、查找表算法（Weiss et al.，2000；Knyazikhin et al.，1998）和人工神经网络算法（Weiss and Baret，1999；Walthall et al.，2004）。在本书中，利用查找表算法反演 LAI。查找表算法是反演模型最简单的方法之一。首先建立一个表，包含了辐射传输模型所有输入值的组合情况。在应用阶段，通过比较查找表反射率和 MODIS 反射率，评估两种反射率的相似性。在查找表里选择的 LAI 值是其对于反射率具有的最小距离（Weiss et al.，2000）。反演 LAI，使用植被指数比使用单波段反射率可以减小其他因素的干扰，包括背景及大气的影响。然而，广泛使用的 NDVI 方法在 LAI 大于 3 时就会发生饱和，而近红外反射率则当植被茂密时仍然保持对 LAI 的敏感性。这样的优点使得当 LAI 大于 2 时用叶面积指数-近红外反射率(LAI-$\rho_{nir}$)关系预测 LAI 非常有用（Houborg and Boegh，2008）。考虑到研究区植被较为茂密，本研究利用 LAI 和 $\rho_{nir}$ 建立查找表。

通常来讲，增加查找表的大小能够提高反演的精度，然而需要更高的运算资源。为了减小运行时间，本研究再次利用 Sobol′敏感性分析方法分析每个参数对 $\rho_{nir}$ 的影响。对 $\rho_{nir}$ 敏感的参数设置为自由变量，不敏感参数设置为经验固定值或者模型默认值。一个综合的查找表构建需要考虑不同的太阳观测几何条件。在给定的一组几何观测角度，利用双线性插值法在查找表最近的两组数据插值。太阳天顶角 $\theta_s$、观测天顶角 $\theta_v$、相对方位角 $\theta_{raz}$ 由 MOD09A1 获取。

LAI 的值通过找到代价函数，最小值从查找表中获取。

$$\mathrm{RMSE}_r = \sqrt{(\rho_{\mathrm{MODIS}} - \rho_{\mathrm{LUT}})^2} \tag{7.8}$$

式中，$\rho_{\mathrm{LUT}}$ 为查找表中的反射率；$\rho_{\mathrm{MODIS}}$ 为 MODIS 的反射率。传统来讲，在查找表中输入参数组对应的反射率，提供最小的 $\mathrm{RMSE}_r$ 被视为解。然而，由于病态反演问题，解不一定总是最优的，因为不一定是唯一的。为了克服这个问题，调查了使用一些统计指标，如使用 10 个、20 个、50 个、100 个和 200 个最优解中的平均值和众数作为解的情况。

## 7.3 4D-VAR 方法

综合使用遥感和作物生长模型已经成为一个研究热点。数据同化技术，如本书的 4D-VAR 方法，使得这个结合可行。

4D-VAR 方法的大体思路如下：首先，构建一个衡量预测值和观测值误差的代价函数；其次，使用一组伴随式子计算代价函数梯度。代价函数及其梯度利用最优化方法找到其最优的初始条件。图 7.1 给出了 4D-VAR 方法的概略图（Errico，1997；Bélanger and Vincent，2005）。

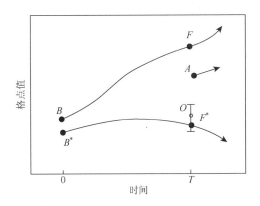

图 7.1　4D-VAR 方法技术图（Errico，1997）

4D-VAR 方法的代价函数方程如下：

$$J(\boldsymbol{x}_0) = \frac{1}{2}(\boldsymbol{x}_0 - \boldsymbol{x}_\mathrm{b})^T \boldsymbol{B}^{-1}(\boldsymbol{x}_0 - \boldsymbol{x}_\mathrm{b}) + \frac{1}{2}\sum_{k=0}^{N}[y_k - M(\boldsymbol{x}_0)]^T \boldsymbol{R}^{-1}[y_k - M(\boldsymbol{x}_0)] \quad (7.9)$$

式中，$x_0$ 为 SWAP 模型中待校正参数；$x_\mathrm{b}$ 为这些参数的背景值；上标符号 $T$ 代表矩阵转置；$\boldsymbol{B}$ 为背景误差协方差矩阵；上标–1 代表矩阵的逆；$y_k$ 为 $k$ 时刻的观测值；$M$ 为模型预测式子；$\boldsymbol{R}$ 为观测误差协方差矩阵。

背景误差 $B$ 根据 3 个参数的生物物理意义经验设置。观测误差 $R$ 主要来自观测式子、测量仪器，以及测量状态变量和模型状态变量不匹配。本书不考虑后两种情况造成的误差，因为无法定量估计。在 4D-VAR 实验中，反演的 LAI 作为观测值。精确估计 LAI 的不确定性几乎不可能，除非知道关于每个像元 LAI 的先验知识。因此，简便起见，一些研究通常设置观测值的 10%或者一个估计值作为观测误差 R（Wang et al.，2010b；Claverie et al.，2012）。本书中，利用了一个新的策略确定反演 LAI 的不确定性。

$$\mathrm{RMSE}_{\mathrm{LAI}} = \sqrt{\frac{\sum_{i=1}^{N}(\mathrm{LAI}_i - \mathrm{LAI}_{\mathrm{retrieved}})}{N}} \quad (7.10)$$

$$\nabla J(\boldsymbol{x}_0) = \boldsymbol{B}^{-1}(\boldsymbol{x}_0 - \boldsymbol{x}_\mathrm{b}) + \sum_{k=0}^{N} R^{-1}[y_k - M'(\boldsymbol{x}_0)] \quad (7.11)$$

式中，$N$ 为 LAI 值的个数，由满足条件的所有 LAI 值组成 $N$ 个元素；$\mathrm{RMSE}_{\mathrm{LAI}}$ 为测量每个像元 $N$ 个 LAI 值的离散程度，其直接表明对于一个像元，如果病态问题严重，相应的 $\mathrm{RMSE}_{\mathrm{LAI}}$ 值会自然增大，反演 LAI 的不确定性也会增加。

4D-VAR 方法的目标是减小代价函数 $J$，以获取最优的控制条件，来更准确地估算 LAI 和生物量。通常来讲，最优化算法需要函数的梯度最小化。发展这些复杂模型的伴随模型会存在计算难度和不确定性，因此使用了自动微分技术有效地提供了伴随模型在计算机语言层面上的代码（Qin et al.，2007；Faure，2002）。在本书中，使用了由法国国家信息与自动化研究所索菲亚科技园区 TROPICS 小组发展的自动微分软件包 TAPENADE 来提供伴随代码。当求得代价函数的导数时，再利用共轭梯度法解决这个最优化问题。

## 7.4　反演结果

### 7.4.1　SWAP 模型敏感性分析结果

图 7.2 展示了 SWAP 模型参数敏感性分析的结果。如图 7.2 所示，参数 Nsupply、SSA、CVL、EFF 的总敏感性指数均超过 0.1，它们对 LAI 非常敏感。由于 SSA 变化范围非常小，因此将其设置固定值，其他 3 个参数作为同化过程待校正参数。待校正参数的个数也会影响同化表现。考虑到计算成本，所以只选择了 3 个校正参数。其余的参数，如 CVS、Q10 设置为模型默认值或文献参考值。

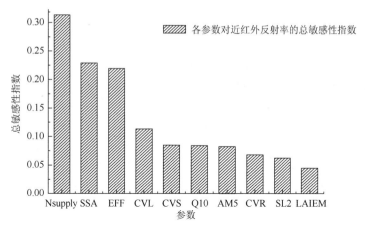

图 7.2 SWAP 模型参数的敏感度分析结果

## 7.4.2 LAI 反演及制图

Sobol′ 敏感性分析结果（图 7.3）表明，LAI、SL、$N$、$S_z$ 和 $S_1$ 的总敏感指数超过 0.1，说明其对近红外反射率敏感。因此，在构建查找表中，这 5 个参数均匀随机采样。用实测数据及先验知识来确定 5 个自由参数的范围。其他参数设置为固定经验值或模型默认值。

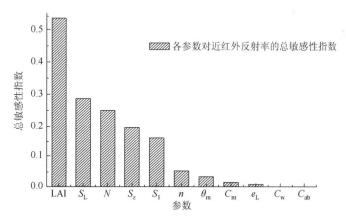

图 7.3 ACRM 模型参数的敏感性分析结果

在本书中，调查了两种统计指标，也就是从最优的 10 个、20 个、50 个、100 个和 200 个解中取平均值或众数。从表 7.2 中发现可以考虑多个解的重要性。反演的 LAI 精度（第 209 天）通过实测数据验证，结果表明对于不同数目的最优解中，两种统计指标差别不大。最好的结果是取最好 50 个解中的众数获得，其中

$R^2$=0.70，RMSE=0.56。因此，考虑选取最优 50 个解中众数作为反演 LAI 的解。用这种方式，反演年积日第 153～第 249 天中的 6 景 LAI 的空间分布图（图 7.4）。

表 7.2　LAI 测量值与模拟值之间的 $R^2$ 和 RMSE

| 可能解的个数 | 统计指标 | $R^2$ | RMSE |
|---|---|---|---|
| 1 | — | 0.52 | 0.67 |
| 10 | 平均值 | 0.70 | 0.60 |
| | 众数 | 0.68 | 0.57 |
| 20 | 平均值 | 0.69 | 0.60 |
| | 众数 | 0.64 | 0.60 |
| 50 | 平均值 | 0.69 | 0.61 |
| | 众数 | 0.70 | 0.56 |
| 100 | 平均值 | 0.69 | 0.61 |
| | 众数 | 0.69 | 0.58 |
| 200 | 平均值 | 0.67 | 0.63 |
| | 众数 | 0.60 | 0.66 |

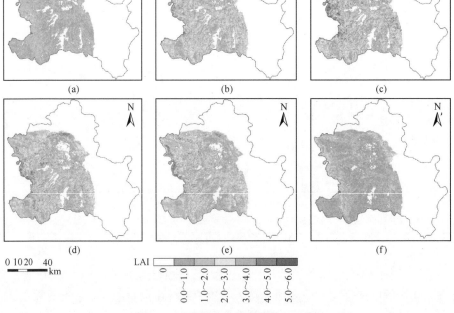

图 7.4　反演的若尔盖湿地的 LAI 图

（a）～（f）分别代表 DOY 153，DOY 185，DOY 201，DOY 209，DOY 225，DOY 249 的结果

### 7.4.3　同化结果

没有使用同化过程，SWAP 模型可以使用相同的初始值（在整个研究区 Nsupply、EFF 和 CVL 为一样的值）运行，因此在整个研究区获得的生物量干重的值也是非常相近的。利用最优化参数重新初始化以后，SWAP 模型模拟的生物量值更符合现实的空间变异。模拟的生物量干重的精度利用实测数据评价。图 7.5 比较了两种同化策略的精度，一种是设置反演 LAI 的 10%作为 4D-VAR 方法中的观测误差，另一种是使用本书新提出的 $RMSE_{LAI}$ 作为观测误差。

结果表明，相对于单独使用 SWAP 模型模拟生物量，两种同化策略都能够显著提高生物量估计的精度。同化方法获得了生物量在区域上空间明晰的分布。第一种同化策略的 $R^2$ 和 RMSE 分别为 0.73 和 617.94kg/hm$^2$，第二种同化策略的 $R^2$ 和 RMSE 分别为 0.76 和 542.52kg/hm$^2$。使用了数据同化方法，即使输入参数的先验知识不充分，但仍然可以获得更准确的生物量估计。同时，第二种同化策略比第一种表现略好，具有更高的 $R^2$ 和更小的 RMSE，在同化过程中估计观测误差的重要性被很好地说明。

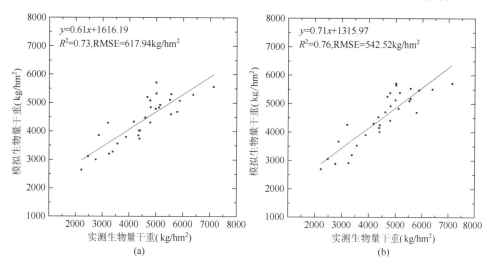

图 7.5　利用实地测量的生物量进行验证

将反演的叶面积指数的 10%设置为四维变分的观测误差，将本书新得到的 $RMSE_{LAI}$ 设置为观测误差

## 7.5　讨　　论

为了估计若尔盖地区草地生物量干重，在同化过程中结合使用了一些模型和方法。因此，在估算生物量中不可避免地引入了不确定性。在本节中，对涉及不

确定性的两个主要过程进行细节的定性和定量分析。

### 7.5.1 LAI 反演的不确定性

在本书中，用 ACRM 模型和查找表算法来反演 LAI。反演的表现依赖一些因素，如查找表的构建、先验知识的使用等。为了构建有效率和满意的查找表，全局敏感性分析方法用来筛选 ACRM 模型的自由参数，一些先验知识包括实测值和经验用来固定这些参数的范围和取值。然而，由于使用的先验知识有限，精度并不一定能够显著地提高。寻找一种更好的、不依赖先验知识的方法更可取。此外，查找表反演的方法获得 LAI 估计在一定程度上会影响结果。为了减轻病态反演问题，本书调查了使用两种统计指标，如从最优的 10 个、20 个、50 个、100 个和200 个解中取平均值和众数作为解。最好的 LAI 反演结果是当从 50 个最优解中取得众数的时候。因此，反演的 LAI 是取 50 个最优解中的众数。

### 7.5.2 同化过程的不确定性

1）自动微分的表现：如上所述，4D-VAR 方法在估算生物量和产量的研究领域很少被使用，因为发展复杂模型的伴随模型具有很大的计算难度和不确定性。本书使用了自动微分技术获取伴随代码。因此，自动微分技术的表现需要评估。本节中，比较了两种求导方法（因变量 LAI 关于 3 个输入参数的导数）的效果，分别是自动微分法和有限差分法。

对于所有输入参数，自动微分法得到的导数趋势和有限差分法的结果类似。特别的是，当有限差分法的收敛条件更严格时，得到的导数曲线和自动微分法几乎一致（图 7.6）。因此，自动微分法的有效性得以验证。因为人工求导过程麻烦且费时间，自动微分技术是一个很好的替代。

2）LAI 图数目的敏感性：LAI 图在同化过程中非常重要，它用在作物生长模型中提供模型估计的实时校正（Doraiswamy et al.，2005）。因此，LAI 图的数目会对生物量估算结果有明显的影响。Guerif 和 Duke（2000）发现，当数据覆盖 LAI 生长的这个阶段时效果最好，Dente 也有类似结论。本书在同化过程一共使用了 6 幅 LAI 图。为了避免当使用不同数目的 LAI 图对结果造成的影响，3 种方案被评估：方案 1 使用包含植被生长季的 6 幅 LAI 图，数据获取时间分别为年积日153、185、201、209、225 和 249。这个方案的表现已经在之前被评估，将其作为接下来两种方案的参考。方案 2，使用在年积日 153、185、225 和 249 反演的 4幅 LAI 图。方案 3，使用在年积日 185、201、209 和 225 反演的另外 4 幅 LAI 图。后两种方案旨在测试在草地生长关键阶段 LAI 图缺失的影响。在方案 2 中，两幅

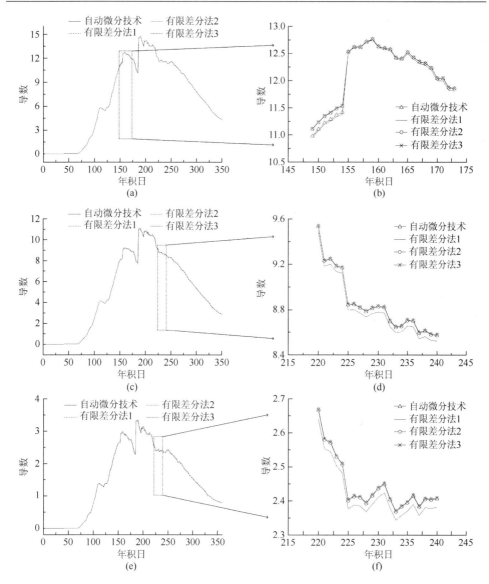

图 7.6 有限差分法（虚线）和自动微分技术（实线）求导对比结果

（a）和（b）为 Nsupply；（c）和（d）为 EFF；（e）和（f）为 CVL

代表草地生长最茂盛的 LAI 图缺失；在方案 2 中，一幅代表草地生长初始阶段，以及另外一幅在草地枯萎阶段的 LAI 图缺失。接着对 3 种方案同化后的生物量与实测值进行比较。

图 7.7 和表 7.3 比较了模拟的生物量和 2013 年 8 月实测的生物量。对 3 种不同的方案进行了比较。最好的结果来自于方案 1（使用 6 幅 LAI 图），$R^2$=0.76,

RMSE = 542.52kg/hm²。第二种方案低估了生物量，因为仅仅使用了 4 幅 LAI 图，
2 幅代表草地生长最茂盛的 LAI 图缺失。通常来讲，作物生长模型模拟的是正常

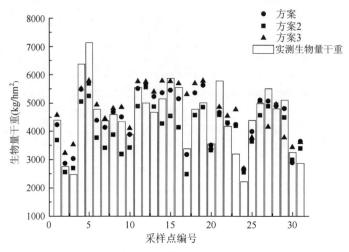

图 7.7　2013 年测量和模拟的生物量之间的比较

条件下的植被生长。在若尔盖草原，草在 6～8 月迅速生长，因此这个阶段的 LAI
非常高。因此，4 幅 LAI 图不足以描述草的生长过程，尤其是其生长随时间而变
得剧烈。草生长最茂盛阶段的 2 幅 LAI 图缺失必然导致低估了生物量。方案 2 中
$R^2$ 和 RMSE 分别为 0.66 和 804.69kg/hm²。相反的情况发现在第 3 种方案，$R^2$=0.53
和 RMSE=793.57kg/hm²。在 LAI 数据集中使用了过多对于草地生长最茂密阶段的
表征，造成了对生物量干重的高估。

表 7.3　3 种不同同化方案获得的生物量的统计

| 方案编号 | 使用叶面积指数反演图的数目 | RMSE（kg/hm²） | $R^2$ |
|---|---|---|---|
| 1 | 6 | 542.52 | 0.76 |
| 2 | 4 | 804.69 | 0.66 |
| 3 | 4 | 793.57 | 0.53 |

　　总的来说，得到以下结论：为了更好地描述草生长，需要使用覆盖草地整个
生长阶段的数据。特别是像若尔盖草地区域，LAI 值随时间而发生不规则的变化，
因此需要对整个生长阶段的 LAI 进行完整地描述。如果代表草地生长关键阶段的
LAI 图缺失，结果自然不会很好（如方案 2 和方案 3）。

# 参 考 文 献

Anaya J A, Chuvieco E, Palacios-Orueta A. 2009. Aboveground biomass assessment in Colombia: A remote sensing approach. Forest Ecology and Management, 257: 1237-1246.

Bélanger E, Vincent A. 2005. Data assimilation (4D-VAR) to forecast flood in shallow-waters with sediment erosion. Journal of Hydrology, 300: 114-125.

Baret F, Fourty T. 1997. Radiometric estimates of nitrogen status of leaves and canopies//Lemaire G. Diagnosis of the Nitrogen Status in Crops. Belin: Heidelberg Springer: 201-227.

Bonfante A, Basile A, Acutis M, et al. 2010. SWAP, CropSyst and MACRO comparison in two contrasting soils cropped with maize in Northern Italy. Agricultural Water Management, 97: 1051-1062.

Claverie M, Demarez V, Duchemin B, et al. 2012. Maize and sunflower biomass estimation in southwest France using high spatial and temporal resolution remote sensing data. Remote Sensing of Environment, 124: 844-857.

Curnel Y, de Wit A J W, Duveiller G, et al. 2011. Potential performances of remotely sensed LAI assimilation in WOFOST model based on an OSS Experiment. Agricultural and Forest meteorology, 151: 1843-1855.

de Wit A, Duveiller G, Defourny P. 2012. Estimating regional winter wheat yield with WOFOST through the assimilation of green area index retrieved from MODIS observations. Agricultural and Forest Meteorology, 164: 39-52.

de Wit A D, Van Diepen C. 2007. Crop model data assimilation with the Ensemble Kalman filter for improving regional crop yield forecasts. Agricultural and Forest Meteorology, 146: 38-56.

Dente L, Satalino G, Mattia F, et al. 2008. Assimilation of leaf area index derived from ASAR and MERIS data into CERES-Wheat model to map wheat yield. Remote Sensing of Environment, 112: 1395-1407.

Diepen C V, Wolf J, Keulen H, et al. 1989. WOFOST: A simulation model of crop production. Soil Use and Management, 5: 16-24.

Dong Y, Wang J, Li C, et al. 2013. Comparison and analysis of data assimilation algorithms for predicting the leaf area index of crop canopies. IEEE Journal of Selected Topics in Applied Earth Observations and Remote Sensing, 6: 188-201.

Doraiswamy P, Hatfield J L, Jackson T J, et al. 2004. Crop condition and yield simulations using Landsat and MODIS. Remote Sensing of Environment, 92: 548-559.

Doraiswamy P C, Cook P W. 1995. Spring wheat yield assessment using NOAA AVHRR data. Canadian Journal of Remote Sensing, 21: 43-51.

Doraiswamy P C, Sinclair T R, Hollinger S, et al. 2005. Application of MODIS derived parameters for regional crop yield assessment. Remote Sensing of Environment, 97: 192-202.

Eitzinger J, Trnka M, Hösch J, et al. 2004. Comparison of CERES, WOFOST and SWAP models in simulating soil water content during growing season under different soil conditions. Ecological Modelling, 171: 223-246.

Errico R M. 1997. What is an adjoint model? Bulletin of the American Meteorological Society, 78: 2577-2591.

Evensen G. 1994. Sequential data assimilation with a nonlinear quasi-geostrophic model using Monte Carlo methods to forecast error statistics. Journal of Geophysical Research, 99 (C5): 10143-10162.

Fang H, Liang S, Hoogenboom G, et al. 2008. Corn-yield estimation through assimilation of remotely sensed data into the CSM-CERES-Maize model. International Journal of Remote Sensing, 29: 3011-3032.

Faure C. 2002. Adjoining strategies for multi-layered programs. Optimization Methods and Software, 17: 129-164.

Guerif M, Duke C. 2000. Adjustment procedures of a crop model to the site specific characteristics of soil and crop using remote sensing data assimilation. Agriculture，Ecosystems & Environment，81：57-69.

Gustafsson N. 2007. Discussion on '4D-Var or EnKF?'. Tellus A，59：774-777.

He B，Quan X，Xing M. 2013. Retrieval of leaf area index in alpine wetlands using a two-layer canopy reflectance model. International Journal of Applied Earth Observation and Geoinformation，21：78-91.

Homma T，Saltelli A. 1996. Importance measures in global sensitivity analysis of nonlinear models. Reliability Engineering & System Safety，52：1-17.

Houborg R，Anderson M，Daughtry C. 2009. Utility of an image-based canopy reflectance modeling tool for remote estimation of LAI and leaf chlorophyll content at the field scale. Remote Sensing of Environment，113：259-274.

Houborg R，Boegh E. 2008. Mapping leaf chlorophyll and leaf area index using inverse and forward canopy reflectance modeling and SPOT reflectance data. Remote Sensing of Environment，112：186-202.

Jacquemoud S，Baret F. 1990. PROSPECT：A model of leaf optical properties spectra. Remote Sensing of Environment，34：75-91.

Jacquemoud S，Baret F，Andrieu B，et al. 1995. Extraction of vegetation biophysical parameters by inversion of the PROSPECT+SAIL models on sugar beet canopy reflectance data. Application to TM and AVIRIS sensors. Remote Sensing of Environment，52：163-172.

Kalnay E，Li H，Miyoshi T，et al. 2007. 4-D-Var or ensemble Kalman filter? Tellus A，59：758-773.

Kirkpatrick S，Gelatt C D，Vecchi M P. 1983. Optimization by simulated annealing. Science，220：671-680.

Knyazikhin Y，Martonchik J V，Myneni R B，et al. 1998. Synergistic algorithm for estimating vegetation canopy leaf area index and fraction of absorbed photosynthetically active radiation from MODIS and MISR data. Journal of Geophysical Research：Atmospheres（1984-2012），103：32257-32275.

Kroes J，Van Dam J C，Groenendijk P，et al. 2008. SWAP version 3.2：Theory Description and User Manual. Wageningen，The Netherlands：Alterra.

Kuusk A. 1995. A Markov chain model of canopy reflectance. Agricultural and Forest Meteorology，76：221-236.

Kuusk A. 2001. A two-layer canopy reflectance model. Journal of Quantitative Spectroscopy and Radiative Transfer，71：1-9.

Liu J，Pattey E，Miller J R，et al. 2010. Estimating crop stresses，aboveground dry biomass and yield of corn using multi-temporal optical data combined with a radiation use efficiency model. Remote Sensing of Environment，114：1167-1177.

Ma G，Huang J，Wu W，et al. 2013a. Assimilation of MODIS-LAI into the WOFOST model for forecasting regional winter wheat yield. Mathematical and Computer Modelling，58：634-643.

Ma H，Huang J，Zhu D，et al. 2013b. Estimating regional winter wheat yield by assimilation of time series of HJ-1 CCD NDVI into WOFOST-ACRM model with Ensemble Kalman Filter. Mathematical and Computer Modelling，58：759-770.

Moreau S，Bosseno R，Gu X F，et al. 2003. Assessing the biomass dynamics of Andean bofedal and totora high-protein wetland grasses from NOAA/AVHRR. Remote Sensing of Environment，85：516-529.

Nossent J，Elsen P，Bauwens W. 2011. Sobol'sensitivity analysis of a complex environmental model. Environmental Modelling & Software，26：1515-1525.

Pellenq J，Boulet G. 2004. A methodology to test the pertinence of remote-sensing data assimilation into vegetation models for water and energy exchange at the land surface. Agronomie，24：197-204.

Price J C. 1990. On the information content of soil reflectance spectra. Remote Sensing of Environment，33：113-121.

Qin J，Liang S，Liu R，et al. 2007. A weak-constraint-based data assimilation scheme for estimating surface turbulent fluxes. IEEE Geoscience and Remote Sensing Letters，4：649-653.

Quaife T，Lewis P，de Kauwe M，et al. 2008. Assimilating canopy reflectance data into an ecosystem model with an Ensemble Kalman Filter. Remote Sensing of Environment，112：1347-1364.

Quan X，He B，Wang Y，et al. 2014. An extended Fourier approach to improve the retrieved leaf area index（LAI）in a time series from an alpine wetland. Remote Sensing，6：1171-1190.

Ritchie J T，Singh U，Godwin D，et al. 1992. A User's Guide to CERES Maize，V2. 10. Muscle Shoals，Alabama：International Fertilizer Development Center.

Saltelli A，Sobol I M. 1995. About the use of rank transformation in sensitivity analysis of model output. Reliability Engineering & System Safety，50：225-239.

Singh R，Van Dam J，Feddes R A. 2006. Water productivity analysis of irrigated crops in Sirsa district，India. Agricultural Water Management，82：253-278.

Sobol' I Y M. 1990. On sensitivity estimation for nonlinear mathematical models. Matematicheskoe Modelirovanie，2：112-118.

Steininger M. 2000. Satellite estimation of tropical secondary forest above-ground biomass：Data from Brazil and Bolivia. International Journal of Remote Sensing，21：1139-1157.

Talagrand O，Courtier P. 1987. Variational assimilation of meteorological observations with the adjoint vorticity equation. I：Theory. Quarterly Journal of the Royal Meteorological Society，113：1311-1328.

Tian X，Su Z，Chen E，et al. 2012. Estimation of forest above-ground biomass using multi-parameter remote sensing data over a cold and arid area. International Journal of Applied Earth Observation and Geoinformation，14：160-168.

Tucker C，Vanpraet C L，Sharman M J，et al. 1985. Satellite remote sensing of total herbaceous biomass production in the Senegalese Sahel：1980-1984. Remote Sensing of Environment，17：233-249.

Walthall C，Dulaney W，Anderson M，et al. 2004. A comparison of empirical and neural network approaches for estimating corn and soybean leaf area index from Landsat ETM+imagery. Remote Sensing of Environment，92：465-474.

Wang D，Wang J，Liang S. 2010b. Retrieving crop leaf area index by assimilation of MODIS data into a crop growth model. Science China Earth Sciences，53：721-730.

Wang J，Li X，Lu L，et al. 2013. Estimating near future regional corn yields by integrating multi-source observations into a crop growth model. European Journal of Agronomy，49：126-140.

Wang T，Lü C，Yu B. 2010a. Assessing the potential productivity of winter wheat using WOFOST in the Beijing-Tianjin-Hebei Region. Journal of Natural Resources，25：475-487.

Weiss M，Baret F. 1999. Evaluation of canopy biophysical variable retrieval performances from the accumulation of large swath satellite data. Remote Sensing of Environment，70：293-306.

Weiss M，Baret F，Myneni R，et al. 2000. Investigation of a model inversion technique to estimate canopy biophysical variables from spectral and directional reflectance data. Agronomie，20：3-22.

Wu D，Ouyang Z，Zhao X，et al. 2002. The applicability research of WOFOST model in North China Plain. Acta Phytoecological Sinica，27：594-602.

Yuping M，Shili W，Li Z，et al. 2008. Monitoring winter wheat growth in North China by combining a crop model and remote sensing data. International Journal of Applied Earth Observation and Geoinformation，10：426-437.

Zhao Y，Chen S，Shen S. 2013. Assimilating remote sensing information with crop model using Ensemble Kalman Filter for improving LAI monitoring and yield estimation. Ecological Modelling，270：30-42.

# 8 全球草原干旱指数产品算法及生产

在所有的自然灾害中，受干旱影响的人口最多（毕力格，2009）。干旱影响范围广泛，包括农业、畜牧业、林业等。在非洲，1980~1990年严重的农业干旱造成了历史上最严重的饥荒，影响了许多非洲国家（Rojas et al.，2011）。干旱造成的草原退化会给草原畜牧业带来严重影响，森林干旱则容易引发森林火灾，造成严重的经济损失，给社会带来负面影响。所以，一套有效的干旱监测方法非常重要，它能给决策者提供准确、实时的信息，帮助确定有效的干旱缓解对抗策略，并采取有效的行动（Brown et al.，2008）。

在受干旱影响的所有生态系统类型中，草原干旱状况尤为严重。草原属于地球生态系统的一种，其分布范围广泛，仅次于森林生态系统，而大多数草原本身位于干旱半干旱地区，所以草原极易受到干旱的影响。草原不仅提供丰富的自然资源，它也是生态安全的屏障，对全球的气候、区域经济、生态保护等有着至关重要的作用（樊任华，2008）。草原生态系统的干旱情况直接影响草原的生长状况，干旱缺水会使草原植被生长经常处于胁迫状态（樊任华，2008），导致草原生态系统退化、沙漠化，直接影响畜牧业发展以及周边生态环境，所以对草原干旱的监测尤为重要。

传统干旱监测手段主要基于气象观测和气象站点数据。通过干旱监测工作者几十年不断的努力，全球干旱监测取得了许多意义重大的进步。传统干旱监测的空间监测精度和时间分辨率都有了很大的提高，也发展了一系列气象干旱指数（Brown et al.，2008）。但是基于站点的传统干旱监测受到多方面的限制，如用于进行干旱指数计算的气象站点往往比较稀疏，特别是对于偏远、难以架设站点的区域（Caccamo et al.，2011），并且要将站点数据扩展到整个空间上需要进行空间插值处理，虽然通过空间插值分析能够得到有价值的数据，但是这种方法存在着许多不确定性（Rhee et al.，2010；Caccamo et al.，2011）。

基于卫星遥感的干旱监测技术有着许多优势：①卫星遥感能够获得高时空分辨率的数据；②卫星的广阔视角降低了大尺度干旱监测的难度；③相比于气象站点存在稀疏的地区，遥感数据能覆盖地球上的任何区域（Ji and Peters，2003）；④干旱的遥感监测充分利用了地物的光谱，空间多角度的信息从与气象数据不同的角度对干旱进行了监测（刘良明，2004）。但是遥感干旱监测手段仍然存在问题，它很难将干旱和造成植被退化的干旱以外的因素区分开（Zhou et al.，2013），目前也没有一个能够充分监测干旱强度、持续时间和影响的干旱指数（Quiring and Ganesh，2010），所以基于遥感技术的有效实用的干旱监测指数具有重要的研究意义。

# 8.1　干　旱　指　数

根据遥感学对干旱明确的定义，干旱是导致植被覆盖发生变化的一段时间异常干旱的天气（Heim Jr，2002；Tucker and Choudhury，1987）。由于降水异常匮乏的压力，以及继而造成的一系列其他因素，如地表温度高、风速高、相对湿度低等通常都会降低植被的覆盖（Bayarjargal et al.，2006），所以通过遥感对植被状况的时空监测已经成为一种干旱监测手段，同时干旱也会导致土壤水分降低、地表温度升高等，对这些现象的监测也能到达干旱监测的目的（Park et al.，2004；Kogan，1995）。

根据对干旱监测的手段可以将干旱指数分为 3 种：①基于气象站点的气象干旱指数；②遥感干旱指数；③整合气象和遥感的干旱指数。其中，主要的研究方向是遥感干旱指数，而根据研究的对象，又可以将遥感干旱指数分为 4 种：①基于植被状况的干旱指数；②基于地表热量信息的干旱指数；③综合植被和地表温度的干旱指数；④基于土壤的干旱指数。

## 8.1.1　基于气象站点的气象干旱指数

美国在干旱指数上做了很大的努力，并且发展了一系列的干旱指数，其中最常用并且很成功的干旱指数包括：Palmer 干旱严重性指数（Palmer drought severity index，PDSI）（Palmer，1965）、作物湿度指数（crop moisture index，CPI）、地表水供应指数（surface water supply index，SWSI）、标准化降水指数（standardized precipitation index，SPI）（Guttman，1999b）。McKee 发展了只基于降水量数据的 SPI 指数，他将一个特定时间和位置的历史降水量数据拟合到一个 Gamma 概率分布函数，然后将 Gamma 函数转换成一个平均值为 0、标准差为 1 的正态分布，由 SPI 指数的值来表征干旱程度。不同时间尺度的 SPI 指数能够起到不同的监测效果，如 1 个月的 SPI 指数反映了短期的状况，能应用于土壤水分监测，3 个月的 SPI 指数反映了降水量的季节尺度估算，6 个月或者 9 个月的 SPI 指数反映了长时间的降水模式（Ji and Peters，2003）。

尽管气象干旱指数受到站点分布、空间连续性等因素的限制，但是气象干旱指数能够准确地反映干旱的程度及影响，这使之成为一种评估水分状况和开展减灾救灾行动的重要手段（Ji and Peters，2003），同时它还能为遥感干旱监测的精度验证提供参考。

## 8.1.2　遥感干旱指数

### 8.1.2.1　基于植被状况的干旱指数

目前，遥感干旱监测中最多的便是基于植被状况的干旱指数，因为干旱会导致植被状况发生变化，所以直接对植被的监测也是一种对干旱监测的有效手段，其中常用的监测指数主要分为两种：①植被绿度指数，包括归一化植被指数（normalized difference vegetation index，NDVI）、植被状态指数（vegetation condition index，VCI）（Kogan，1995）、可视大气阻力指数（visible atmospherically resistant index，VARI）（Gitelson et al.，2002）、增强植被指数（enhanced vegetation index，EVI）（Huete et al.，1997；Liu and Huete，1995）等，用于描述植被长势；②植被水指数，包括归一化红外指数（normalized difference infrared index-band 6，NDIIb6）（Hunt Jr and Rock，1989）、归一化差分红外指数（normalized difference infrared index-band 7，NDIIb7）（Hunt Jr and Rock，1989）、归一化差分水体指数（normalized difference water index，NDWI）（Gao，1996）、水体波段指数（water band index，WBI）（Claudio et al.，2006）等，用于描述植被含水量。

其中，NDVI 与植被活力和土壤水分密切相关，特别是在干旱和半干旱区域，所以 NDVI 被广泛用于进行干旱状况的评估（Ji and Peters，2003），为了使 NDVI 在时间和空间上具有可比性，通过 NDVI 的相对值对 NDVI 进行标准化处理，由此 Kogan 发展了植被状态指数（vegetation condition index，VCI）（Kogan，1995），VCI 指数是由当前 NDVI 与历史上最小 NDVI 差值，根据最大 NDVI 与最小 NDVI 的范围进行标准化处理后得到的，$VCI=(NDVI-NDVI_{min})/(NDVI_{max}-NDVI_{min})$，该指数广泛地用于干旱监测中，并取得了很好的效果。Gu 研究发现，NDWI 对干旱的响应速度快于 NDVI，并且提出了指数 $NDDI=(NDVI-NDWI)/(NDVI+NDWI)$，经验证，该指数对干旱有更快的响应（Gu et al.，2007）。这些基于植被状况监测的干旱指数在干旱监测中有着可靠的精度和重要的作用，但是这些指数也有缺陷，即它们很难区分干旱因素和其他不是由干旱引起的植被状况衰弱的因素（Brown et al.，2008），所以从其他角度构建干旱指数也具有重要的意义。

### 8.1.2.2　基于地表热量信息的干旱指数

地表温度和净辐射通量与地表土壤水分密切相关，它们代表了地表能量通量的瞬时状态，干旱区域往往地表温度较高，通过对地表温度的监测，能够在植被发生退化前探测出干旱的状况（Park et al.，2004）。由此发展而来的代表干旱指数为温度条件指数（temperature condition index，TCI），TCI 的构建原理与 VCI 很类似，只是用 LST 替代 NDVI，TCI 是由最大 LST 与最小 LST 的范围进行标准化处理后的当前 LST 与历史上最小 LST 的差值，TCI=100×（$T_{max}-T$）/（$T_{max}-T_{min}$）。

通常地表温度的干旱指数作为干旱监测的辅助信息，它与很多其他的地表信息有强烈的相关性，如植被覆盖度、土壤水分等，使用地表温度信息能够有效地提高其他监测手段的监测精度（Kogan，1995；McVicar and Bierwirth，2001），如能缓解基于植被状况监测手段存在的不能区分干旱和非干旱的缺陷。

### 8.1.2.3　综合植被和地表温度的干旱指数

在已经发展的一系列基于植被状况的干旱指数和基于地表温度的干旱指数的基础上，许多科学家将两者结合构建出不同的整合干旱指数，并且取得了良好的效果，其中常用的植被温度整合指数包括：植被健康指数（vegetation health index，VHI）（Kogan，1997；Kogan et al.，2005）、LST 与 NDVI 比率指数（ratio between LST and NDVI，LST/NDVI）（McVicar and Bierwirth，2001）、干旱敏感性指数（drought severity index，DSI）、VCI 与 TCI 比率指数（ratio between VCI and TCI，V/TCI）（Kogan，1995）。

其中，VHI 结合了 VCI 和 TCI 同时考虑植被状况和地表热量状况：VHI=0.5×VCI+0.5×TCI，VHI 已经成功地运用在全球各个区域的干旱研究中，包括亚洲、欧洲、非洲、南美洲以及北美洲（Kogan et al.，2004，2005；Kogan，1997）。McVicar 和 Bierwirth 证实了 LST/NDVI 能够在多云的环境中快速评估干旱状况。Bayarjargal 提出的 DSI 是通过标准化后的 LST 减去标准化后的 NDVI 得到的。V/TCI 是直接由 VCI/TCI 得到的干旱监测指数，相比于单独使用 VCI 和 TCI 其中一种指数，V/TCI 能更加准确地反映干旱状况，并且能同时监测干旱和潮湿的环境（Kogan，1995）。

以上的干旱指数都是综合了植被与地表热量信息，相比于单独的植被指数和温度指数，综合植被和地表热量信息的干旱指数能够更加全面地评价干旱程度及影响，是一种有效的干旱监测手段。

### 8.1.2.4　基于土壤的干旱指数

干旱会对生态环境的水文模式产生巨大的影响，降水量严重匮乏、植被覆盖度降低、温度升高等因素都会导致土壤水分急剧降低，所以对土壤水分的监测能够达到干旱监测的目的。常用的基于土壤水分监测的干旱指数有：土壤湿度亏缺指数（soil moisture deficit index，SMDI）（Narasimhan and Srinivasan，2005）、温度植被干燥指数（temperature vegetation dryness index，TVDI）（Sandholt et al.，2002）。

SMDI 主要通过对多年的土壤水分数据进行分析，得到每周的土壤水分亏缺百分率，从而达到对干旱的监测。Sandholt 等发现在简化的植被指数-地表温度特征空间中有很多等值线，提出了 TVDI，TVDI 与土壤水分有强烈相关性，TVDI 越接近 1，土壤湿度越低（张红卫等，2010），Zhiqiang Gao 在 2001 年通过整合 TVDI 与区域缺水指数（regional water stress index，RWSI）进行了干旱状况评估，并指出 TVDI 更加适合于轻度的干旱监测（Gao et al.，2011）。

### 8.1.3　整合气象和遥感的干旱指数

遥感干旱监测指数能够提供实时的、大范围的干旱监测，但是难以有效区分干旱和造成植被压迫的其他因素，因此到目前为止发展了许多融合多源数据的干旱指数，这些指数通常使用统计分析的方法进行构建，如植被干旱响应指数（vegetation drought response index，VegDRI）、整合表面干旱指数（integrated surface drought index，ISDI）（Zhou et al.，2013）。

VegDRI 是由美国地质勘探局（United States Geological Survey，USGS）和国家干旱减灾中心（National Drought Mitigation Center，NDMC），以及国家气象局多传感器降水（National Weather Service multi-sensor precipitation）提出来的，VegDRI 是通过决策树回归模型进行数据挖掘构建而成的（Rhee et al.，2010），并且整合了基于气象站点的干旱指数、基于卫星数据的干旱指数，以及生物物理数据信息，VegDRI 已经通过地面观测数据进行了验证，并且在美国的干旱监测中得到了应用。同样 ISDI 针对中国的中东部分，采用了 VegDRI 的构建思路，整合了传统的气象数据、卫星反演的地表水分和温度信息、植被状况等信息构建了该指数（Zhou et al.，2013）。

## 8.2　全球干旱指数产品算法

### 8.2.1　GDI 的基本理论构建

干旱主要是由水分缺乏造成的，理解草原生态系统的水循环对于草原干旱指数（GDI）的构建具有重要的参考价值。以下内容是水循环的简要介绍。空气中的水蒸气在合适的条件下会凝结成液态水并作为降水到达地面。一部分降水会直接被植被的茎叶拦截，这部分水会快速蒸发到空气中；另一部分水会渗透到土壤中增加土壤水分的含量。如果降水充足，土壤中的水分会由于重力作用而延伸至地下水中。当水量大于土壤的渗透率或者土壤已经处于水分饱和状态，地表水会转变为水坑甚至径流。植被的根系通常位于地表和地下水之间的水分不饱和区域，因此植被通常从不饱和土壤层获取水分。这一部分水会通过植被蒸散和土壤水分蒸发的形式回到大气中（Bonan，2002）。对于分散在草原中具有发达的根系，甚至能到达地下水区域的树木，它们对降水和土壤水分的依耐性则会得到降低。

以上的总结介绍了地表水循环，如果长期缺乏降水，土壤水分含量会因为植被的蒸散和土壤水分的蒸发迅速下降，特别是对于水分不饱和的区域，水分会紧紧地束缚在土壤颗粒上，致使草的水分含量降低，甚至生病死亡，形成干旱灾害。干旱则会持续直到区域重新获得降水（Bayarjargal et al.，2006）。然而，如果植被被农民灌溉或者靠近河流，充足的土壤水分足以为植被的生物运作提供水分，即使缺乏降水该区域也几乎不会发生干旱。因此，草原生态系统干旱是否发生：大气、土壤和植被。单方面的监测都会导致不全面的干旱监测。本章选择了 3 个指标：降水、土壤水分含量（SM）和冠层水分含量（CWC）用于估算大气、土壤和植被的水分含量。之后将它们整合并赋予不同的权重一次构建草原干旱指数（GDI）。完成指标选取后，需要确定该 3 个指标的估算算法。

### 8.2.2 反演 CWC 信息

因为草原在水平上分布比较均匀，因此假设冠层水平均匀的 PROSAIL 模型适合反演草原生态系统的冠层参数。许多研究利用 PROSAIL 模型进行草原植被参数的反演，如 LAI、CWC 和可燃物含水量（live fuel moisture content，LFMC）（Quan et al.，2015a，2015b）。PROSAIL 模型是 SAILH 模型和 PROSPECT 模型的综合，用于模拟冠层的光谱和二向反射率（Verhoef，1984；Jacquemoud and Baret，1990；Jacquemoud et al.，2009）。因此，植被的生理过程能够直接与遥感数据关联起来（Jacquemoud，1993）。SAIL 模型是最早的冠层反射率模型之一，用于模拟混沌均匀植被冠层的二向反射率因子，之后被 Kuusk 在 20 世纪 90 年代加入了热点效应改进为 SAILH 模型。PROSPECT 模型针对叶片尺度用于模拟 400～2500nm 的光谱反射率。它假设叶片为一层或者多层吸收板，需要叶片生理结构参数 $N$ 和叶片的生化组分。

本书使用的 PROSAIL 模型的版本是 PROSAIL_5B，它需要 14 个输入参数。6 个参数是 PROSPECT 模型的输入参数：叶片结构参数，$N$（无单位）；叶绿素 a+b 含量，$C_{ab}$（μg/cm²）；叶片等水分厚度，$C_w$（g/cm²）；干物质含量，$C_m$（g/m²）；类胡萝卜素含量，$C_{ar}$（μg/cm²）；叶片棕色素含量，$C_{bp}$（无单位）。此外，有 8 个参数是 SAILH 模型的输入参数：太阳天顶角，tts（°）；观测天顶角，tto（°）；相对方位角，psi（°）；土壤因素，$p_{soil}$（无单位）；LAI（m²/m²）；热点尺寸参数，hspot（无单位）；两叶倾角分布函数（LIDF）参数，LIDFa 和 LIDFb（无单位）。对 PROSAIL 模型进行敏感性分析有助于减少输入参数的数量。因为 NDII 对 CWC

敏感，并且经常用于 CWC 的反演（Jurdao et al.，2013；Sow et al.，2013），将对
NDII 敏感的参数设置为变量，不敏感的参数设置为固定的经验值。根据（Quan et
al.，2014）的研究，最终的变量选取 LAI 和 $C_w$。$C_w$ 设置为 $0.005\sim0.08$；LAI 设
置为 $0.1\sim8.0$ 因为其他参数对 NDII 不敏感，它们简单设置为经验值：$C_m$ 为 0.009；
叶肉结构 $N$ 为 1.5；LIDF 类型设置为球形，LIDFa=−0.35，LIDFb=−0.15。其余的
参数设置为经验的和模型默认的值，因为它们对 NDII 的作用很小。将所有输入
参数确定后，建立一个查找表用于构建冠层反射率与植被参数之间的关系。为
了简化 CWC 的反演，基于查找表构建了一个多元回归模型。CWC 能够通过该模
型以 LAI 和 NDII 为输入参数得到反演。因为当 LAI 小于 2 时，NDII 变化很大，
为了得到更好的结果，对于 LAI 大于 2 和小于 2 的区间采用了两个回归模型。其
中，相关系数（$R^2$）为 0.9903，均方根误差（RMSE）为 0.0251，两个回归模型
公式如下：

当 LAI≤2 时，
$$NDII = -0.8685 + 0.1465 \times \ln(EWT + 0.0096) + 1.0495 \times \ln(LAI + 3.1367) \tag{8.1}$$

当 LAI>2 时，
$$NDII = 1.2945 + 0.2442 \times \ln(EWT + 0.0049) + 0.0679 \times \ln(LAI - 1.8725) \tag{8.2}$$

基于该模型，EWT 能够通过输入 NDII 和 LAI 计算得到。CWC（$g/cm^2$）可
以通过 CWC=EWT×LAI×10 000 计算得到。尽管 PROSAIL 模型的输入参数会对
一些区域造成误差，但本书忽略了该误差，其中有两个原因：首先研究对象只有
一种植被类型，并且固定的输入参数对于 CWC 并不敏感。其次 CWC 在之后的处
理中会进行归一化，这会在一定程度上减小这种误差。因此，将该模型用于全球
草原区域的 CWC 估算中。

### 8.2.3　估计 SM

本书所采用的全球土壤水分数据的空间分辨率是 25km，这对于 MODIS 的数
据非常粗糙。因此，为了获得 1km 分辨率的 GDI，需要将 AMSR-E 数据从 25km
降尺度到了 1km。根据 Carlson 的研究，土壤水分、NDVI 和 LST 之间的关系可
以通过一个多项式进行表述（Carlson et al.，1994）。因此，可以通过该多项式实
现 AMSR-E 土壤水分数据的降尺度到 1km（Ray et al.，2010；Chauhan et al.，2003；
Piles et al.，2011）。

$$LST^* = \frac{LST - LST_o}{LST_s - LST_o} \tag{8.3}$$

$$NDVI^* = \frac{NDVI - NDVI_o}{NDVI_s - NDVI_o} \qquad (8.4)$$

$$SM = \sum_{i=0}^{i=n} \sum_{j=0}^{j=n} a_{ij} NDVI^{*(i)} LST^{*(j)} \qquad (8.5)$$

式中，下标 o 和 s 分别表示最大值和最小值；SM 为土壤水分含量。忽略式（8.5）中的三次项和更高项之后，获得了如下所示的二次多项式，式（8.6）是本书用于 AMSR-E 降尺度的模型。

$$SM = a_0 + a_1 NDVI^* + a_2 LST^* + a_3 NDVI^* \times LST^* + a_4 NDVI^{*2} + a_5 LST^{*2} \qquad (8.6)$$

通过使用 Zhang 等（2002）提出的阴霾优化改造（haze optimized transformation，HOT），去除掉遥感图像中云覆盖的区域，同时也去除无效值区域。1km 分辨率的 NDVI 可以通过反射率计算得到，1km 的 LST 可直接从 MODIS 产品中提出。之后将 NDVI 和 LST 重采样到 25km，用于确定模型的参数。确定回归模型之后，1km 的土壤水分数据可以通过将 1km 尺度的 NDVI 和 LST 带入回归模型计算得到。

### 8.2.4 归一化与降水，SM 和 SM 的协同构建 GDI

本书没有对降水量数据采用类似于土壤水分降尺度的方法，而是直接将热带降水测量卫星（tropical rainfall measuring mission，TRMM）或者气候研究中心（Climate Research Unit，CRU）降水量重采样至 1km。当得到降水量、土壤水分和冠层水分含量之后，将它们归一化到 0～1，采用类似于 Kogan 使用 NDVI 构建 VCI 的方法（Kogan，1995）。

$$P_{scaled} = \frac{P - P_{min}}{P_{max} - P_{min}} \qquad (8.7)$$

式中，$P$ 为降水量、土壤水分或者冠层水分含量；下标 scaled 表示被归一化到 0～1 的参数；max 和 min 为每个像元历史值里面的最大值和最小值。因此，有必要获得不同年同一天的数据。归一化之后，这些值能够代表该参数在多年里面的时相变化。

GDI 由归一化后的降水量、SM 和 CWC 赋予不同的权重叠加得到。它是一个无量纲区间在 0～1 的指数。GDI 值越小表征干旱越严重。

$$GDI = \omega_1 \times PRE_{scaled} + \omega_2 \times SM_{scaled} + (1 - \omega_1 - \omega_2) \times CWC_{scaled} \qquad (8.8)$$

式中，PRE 为区域的降水量；$\omega_1$、$\omega_2$ 和 $1-\omega_1-\omega_2$ 表示 3 个参数不同的权重。

根据 Rhee 的研究，采用 3 种不同的权重分配，并且通过不同的实验确定具有最好效果的权重分配作为最终选择的权重（Rhee et al.，2010；Zhang and Jia，2013）。表 8.1 展示了详细的权重分配，GDI-1、GDI-2、和 GDI-3 分别表示不同权重分配计算得到的 GDI。此外，为了更好地理解实验所用的数据和 GDI 的算法，图 8.1 展示了 GDI 的生产流程及所用数据。

表 8.1　不同权重的降水 SM 和 CWC 值计算的 GDI

| 干旱指数 | 公式 |
|---|---|
| GDI-1 | $2/5 \times PRE_{scaled} + 2/5 \times SM_{scaled} + 1/5 \times CWC_{scaled}$ |
| GDI-2 | $1/2 \times PRE_{scaled} + 1/4 \times SM_{scaled} + 1/4 \times CWC_{scaled}$ |
| GDI-3 | $1/3 \times PRE_{scaled} + 1/3 \times SM_{scaled} + 1/3 \times CWC_{scaled}$ |

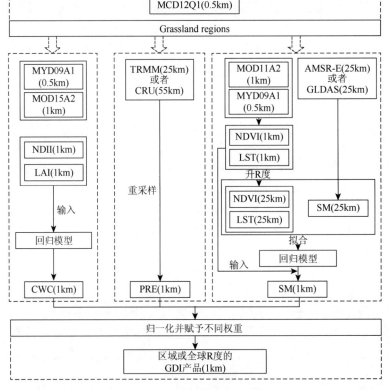

图 8.1　GDI 计算的流程图

TRMM、CRU、AMSR-E 和 GLDAS 的空间分辨率是近似值

## 8.2.5　区域尺度的验证

为了评估 GDI 的效果，本书实施了 3 种验证方案。首先，验证中国四川若尔盖县 CWC 的反演精度。之后在中国的草原区域，通过分析 GDI 与 SPI 的相关度，

对 GDI 进行了定量验证，并且确定了构建 GDI 的最终权重分配。并利用综合了多种信息和地面辅助的美国干旱监测指数（USDM）数据与 GDI 和 USDM 在美国本土的空间分布差异进行了定性验证。

### 8.2.5.1　CWC 反演方法在若尔盖草原的验证

采用 2013 年 8 月的地面实测数据对 CWC 的反演方法进行验证。因为 MODIS 的分辨率相对于地面实测数据过于粗糙，地面实测数据只能代表较小区域的状况，所以采用 Landsat 8 OLI 的影像进行验证。从地球资源观测与科技中心（EROS）获取了（Li et al.，2015）2013 年 7 月 24 日的 Landsat 8 影像。因为现有的 MODIS LAI 产品是 1km 分辨率，需要对该数据进行降尺度以获得 30m 的 LAI。基于 MODIS 的 EVI 和 LAI 产品，构建了 EVI 与 LAI 之间的关系，之后采用 Landsat 数据计算得到的 EVI 带入回归模型中获取 30m 的 EVI（Quan et al.，2015b）。NDII 由红光波段和短波红外波段计算得到，得到 30m 的 NDII 和 LAI 之后，采用公式（8.1）和式（8.2）获取 30m 的 CWC。

该部分的研究区域是中国四川的若尔盖县。该区域大部分是草原，其余部分是森林湿地和灌木。该区域气候寒冷，年平均气温为 0.7℃，年降水量为 656.8mm。平均海拔约为 3500m，草原区域地形较为平坦。

### 8.2.5.2　基于若尔盖草原的 SPI 定性验证 GDI

得益于 SPI 的一系列为人所知的优势，在研究中 SPI 得到了广泛的应用（Guttman，1999a）。它具有空间不变性，能够监测短期的水匮乏，以及长期的水资源，如地下水供给。通过分析 GDI 与 SPI 的相关性，可以大致地估测 GDI 的有效性。采用表 8.1 中展示的权重分配，将其中与 SPI 具有最大相关性的权重分配设定为最终采纳的权重（Zhang and Jia，2013；Rhee et al.，2010）。

基于中国气象站点数据，将草原区域作为 GDI 定量验证的区域，中国的草原区域大约有 $4 \times 10^6 km^2$，SPI 即通过这些气象站点计算得到。根据国际地圈生物圈计划（IGBP）的分类规则，在选取研究区域的时候还同时考虑了稀树草原和多树草原，因为这两种地物类型也有草本植物。为了简便，本书所说的草原表示 3 种地物的综合：草原、稀树草原和多树草原。研究的时间为 2002～2010 年的 8 月 13 日。图 8.2 展示了位于中国草原的 49 个气象站点的详细分布。

### 8.2.5.3　基于 USDM 图定性验证美国本土的 GDI

干旱是一个复杂的自然现象，只基于降水数据的 SPI 在进行地表状况监测时可能会受到限制。基于地面实测、遥感数据，以及专家判断的 USDM 制图有助于解译复杂的干旱影响（Svoboda et al.，2002）。USDM 是针对美国区域目前较先进的干旱监测手段。因此，为验证 GDI 能否提供像 USDM 一样全面的信息，我们选取 USDM 作为第二个验证方案。USDM 只提供粗分辨率的干旱分类，因此精确的对比不太适合。对 GDI 进行渲染后，我们主要对 USDM 和 GDI 进行目视对比。

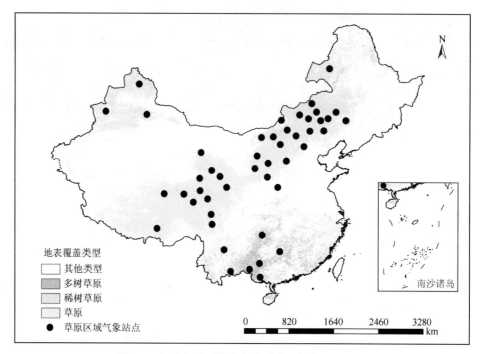

图 8.2　中国草原区域的土地覆盖及气象站点位置

　　USDM 只对美国区域进行了干旱监测，因此选择美国本土区域作为验证区域。美国的草原曾经占据了将近 10 亿英亩①，占据了 48 个本土国家大约一半的陆地面积。大部分的草原主要在密西西比河的西边。然而，一些草原分散在美国中西和东南部分。详细的草原分布如图 8.3 所示，该图是基于 2010 年 MCD12Q1 中的 MODIS IGBP 分类结果得到的。根据土地分类图，美国本土的大部分区域都是草原，而且草原主要分布在西部。

## 8.2.6　全球 GDI 产品的生产

　　基于获取的 2005～2010 年的全球数据，使用时间间隔为 32 天并且起点为 1 月 1 日，生产了每月全球 1km 的 GDI。因为全球分析带来了大量的数据和繁重的计算负担，所以本书采用 Hadoop 平台来提高计算效率。将全球的数据按照 MODIS

---

　　① 1 英亩≈0.404 856hm²。

的分幅格网分割成多景图像，对于每景图像采用不同的计算节点进行处理。为了获取 1km 分辨率的 SM，我们对每景图像分别构建回归模型，同样对 CWC 和降水进行计算。因为归一化的 CWC、SM 和降水量数据是按每景获取的，计算每景的 GDI 后将它们拼接成全球分布的 GDI。

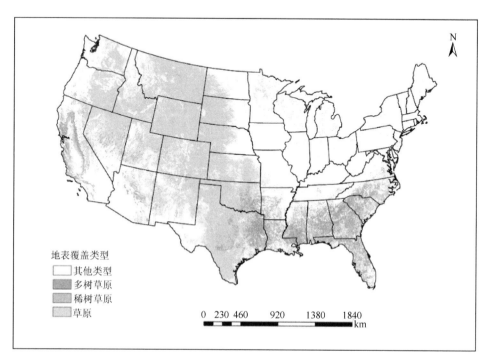

图 8.3 美国本土的草原分布图

# 8.3 结果与讨论

## 8.3.1 CWC 反演方法的验证结果

基于在 Landsat 8 影像中无云区域的地面实测点，拟合了反演的 CWC 与实测 CWC 之间的关系。图 8.4 展示了结果的散点图。拟合线的斜率是 0.62。尽管斜率的值没靠近 1，但这不会对 GDI 造成太多影响，因为之后会对 CWC 进行归一化处理得到相对值。评价 CWC 有效性的重要拟合参数是 $R^2$ 和 RMSE。$R^2$ 是 0.62，表明反演的 CWC 与实测的 CWC 有较好的相关度，RMSE 是 202.7g/m$^2$。结果表明，本书采用的 CWC 反演方法具有一定可靠性，并且实现了估算草原区域的植被含水量的目的。

### 8.3.2　利用 SPI 验证 GDI

#### 8.3.2.1　降尺度的 AMSR-E 土壤水分

运用 2002～2010 年 8 月 13 日重采样后草原区域或裸土区域的 NDVI、LST 和 AMSR-E 数据进行回归模型估算。图 8.5 展示了 9 年的拟合结果，表 8.2 展示了相关系数的值。

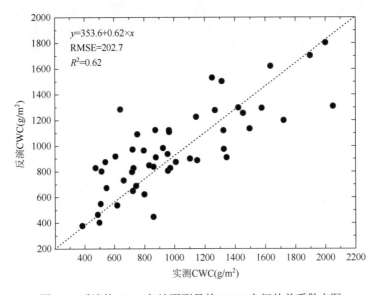

$y=353.6+0.62\times x$
RMSE=202.7
$R^2=0.62$

图 8.4　反演的 CWC 与地面测量的 CWC 之间的关系散点图

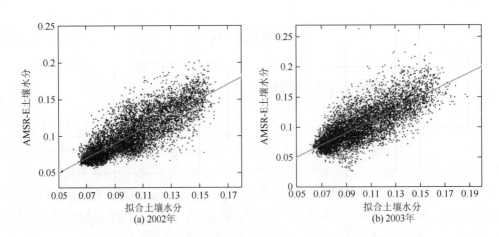

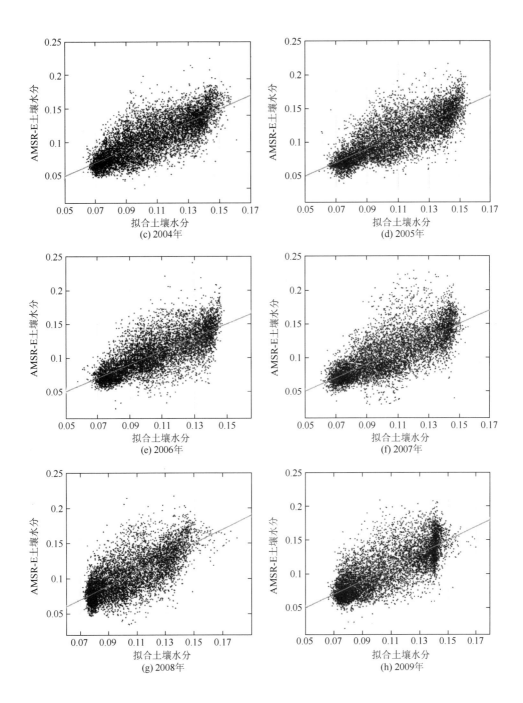

(c) 2004年

(d) 2005年

(e) 2006年

(f) 2007年

(g) 2008年

(h) 2009年

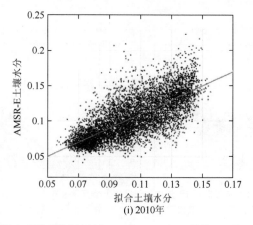

(i) 2010年

图 8.5　中国草原和裸土或稀疏植被区域 2002～2010 年 8 月的 SM 和 AMSR-E SM 的拟合散点图

**表 8.2　图 8.5 中散点图的拟合参数**

| 年份 | $R$ | RMSE（g/cm³） |
| --- | --- | --- |
| 2002 | 0.822 4 | 0.016 14 |
| 2003 | 0.783 2 | 0.019 58 |
| 2004 | 0.776 5 | 0.019 59 |
| 2005 | 0.780 7 | 0.019 9 |
| 2006 | 0.748 1 | 0.019 86 |
| 2007 | 0.741 6 | 0.022 42 |
| 2008 | 0.731 2 | 0.021 01 |
| 2009 | 0.762 5 | 0.021 58 |
| 2010 | 0.755 0 | 0.019 52 |

根据拟合结果，拟合的 SM 与 AMSR-E 的土壤水分具有较好的相关性。2008 年和 2009 年的结果相对差一些。但整体结果较好，9 年的平均 $R$ 为 0.7668，平均 RMSE 为 0.02g/cm³。

### 8.3.2.2　验证结果

去除云覆盖或者无效的数据之后，获得了 2002～2010 年总共约 350 个站点的数据。此外，基于归一化后的 NDVI、LST 和降水量数据的 SDCI，以及 VHI 都被选为对比指数。表 8.3 和表 8.4 展示了不同遥感参数与 SPI 之间的相关性结果。

**表 8.3　尺度遥感参数和 SPI 在多时间尺度（1 个月、3 个月、6 个月和 9 个月）上的相关系数**

| 参数 | SPI-1 mon | SPI-3 mon | SPI-6 mon | SPI-9 mon |
| --- | --- | --- | --- | --- |
| 归一化 CWC | 0.12 | 0.12 | 0.15 | 0.14 |
| 归一化 SM | 0.15 | 0.17 | 0.10 | 0.11 |

续表

| 参数 | SPI-1 mon | SPI-3 mon | SPI-6 mon | SPI-9 mon |
|---|---|---|---|---|
| 归一化 NDVI | 0.14 | 0.20 | 0.20 | 0.20 |
| 归一化 LST | 0.31 | 0.24 | 0.23 | 0.24 |
| 归一化 TRMM-1 | 0.73 | 0.46 | 0.41 | 0.41 |
| 归一化 TRMM-3 | 0.43 | 0.70 | 0.63 | 0.62 |
| 归一化 TRMM-6 | 0.39 | 0.62 | 0.70 | 0.69 |

注：TRMM-1、TRMM-3 和 TRMM-6 分别表示 1 个月、3 个月和 6 个月的降水数据。

**表 8.4  干旱指数和 SPI 在多时间尺度（1 个月、3 个月、6 个月和 9 个月）上的相关系数**

| 干旱指数 | SPI-1 mon（TRMM-1） | SPI-3 mon（TRMM-3） | SPI-6 mon（TRMM-6） | SPI-9 mon（TRMM-6） |
|---|---|---|---|---|
| GDI-1 | 0.54 | 0.53 | 0.51 | 0.51 |
| GDI-2 | 0.62 | 0.60 | 0.59 | 0.59 |
| GDI-3 | 0.49 | 0.49 | 0.48 | 0.47 |
| SDCI | 0.64 | 0.61 | 0.61 | 0.61 |
| VHI | 0.29 | 0.28 | 0.27 | 0.28 |

注：TRMM-1、TRMM-3 和 TRMM-6 分别表示 1 个月、3 个月和 6 个月的降水数据。

表 8.3 表明，归一化后的所有时间尺度的降水量与 SPI 都具有很好的相关度。相较于其他地表参数，归一化后的 LST 与 SPI 具有更高的相关度，并且长时间的 SPI 与 LST 具有较弱的相关性，这表明 LST 敏感于近期的降水量。然而，归一化后的 NDVI 与 CWC 对长时间尺度的 SPI 具有更高的相关性。这与实际现象，植被对于降水量的反映具有时间延迟相吻合。根据 Zhang 和 Jia（2013）的干旱研究，归一化的 NDVI 和 SPI 之间的关系随着不同的区域和月份差异变得明显。对于干旱植被稀少的区域，植被受降水影响明显。归一化的 NDVI 与 SPI 具有较强的相关性。湿润高植被覆盖的区域，归一化的 NDVI 与 SPI 则相关性较弱，因为植被能通过其他方式获取足够的水分。在研究区域，归一化后的 NDVI、CWC 和 SM 与 SPI 相关性较低。其中一个原因是中国的一些草原位于高植被覆盖度的区域，从而降低了相关性。另外一个可能的解释是降水影响一个较大的区域，大部分的草可能会受降水的影响较大，但是小像素 1km 的区域可能存在一些不确定性。降水不是唯一一个影响草原的因素。因此，SPI 能够有效地反映气象干旱一段时间的降水匮乏现象，但因其只考虑了降水因素，会使 SPI 不能较好地反映地表状况，特别是高空间分辨的研究。为了获取更全面的干旱监测，需要地面的信息。

根据表 8.4，GDI-1、GDI-2、GDI-3 和 SDCI 与 SPI 具有较好的相关度，并且降水量所占据的权重会明显影响相关度。根据 Rhee 的研究，选择了具有最高相关度的 GDI2 作为 GDI 构建的算法。因此，具有权重 $1/2 \times \mathrm{PRE_{scaled}} + 1/4 \times \mathrm{SM_{scaled}} + 1/4 \times \mathrm{CWC_{scaled}}$ 的指数被称为 GDI。此外，用于反映植被健康状况的 VHI 与 SPI 具有较低的相关性。SDCI 相比具有高一些的相关性，原因可能是 NDVI 与 LST 相比于 CWC 和 SM 与 SPI 具有较高的相关性。总之，GDI2 与 SPI 具有一定的相关度，并且与 SDCI 具有相似的结果。

### 8.3.3　基于 USDM 的 GDI 验证结果

#### 8.3.3.1　降尺度 AMSR-E 土壤湿度

通过 AMSR-E 土壤水分数据，MODIS LST 产品，以及由地表反射率计算的 NDVI，实验获取了美国区域的 1km 土壤水分数据。AMSR-E 土壤水分与拟合得到的土壤水分数据相关性如图 8.6 所示。

表 8.5 显示平均相关度 $R$ 是 0.5288，平均 RMSE 是 $0.02\mathrm{g/cm^3}$。最好的拟合结果是 2002 年。但是美国区域整体的相关度要低于中国的结果。

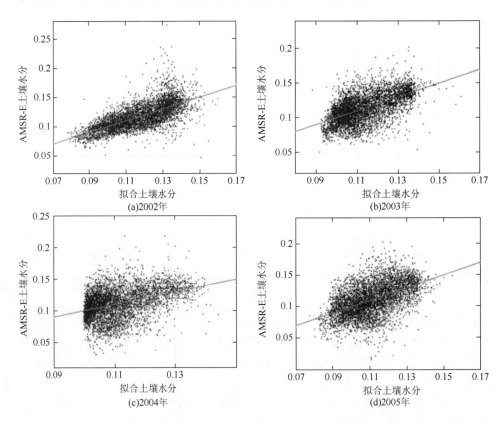

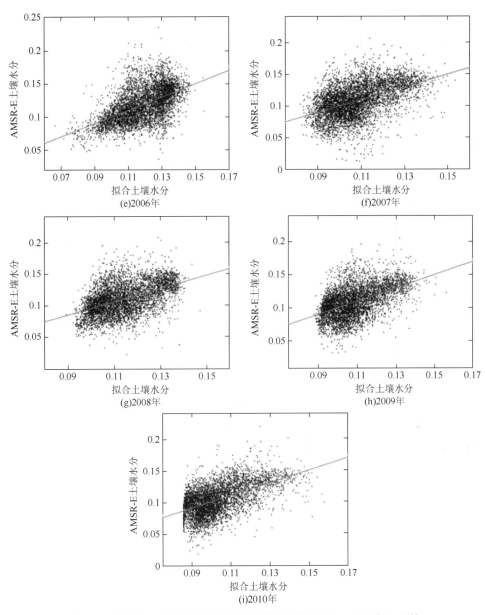

图 8.6　美国本土草原和裸土或稀疏植被区域的 2002～2010 年 8 月的
SM 和 AMSR-E SM 的拟合散点图

表 8.5　图 8.6 散点图的拟合参数

| 年份 | R | RMSE（g/cm³） |
|---|---|---|
| 2002 | 0.688 5 | 0.015 98 |
| 2003 | 0.577 5 | 0.016 58 |

| 年份 | $R$ | RMSE（g/cm³） |
|------|-----|--------------|
| 2004 | 0.399 9 | 0.021 03 |
| 2005 | 0.521 3 | 0.021 46 |
| 2006 | 0.539 4 | 0.021 72 |
| 2007 | 0.480 3 | 0.022 98 |
| 2008 | 0.490 5 | 0.020 08 |
| 2009 | 0.514 0 | 0.019 96 |
| 2010 | 0.547 7 | 0.020 24 |

#### 8.3.3.2　验证结果

2002～2009 年 8 月的 USDM 被用来与 GDI 进行对比。因为 USDM 是每周发布的产品，我们选取 8 月最后一幅制图作为对比数据。当构建 GDI 时，采用了 3 种不同时间尺度累计的降水量数据——TRMM-1、TRMM-3 和 TRMM-6。之后分别用于构建 GDI，并探究哪种时间尺度的降水量更适合。GDI-1TRMM、GDI-3TRMM 和 GDI- 6TRMM 分别表示采用 TRMM-1、TRMM-3 和 TRMM-6 计算得到的 GDI。尽管 GDI 只用于监测草原区域，为了展示效果，我们的制图中包括了所有的地物类型。

将 GDI 分为 6 类，并赋予与 USDM 制图类似的颜色以更方便的视觉对比。GDI-1TRMM 与 USDM 之间具有较弱的相关度。但是，GDI-3TRMM 和 GDI-6TRMM 与 USDM 对比则具有较好的效果。在某些区域，GDI-3TRMM 效果更好，但是整体上 GDI-6TRMM 具有更好的相关度。因此，选择基于 6 个月累积的降水量的 GDI 用于生产全球产品，将生产 GDI 全球产品用于全球草原干旱监测。

由图 8.7 可知，在 2005 年，GDI-1TRMM 显示了美国西北部的严重干旱，但是在美国南部状况较好。GDI-3TRMM 和 GDI-6TRMM 显示了与 USDM 类似的分布，GDI-3TRMM 的效果更好。在 2006 年，GDI-6TRMM 在 3 种 GDI 版本里面效果最好，但是所有的 GDI 都没有反映出美国南部的干旱。造成该结果的原因是，虽然该区域的降水量与 USDM 相吻合，但是土壤水分却比其他年份的情况更加湿润。在 2007 年，加州发生了严重的干旱，并造成了 2007 年 10 月的加州火灾。我们可以清晰看出 GDI-6TRMM 显示了加州的严重干旱。此外，USDM 监测出的美国东南部干旱也被 GDI 检出出来，其中 GDI-6TRMM 效果最好。在 2009 年，基于短期降水量的 GDI-1TRMM 在美国东南部过低。据 USDM 显示，主要干旱发生在美国南部，并且其他区域干旱较少。与 USDM 相关度最好的是 GDI-6TRMM，它成功地反映了美国最南端的干旱，并且在其他区域也与 USDM 相吻合。

### 8.3.3.3　生成和评估全球 GDI 产品

在本章中，GDI-6CRU 是基于 CRU 6 个月累积的降水量计算得到的，SPEI-6mon 表示 6 个月尺度的 SPEI。我们忽略了 NDVI 负值区域，因为负值 NDVI 通常表示区域被雪、云或者水覆盖，这将会对 EWT 和 SM 的估算造成误差。为了在全球区域验证 GDI 的效果，定性地分析 SPEI 全球产品与 GDI 全球产品之间的空间相关度，SPEI 的数据是 6 个月尺度的。

为了简便，只展示了 2005 年、2007 年、2009 年每年 6 个月的 GDI 与 SPEI 的结果。基于与 SPEI 类似的颜色渲染方案，可在视觉上对比 GDI 的效果。图 8.8～图 8.10 展示的是每月变化和空间分布，GDI 与 SPEI 具有类似的空间分布，并且 GDI 能够监测出大部分 SPEI 显示的干旱和湿润区域，同时 GDI 在干旱和湿润的过渡区域具有更加平缓的变化。美国本土区域的 SPEI 与 GDI 有非常接近的效果。但是 GDI 显示了更严重的干旱，特别在 2007 年 5 月、7 月和 9 月的美国东南区域。其原因可能是 GDI 是基于 6 年的数据，这相对于几十年是很短的时间。因此，降水量、SM、CWC 值的范围相对较窄，这会导致这些参数归一化后的值趋于两极分化，因为归一化的流程是基于参数的历史值范围，这样就会导致比 SPEI 更加干旱或者湿润的结果。在澳大利亚，GDI 在 2005 年 3 月和 5 月，以及 2007 年 1 月和 9 月显示了更严重的干旱，但是 SPEI 却显示该区域干旱程度较小。其原因是该区域的 CRU 降水量过小。此外，澳大利亚干旱状况从 2009 年 1～11 月逐步恶化的现象成功地被 GDI 监测出来。在非洲，GDI 与 SPEI 在 2009 年具有较高的相关度，但是它们在干旱的程度上有一些差别。对于中国北部，SPEI 显示的干旱较好地在 GDI 中得到了识别。

SPEI 的分类标准是依据 SPEI 全球干旱监测所发布的分类产品。但是 GDI 的分类标准是简单决定的，没有经过深入的调查，这也会造成一些视觉误差。因此，为了更好地展示干旱程度，下一步工作中将研究更加有意义的 GDI 分类截断点。

为了进一步研究全球 GDI 产品的效果，我们调研了发生在 2005～2010 年的重大干旱事件。尽管 SPEI 的空间分辨率为 0.5°，为了更好地对比 GDI 和 SPEI，仍然采用 1km 的土地覆盖数据对 SPEI 进行草原区域的提取。

在 2006～2007 年，美国加州发生了严重的干旱，并造成了 2007 年严重的加州火灾。根据图 8.11，GDI 识别了这次干旱，并且显示干旱开始于 2006 年 10 月，直到 2007 年 10 月才有所下降。SPEI 则展示了相似的干旱发展趋势。

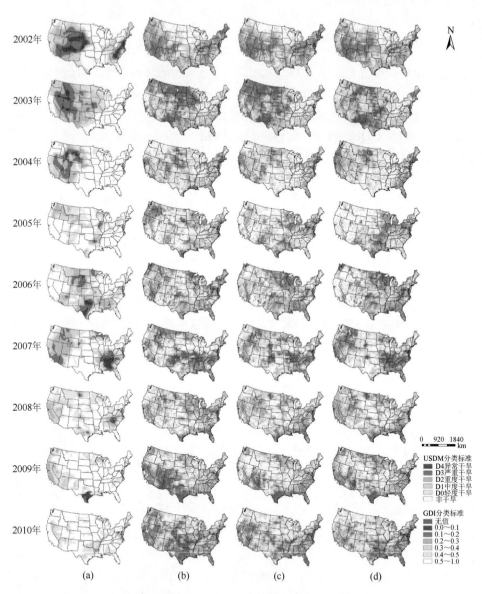

图 8.7　2002～2010 年干旱指数的空间分布图

（a）USDM；（b）GDI-1TRMM；（c）GDI-3TRMM；（d）GDI-6TRMM

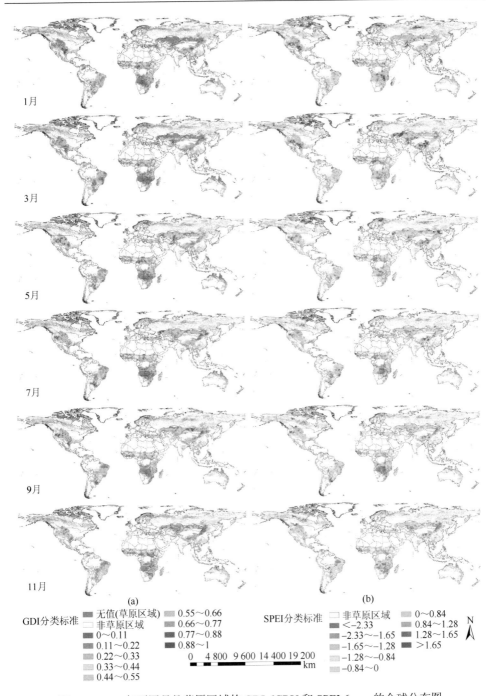

图 8.8　2005 年不同月份草原区域的 GDI-6CRU 和 SPEI-6mon 的全球分布图

（a）GDI-6CRU；（b）SPEI-6mon

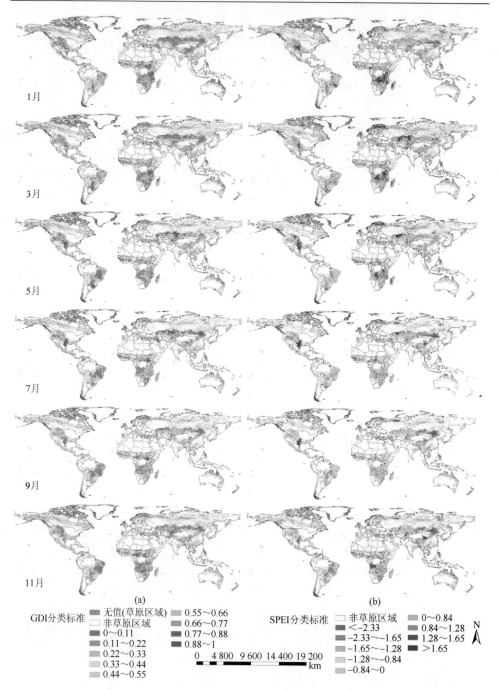

GDI分类标准　　■ 无值(草原区域)　　■ 0.55~0.66
　　　　　　　　□ 非草原区域　　　　　 ■ 0.66~0.77
　　　　　　　　■ 0~0.11　　　　　　　■ 0.77~0.88
　　　　　　　　■ 0.11~0.22　　　　　　■ 0.88~1
　　　　　　　　■ 0.22~0.33
　　　　　　　　■ 0.33~0.44
　　　　　　　　■ 0.44~0.55

SPEI分类标准　　□ 非草原区域　　　　　 ■ 0~0.84
　　　　　　　　■ <-2.33　　　　　　　 ■ 0.84~1.28
　　　　　　　　■ -2.33~-1.65　　　　  ■ 1.28~1.65
　　　　　　　　■ -1.65~-1.28　　　　  ■ >1.65
　　　　　　　　■ -1.28~-0.84
　　　　　　　　■ -0.84~0

0　4 800　9 600　14 400　19 200
　　　　　　　　　　　　　　km

图 8.9　2007 年不同月份草原区域的 GDI-6CRU 和 SPEI-6mon 的全球分布图

（a）GDI-6CRU；（b）SPEI-6mon

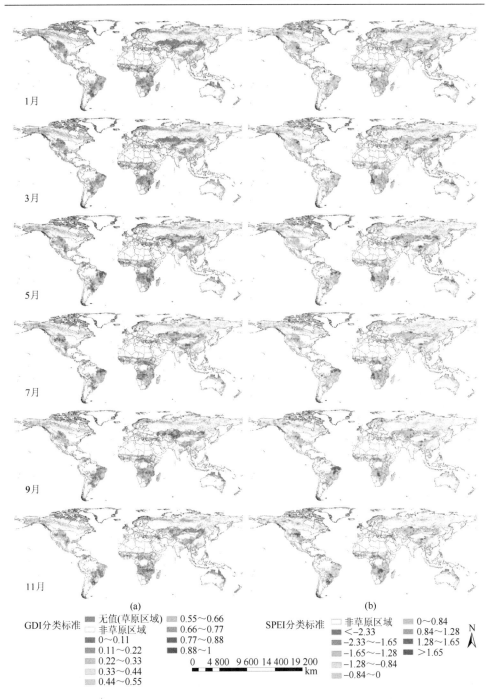

图 8.10　2009 年不同月份草原区域的 GDI-6CRU 和 SPEI-6mon 的全球分布图

（a）GDI-6CRU；（b）SPEI-6mon

在 2008~2009 年，美国德克萨斯大部分的南部和中南部处于严重干旱状态。根据图 8.12，GDI 德克萨斯在 2008 年 8 月和 2009 年 8 月遭受了干旱，但是 SPEI 显示这次干旱开始于 2009 年 2 月，这迟于干旱发生的时间。

在 2006 年夏天，四川和重庆遭受了 50 年难遇的干旱。根据图 8.13，GDI 和 SPEI 都显示出了这次干旱开始于 2006 年，并且 GDI 表明干旱在 11 月逐渐减弱，而 SPEI 却显示干旱在 11 月加重。因此，GDI 的效果相对较好，因为它与这次干旱发生在 2006 年夏天的情况吻合，并且它清晰地显示了干旱的变化。

在 2010 年春节，大部分的中国西南部分遭受了一次长时间的严重干旱。干旱开始于 2009 年的秋天，并且持续到了 2010 年的 4 月。根据图 8.14，GDI 表明干旱开始于 2009 年 9 月，并且在之后的月份逐步恶化直到 2010 年 4 月。GDI 所监测出的干旱变化时间点与调研的干旱时间较好地吻合。SPEI 显示这次干旱在 2009 年 10 开始明显。这与干旱开始于 2009 年秋季吻合，但是 SPEI 显示该区域在 2010 年 4 月几乎没有了干旱，而此时干旱并没有完全停止。此外，相比于 GDI，SPEI 显示干旱最严重的云南的干旱较为温和。

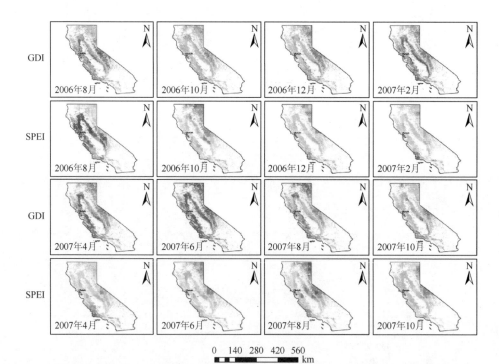

图 8.11　美国加州草原区域 2006~2007 年的 GDI-6CRU 和 SPEI-6mon 的表现

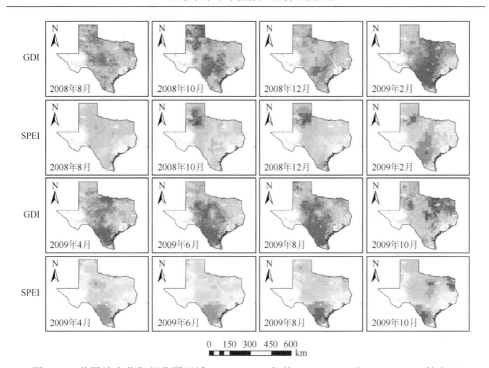

图 8.12　美国德克萨斯州草原区域 2008～2009 年的 GDI-6CRU 和 SPEI-6mon 的表现

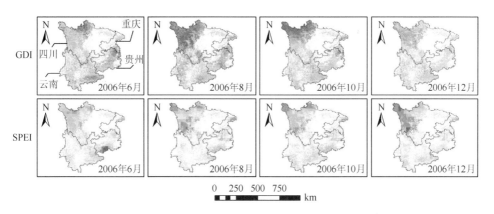

图 8.13　中国西南草原区域关于 2006 年夏季的干旱事件中 GDI-6CRU 和 SPEI-6mon
的全球产品的表现

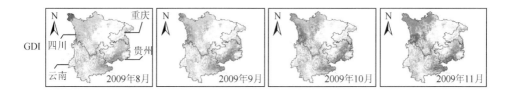

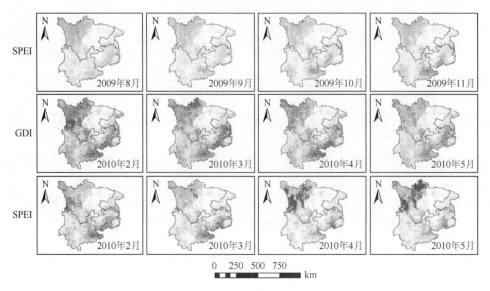

图 8.14　中国西南草原区域关于 2010 年夏季的干旱事件中 GDI-6CRU 和 SPEI-6mon
的全球产品的表现

　　根据以上 4 次干旱事件的对比，GDI 监测出了干旱的位置、持续时间以及变化趋势。SPEI 仍然监测出了干旱，然而在干旱时间点的监测上则有些不足。此外，相比于 0.5°分辨率的 SPEI，1km 分辨率的 GDI 能够提供更加详细的干旱信息。

## 8.4　结　　论

　　基于对草原的水循环分析，我们选择了降水、CWC 和 SM 作为指标用于估算大气、植被和土壤层的水分含量状况。因为 GDI 监测的对象是草原，其水平方向较为均匀，因此采用了 PROSAIL 模型用于估算 CWC。同时，采用 SM 的降尺度法生产 1km 的 SM，降水量数据则是直接从已有的降水数据中获取。将 3 个指标归一化到 0～1，之后 GDI 通过综合 3 个归一化后的指标得到 GDI。而构建 GDI 所采用的参数分配则通过分析 GDI 与 SPI 的相关度进行确定。

　　根据 SPI 的区域验证，结果显示 GDI 与 SPI 具有一定相关度，并且与 SDCI 之间具有相似的效果。SPI 与 GDI 之间的相关度约为 0.6。此外，大部分的地表信息与 SPI 之间具有较弱的相关度，相关系数小于 0.3，这表明单纯基于降水量数据难以监测地表的干旱状况。关于 GDI 与 USDM 的对比，采用 TRMM-6 的 GDI 显示了较好的干旱监测结果，并且与 USDM 之间具有较好的相关度。全球 GDI 产品成功地监测出了 SPEI 所监测出的大部分干旱和湿润区域，但是两者在干旱程度上具有一定差异。此外，通过 4 次干旱时间对全球 GDI 产品的进一步对比，GDI

较好地监测出了干旱的位置、持续时间以及变化趋势，并且因为它 1km 的高空间分辨率，GDI 能提供许多详细的干旱状况。

　　因为 GDI 的创新点在于它通过整合 CWC、SM 和降水量的全面干旱监测，用于估算这些指标的算法则可以被优化或者替代。GDI 也有一些限制点：①本书分配给降水量、CWC 和 SM 的权重不一定适用于所有的区域，可以根据不同的目的和区域对它们进行改进。例如，如果研究更注重于干旱对地表的影响，CWC 和 SM 的权重可以适当提高。②PROSAIL 模型估算 CWC 所采用的参数是基于草原的大体状况确定的。在固定的区域，为了获取更准确的监测结果，可以根据当地生态系统的先验知识对这些参数进行优化。同时，植被严重的空间异质性会降低 CWC 的反演精度。③当 SM 与植被和温度的关系较弱时，1km 的 SM 的不确定性会增加，因为 1km 的 SM 的变化主要是通过植被指数和 LST 的改变来表述的。本书采用土壤水分降尺度的方法是因为该方法简单，用于生产全球产品的输入参数容易获得，但是如果研究是基于区域尺度的，可以采用能更好反映土壤水分变化的方法。④本书生产全球产品使用数据的时间尺度是 6 年，采用更长时间范围的数据会有利于获取更加精确的干旱和干旱影响的监测结果。尽管这些限制点能够被进一步优化，但本书采用的方法和模型参数仍然能够为干旱监测提供有价值的信息。

## 参 考 文 献

毕力格. 2009. 基于 MODIS 数据的内蒙古干旱监测. 呼和浩特：内蒙古师范大学硕士学位论文.

樊任华. 2008. 基于 MODIS 数据的草地干旱指数对比研究. 南昌：南昌大学硕士学位论文.

刘良明. 2004. 基于 EOSMODIS 数据的遥感干旱预警模型研究. 武汉：武汉大学博士学位论文.

张红卫，陈怀亮，刘忠阳，等. 2010. 最新干旱指数综述. Proceeding of 2010 International Conference on Remote Sensing（ICRS 2010）Volume 3.

Bayarjargal Y，Karnieli A，Bayasgalan M，et al. 2006. A comparative study of NOAA-AVHRR derived drought indices using change vector analysis. Remote Sensing of Environment，105：9-22.

Bonan G B. 2002. Ecological Climatology：Concepts and Applications. Cambridge：Cambridge University Press.

Brown J F，Wardlow B D，Tadesse T，et al. 2008. The Vegetation Drought Response Index（VegDRI）：A new integrated approach for monitoring drought stress in vegetation. GIScience & Remote Sensing，45：16-46.

Caccamo G，Chisholm L A，Bradstock R A，et al. 2011. Assessing the sensitivity of MODIS to monitor drought in high biomass ecosystems. Remote Sensing of Environment，115：2626-2639.

Carlson T N，Gillies R R，Perry E M. 1994. A method to make use of thermal infrared temperature and NDVI measurements to infer surface soil water content and fractional vegetation cover. Remote Sensing Reviews，9：161-173.

Chauhan N，Miller S，Ardanuy P. 2003. Spaceborne soil moisture estimation at high resolution：A microwave-optical/IR synergistic approach. International Journal of Remote Sensing，24：4599-4622.

Claudio H C，Cheng Y，Fuentes D A，et al. 2006. Monitoring drought effects on vegetation water content and fluxes in chaparral with the 970 nm water band index. Remote Sensing of Environment，103：304-311.

Gao B-C. 1996. NDWI-a normalized difference water index for remote sensing of vegetation liquid water from space. Remote Sensing of Environment，58：257-266.

Gao Z，Gao W，Chang N-B. 2011. Integrating temperature vegetation dryness index（TVDI）and regional water stress index（RWSI）for drought assessment with the aid of LANDSAT TM/ETM+images. International Journal of Applied Earth Observation and Geoinformation，13：495-503.

Gitelson A，Stark R，Grits U，et al. 2002. Vegetation and soil lines in visible spectral space：A concept and technique for remote estimation of vegetation fraction. International Journal of Remote Sensing，23：2537-2562.

Gu Y，Brown J F，Verdin J P，et al. 2007. A five-year analysis of MODIS NDVI and NDWI for grassland drought assessment over the central Great Plains of the United States. Geophysical Research Letters，34：186-192.

Guttman N B. 1999. Accepting the standardized precipitation index：A calculation algorithm. Journal of the American Water Resources Association，35（2）：311-322.

Heim Jr R R. 2002. A review of twentieth-century drought indices used in the United States. Bulletin of the American Meteorological Society，83：1149-1165.

Huete A，Liu H Q，Batchily K，et al. 1997. A comparison of vegetation indices over a global set of TM images for EOS-MODIS. Remote Sensing of Environment，59：440-451.

Hunt Jr E R，Rock B N. 1989. Detection of changes in leaf water content using near-and middle-infrared reflectances. Remote Sensing of Environment，30：43-54.

Jacquemoud S. 1993. Inversion of the PROSPECT+SAIL canopy reflectance model from AVIRIS equivalent spectra：The oretical study. Remote Sensing of Environment，44：281-292.

Jacquemoud S，Baret F. 1990. PROSPECT：A model of leaf optical properties spectra. Remote Sensing of Environment，34：75-91.

Jacquemoud S，Verhoef W，Baret F，et al. 2009. PROSPECT+SAIL models：A review of use for vegetation characterization. Remote Sensing of Environment，113：S56-S66.

Ji L，Peters A J. 2003. Assessing vegetation response to drought in the northern Great Plains using vegetation and drought indices. Remote Sensing of Environment，87：85-98.

Jurdao S，Yebra M，Guerschman J P，et al. 2013. Regional estimation of woodland moisture content by inverting radiative transfer models. Remote Sensing of Environment，132：59-70.

Kogan F. 1995. Application of vegetation index and brightness temperature for drought detection. Advances in Space Research，15：91-100.

Kogan F N. 1997. Global drought watch from space. Bulletin of the American Meteorological Society，78：621-636.

Kogan F，Stark R，Gitelson A，et al. 2004. Derivation of pasture biomass in Mongolia from AVHRR-based vegetation health indices. International Journal of Remote Sensing，25：2889-2896.

Kogan F，Yang B，Wei G，et al. 2005. Modelling corn production in China using AVHRR-based vegetation health indices. International Journal of Remote Sensing，26：2325-2336.

Li X，He B，Quan X，et al. 2015. Use of the standardized precipitation evapotranspiration index（SPEI）to characterize the drying trend in southwest China from 1982-2012. Remote Sensing，7：10917-10937.

Liu H Q，Huete A. 1995. A feedback based modification of the NDVI to minimize canopy background and atmospheric noise. IEEE Transactions on Geoscience and Remote Sensing，33：457-465.

McVicar T，Bierwirth P. 2001. Rapidly assessing the 1997 drought in Papua New Guinea using composite AVHRR imagery. International Journal of Remote Sensing，22：2109-2128.

Narasimhan B，Srinivasan R. 2005. Development and evaluation of Soil Moisture Deficit Index（SMDI）and

Evapotranspiration Deficit Index （ETDI） for agricultural drought monitoring. Agricultural and Forest Meteorology，133：69-88.

Palmer W C. 1965. Meteorological Drought. Washington： US Department of Commerce，Weather Bureau Washington，DC，USA.

Park S，Feddema J J，Egbert S L. 2004. Impacts of hydrologic soil properties on drought detection with MODIS thermal data. Remote Sensing of Environment，89：53-62.

Piles M，Camps A，Vall-Llossera M，et al. 2011. Downscaling SMOS-derived soil moisture using MODIS visible/infrared data. IEEE Transactions on Geoscience and Remote Sensing，49：3156-3166.

Quan X，He B，Li X，et al. 2014. Retrieval of Canopy Water Content Using Multiple Priori Inromation. Quebec： IEEE International Geoscience and Remote Sensing Symposium.

Quan X，He B，Li X. 2015a. A Bayesian network-based method to alleviate the ill-posed inverse problem： A case study on leaf area index and canopy water content retrieval. IEEE Transactions on Geoscience and Remote Sensing，53 （12）：6507-6517.

Quan X，He B，Li X，et al. 2015b. Estimation of grassland live fuel moisture content from ratio of canopy water content and foliage dry biomass. IEEE Geoscience and Remote Sensing Letters，12 （9）：1903-1907.

Quiring S M，Ganesh S. 2010. Evaluating the utility of the Vegetation Condition Index （VCI） for monitoring meteorological drought in Texas. Agricultural and Forest Meteorology，150：330-339.

Ray R L，Jacobs J M，Cosh M H. 2010. Landslide susceptibility mapping using downscaled AMSR-E soil moisture： A case study from Cleveland Corral，California，US. Remote Sensing of Environment，114：2624-2636.

Rhee J，Im J，Carbone G J. 2010. Monitoring agricultural drought for arid and humid regions using multi-sensor remote sensing data. Remote Sensing of Environment，114：2875-2887.

Rojas O，Vrieling A，Rembold F. 2011. Assessing drought probability for agricultural areas in Africa with coarse resolution remote sensing imagery. Remote Sensing of Environment，115：343-352.

Sandholt I，Rasmussen K，Andersen J. 2002. A simple interpretation of the surface temperature/vegetation index space for assessment of surface moisture status. Remote Sensing of Environment，79：213-224.

Sow M，Mbow C，Hely C，et al. 2013. Estimation of herbaceous fuel moisture content using vegetation indices and land surface temperature from MODIS data. Remote Sensing，5：2617-2638.

Svoboda M，Lecomte D，Hayes M，et al. 2002. The drought monitor. Bulletin of the American Meteorological Society，83：1181-1190.

Tucker C J，Choudhury B J. 1987. Satellite remote sensing of drought conditions. Remote Sensing of Environment，23：243-251.

Verhoef W. 1984. Light scattering by leaf layers with application to canopy reflectance modeling： The SAIL model. Remote Sensing of Environment，16：125-141.

Zhang A，Jia G. 2013. Monitoring meteorological drought in semiarid regions using multi-sensor microwave remote sensing data. Remote Sensing of Environment，134：12-23.

Zhang Y，Guindon B，Cihlar J. 2002. An image transform to characterize and compensate for spatial variations in thin cloud contamination of Landsat images. Remote Sensing of Environment，82：173-187.

Zhou L，Wu J，Zhang J，et al. 2013. The Integrated Surface Drought Index （ISDI） as an Indicator for agricultural drought monitoring： Theory，validation，and application in Mid-Eastern China. IEEE Journal of Selected Topics in Applied Earth Observations and Remote Sensing，6：1254-1262.

# 9  草原生态环境评价

## 9.1  评价指标体系构建

### 9.1.1  指标选取原则

指标体系是由一系列的评价指标构成的，指标是评价的基本尺度和衡量标准。本书建立生态环境指标体系主要考虑了两个因素：一是影响若尔盖草原湿地生态环境的主要因素；二是遥感数据可以直接或间接获取，同时兼顾一般区域生态环境评价指标体系建立的原则，即代表性、科学性（叶亚平和刘鲁君，2000；武晓毅，2006）、系统性（林茂昌，2005）、易获取性（武晓毅，2006；李海燕等，2009；Niemeijer and de Groot，2008）和可操作性（叶亚平和刘鲁君，2000；林茂昌，2005）。

（1）代表性

由于生态环境是一个复杂的有机系统，影响其质量好坏的因子众多，各因子之间相互有作用或联系，因而选择的评价指标应该能够代表研究对象自身固有的自然属性及受其他干扰的程度。

（2）科学性

指标体系一定要建立在科学的基础上，以客观反映生态环境的个性特征和普遍性特征，且指标应该有明确和清晰的含义。

（3）系统性

由于生态环境是由生物和非生物组成的综合系统，因此选取的指标必须形成一个完整体系，全面反映生态环境的本质特征，同时各个指标的概念必须明确并且指标间具有不可替代性。

（4）易获取性和可操作性

一方面，由于影响生态环境的因子有很多，在筛选时要考虑在一定时空尺度内因子具有持续影响作用。另一方面，许多指标都具有很明确的生态学意义，但是在实际操作中获取和度量都存在很大困难。因此，指标的选取应该尽量考虑在当前技术水平下能够获取，并且能够进行空间化和定量化的描述，评价单元的选择具有一定的差异性，它要能够体现出研究对象的空间分异特征。

### 9.1.2　指标体系的概念框架模型

目前，应用较广的指标体系概念模型主要包括 3 种类型：① "成因-结果表现" 指标体系；② "压力-状态-响应"（P-S-R）指标体系；③ "多系统评价" 指标体系。由于 P-S-R 模型具有很强的因果关系，在区域生态环境评价、区域可持续发展评价、土地资源评价等方面应用广泛，尤其是在湿地生态评价中得到了更为广泛的应用，同时利用该模型构建评价指标体系具有逻辑性强、层次性更加清晰的优点，因此本书选择此模型作为构建若尔盖草原湿地生态环境评价指标体系的概念模型。

P-S-R 模型由加拿大统计学家 Anthony Friend 在 20 世纪 70 年代提出，后由联合国经济合作与发展组织（Organization for Economic Cooperation Development Agency，OECD）采纳并提出了用于研究环境问题的框架，之后该模型得到了进一步的推广和改进，使其由生态系统健康评价、可持续发展评价推广到了其他生态环境评价，其中 P-S-R 模型框架和改进模型可参看压力状态反应框架与环境指标（pressure-state-response framework and environmental indicators）（http://www.fao.org/ag/againfo/program-mes/en/lead/toolbox/Refer/EnvIndi.htm）。

P-S-R 模型以自然环境与人类活动的相互作用和相互影响为出发点，对生态环境指标进行组织和分类，系统性强，适用于生态环境方面指标的构建，其结构如图 9.1 所示。

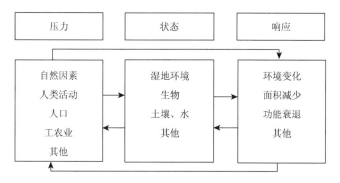

图 9.1　P-S-R 模型

从图 9.1 可以看出，P-S-R 模型包括 3 个方面，它们之间既相互联系又有区别，同时具有很强的因果关系，即自然或社会会对生态环境造成一定的压力，环境状态会由于自然或人为的压力发生一定的变化，人类社会会通过环境、经济或管理方法对这些变化作出反应，以恢复环境质量或防止环境继续恶化。P-S-R 模型只是一个评价框架，框架本身并没有评价方法和评价目的的限制，有时压力、状态和响应之间并没有明确的界线，在应用过程中，必须把三者结合起来考虑，而不能仅仅依赖其中某一项。

### 9.1.3　具体指标体系

　　草原评价指标体系有必要考虑地形、气候和植被等因素。景观格局是指大小不同、形状各异的景观要素在空间上的排列和组合，它由景观组成单元的类型、景观的数目，以及景观的空间分布与配置 3 个方面构成。它是各种生态过程在不同尺度上作用结果的具体表现，从而它可以表征景观的异质性特点。景观格局可以通过景观指数表示，这是因为景观指数高度浓缩了景观格局的信息，能够定量反映出特定景观的组成结构和空间配置，从而作为科学衡量景观格局的定量化依据，是生态环境演替的重要研究工具，在生态环境领域应用广泛。尽管许多景观指数都有明确的生态意义，但是许多景观指数高度相关，且同一指数随着尺度的不同而有变化，因此在此筛选出在湿地评价领域应用广泛且有明确生态意义的指数作为评价指标。

　　在已有的湿地生态环境评价中，人口密度、GDP 等社会经济指标常被作为评价指标，考虑到本章的研究案例只涉及县级，社会经济指标的区域变化不明显且更新严重滞后，同时遥感技术也不能直接获取，因此在本书中不予考虑。本章在代表性、科学性、系统性、易获取性和可操作性等原则下，从气候、地形地貌、植被、土地利用、景观格局等出发选择评价指标，按照压力指标、状态指标和响应指标进行分类，从而建立一个 3 层层次结构的评价指标体系，见表 9.1。

**表 9.1　评价指标体系**

| 总目标 | 一级指标 | 二级指标 | 与生态环境关系 |
|---|---|---|---|
| 生态环境质量 | 压力指标 | 年均气温 | − |
| | | 年降水量 | + |
| | | 海拔高度 | − |
| | | 地形起伏度 | − |
| | | 土地利用类型 | |
| | 状态指标 | 植被覆盖度 | + |
| | | 温度植被干旱指数 | − |
| | | 景观多样性指数 | + |
| | 响应指标 | 景观破碎度指数 | − |

　　注："−"表示指标与生态环境质量呈负相关，即指标的数值越大，生态环境质量越差；"+"表示指标与生态环境质量呈正相关，即指标的数值越大，生态环境质量越好。其中，土地利用类型与生态环境的关系应结合具体的研究实例进行分析。

### 9.1.3.1 压力指标

任何一个生态系统都会承受来自自然和人为的压力,它是生态环境发生变化的驱动因素,在无压力干扰的情况下,生态环境的演变一般是呈正向的变化。当自然干扰或人为干扰介入的时候,生态环境的演替会发生正向或者负向的变化。生态环境的退化既取决于生态系统内在的自我维持能力和抵抗力,也取决于外在的干扰。其中,自然干扰因素包括气候(如气温、降水、气象灾害)和地形因素,外在的干扰,如城市扩张、人口数量。当外界压力超过环境承受力或调节能力时,生态系统就会发生退化或严重退化,从而导致生态环境恶化。最后,考虑以土地利用类型作为人为压力,以年均气温、年降水量、海拔高度和地形起伏度作为自然压力。

(1)年降水量和年均气温

适宜的水和热量是一切生物得以生存和繁衍的根本条件,它基本上决定了一个区域的生态环境状况。水热条件也是湿地形成和发育的决定性因素,它决定了生态系统的分布和结构。

降水是湿地水源的重要补给之一,降水量的多少对植被生长和有机质分解具有重要影响,它是湿地发育的重要因素,气温会影响草原湿地的水分蒸发和植被蒸腾作用。而年降水量和年均气温是区域水热条件的反映,是生态环境评价的重要因子(Shi and Li,2007;Ying et al.,2007)。

(2)海拔和地形起伏度

地形地貌对某一特定气候环境内的湿地生态结构有重要影响,如湿地的形状、分布,以及湿地内动植物分布等。若尔盖草原湿地地处青藏高原边缘,海拔高,高原山地特征明显。地形起伏度和坡度是地貌学中描述地貌形态的两个重要参数,它们在水土流失、地貌制图、土壤侵蚀敏感性评价、生态环境评价(叶亚平和刘鲁君,2000;孟庆香,2006)中应用广泛,但是在宏观区域中,地形起伏度更能够描述地形特征。

地形起伏度是定量描述地貌形态、划分地貌类型的重要指标(张磊,2009),它也称为地势起伏度、相对地势或相对高度,是指单位面积内最高点与最低点的高差,可以用式(9.1)表示。它反映宏观区域地表起伏特征,直接影响着地表物质的侵蚀、搬运、堆积等过程(张磊,2009;刘鲁君和叶亚平,2000)。一般而言,海拔高度越高、地形起伏越大,植被生长越困难,生态环境相对越差。

$$R = H_{\max} - H_{\min} \tag{9.1}$$

式中,$R$ 为分析区域内的地形起伏度;$H_{\max}$ 为分析区域内的最高点;$H_{\min}$ 为分析区域内的最低点。

(3)土地利用类型

土地利用分类是一种考虑到土地的自然属性和社会属性的综合分类,它按照不同的目的和形式会形成不同的分类系统。人们依据土地本身的自然属性及社会发展的需求，经过长期的改造和利用会形成不同的土地利用状况。

由于土地用途和土地利用方式的不同，土地利用分类系统的类别和等级也有所不同。土地用途可以作为一级分类的划分依据，如耕地、园地、林地、草地、城乡居民及工矿用地、交通用地、水域、特殊用地、未利用土地等；而土地利用方式则是作为二级分类的主要标准，如耕地又分为水田、水浇地、旱地、菜地等。一二级分类都是按国家标准统一命名及编码排序。为了能够反映出土地利用的区域差异，可以对分类体系作适当增删。第三级分类则应该根据区域的特点、地方需要考虑与相邻地区的协调进行自定，如旱地在华北平原可分为麦地、大田作物（杂粮）、经济作物（花生等）；而在黄土高原可分为坡耕地、川耕地、沟耕地等。在利用遥感图像进行土地利用分类时，常常分为耕地，林地，草地，水域，未利用地，城乡、工矿、居民用地六大类，其中耕地包括水田和旱地，草地包括高覆盖度草地、中覆盖度草地和低覆盖度草地三小类，林地包括有林地、灌木林、疏林地和其他林地四小类，水域包括河渠、湖泊、水库坑塘、永久性冰川雪地、滩涂和滩地六小类，未利用地包括沙地、戈壁、盐碱地、沼泽地、裸土地、裸岩石砾地，以及其他未利用地七小类，城乡、工矿、居民用地包括城镇用地、农村居民点和其他建设用地三小类。但是在实际应用中，有时为了突出研究重点，需要对分类体系做相应的调整。

### 9.1.3.2　状态指标

状态指标是指生态环境的发展状况，它表征特定时间阶段的环境状态和环境变化情况，包括生态系统与自然环境现状等，反映了生态系统内在的各种生物、非生物因素在内因和外力长期作用下的结果，也是生态系统特性和生态系统各种服务功能最直接的体现。

从土壤水分、植被生长状况、景观格局等方面筛选状态指标，体现出了湿地的组织功能和活力情况。

（1）植被覆盖度

植被覆盖度是单位面积上植被（包括叶、茎、枝）垂直投影的，它是描述生态系统和生态环境的重要基础数据，是反映地表植被状况的一个综合量化指标，在植被覆盖变化研究、生态环境调查、水土保持研究，以及蒸散量研究等领域都有广泛的应用。获取区域地表植被覆盖状态，对于揭示地表植被变化及植被动态变化趋势，分析、评价区域生态环境具有重要的意义。

（2）温度植被干旱指数（TVDI）

土壤水分或土壤湿度是指土壤中所含的水分数量，它是湿地水分的重要组成部分，是湿地植物赖以生存和正常生长发育的基本条件。目前，获取土壤含水量的方法主要有 3 种：田间实测法、土壤水分模型法和遥感法（张清等，2008）。传统的实测法是基于点的测量，费时费力，难以提供整个区域范围内的时空分布信息。而利用遥感技术获取土壤湿度的手段包括光学遥感、微波遥感，以及多数据协同使用，其中利用光学遥感影像获取土壤湿度的方法是目前最为经济快速的研究手段之一。利用光学遥感获取土壤水分的方法多是建立各种指数与土壤水分之间的经验关系，它能够较为准确地描述区域土壤的含水量情况，但是却严重依赖于实测数据，不利于了解区域土壤湿度的时间变化情况。温度植被干旱指数由遥感手段获取的地表温度和植被指数构建的特征空间计算得到，其特征空间的顶点或干湿边的确定是建立在数据的统计结果上，无需其他的辅助数据，属于经验模型。该方法简单易行，但要求遥感影像覆盖足够的范围，使得特征空间在地表植被覆盖度的变化上，由裸土到密闭植被的变化，在地表水分状况上有干裸土、干旱密闭植被和湿润裸土、供水充足的密闭植被，这样确定的特征空间的边界才有代表性。

温度植被干旱指数反映了土壤表层的水分状况，在区域干旱监测中应用广泛。尽管它没有与土壤水分之间建立关系，但是大量研究表明，TVDI 越大，土壤湿度越低，TVDI 越小，土壤湿度越高（姚春生等，2004），因而它能够反映出区域土壤水分的相对分布情况，在生态环境评价中是可用的。

（3）景观多样性指数

景观多样性是指不同类型的景观在空间结构、功能机制和时间动态方面的多样化和变异性，它可以表征生态系统结构组成的复杂程度。一般而言，景观多样性指数越高，生态系统结构组成就越复杂，生态系统就越稳定且生物多样性就越丰富。景观多样性指数在一定意义上可表征生物多样性。

香农多样性指数 SHDI（Shannon's diversity index），也叫香农-维纳（Shannon-Wiener）或香农-韦弗（Shannon-Weaver）指数，其计算公式见式（9.2）。它是一种基于信息理论的测量指数，反映了景观异质性特征，在分析和比较同一景观或不同景观在不同时期的多样性和异质性变化时极其敏感，其在生态学中被广泛应用。

$$SHDI = -\sum_{i=1}^{m} P_i[\ln(P_i)] \qquad (9.2)$$

式中，$P_i$ 为土地类型 $i$ 所占整个景观的面积比；$m$ 为总的土地类型数目。SHDI 的取值大于等于零，SHDI=0 表明整个区域的资源空间分布是均匀的；SHDI 增大，说明拼块类型增加或各拼块类型在景观中呈均衡化趋势分布；当各类型景观所占比例相等时取得最大值。

9.1.3.3  响应指标

当生态环境受到一定干扰时，它会发生一系列的变化，如湿地面积、湿地景观结构、生态功能等会发生变化。同时，社会和个人会采取相应的行动抑制环境的负向演替，以及对已经发生的不利于人类生存发展的生态环境变化进行补救。但是这类响应指标是难以量化的，也是难以获得的。这里只选择景观破碎度作为响应指标。

自然因素或人为因素都会致使景观由简单向复杂转变，由于景观从单一、均质和连续的整体转化为复杂的斑块镶嵌体，从而对景观的结构、功能及生态过程造成影响，如生物多样性降低、野生动物栖息地范围发生变化，这个过程就是指景观破碎化。它和区域的社会经济具有很大的因果联系，从而能够反映出人类活动对景观影响的强弱程度，它在湿地生态环境评价中应用广泛。斑块密度指数是反映景观破碎化程度的指数，通常指单位面积上不同景观类型斑块的数目，可表示为

$$FH_i = \frac{N_i}{A_i} \tag{9.3}$$

式中，$FH_i$ 为第 $i$ 类斑块的斑块密度指数；$N_i$ 为第 $i$ 类斑块个数；$A_i$ 为第 $i$ 类斑块的总面积。其中，$FH_i$ 值越大，破碎化程度越高，以此可比较不同类型景观的破碎化程度及整个景观的破碎化状况。

# 9.2 评价单元选择

评价单元是生态环境评价中的最小单元。在同一评价单元内，其属性特征基本是一致的。评价单元的不同，会导致评价结果有所差异。Guzzetti 等（1999）把评价单元分为 5 种：栅格单元、流域单元、地貌单元、地形单元和均一条件单元；也有人把研究区分为核心区、缓冲区和实验区进行评价。按照数据载体的不同，评价单元可以分为基于面状的矢量评价单元和基于点状的栅格评价单元，其中面状评价单元，如行政区划单元、景观单元、流域单元等。合理选择评价单元对评价工作的顺利进行具有重要作用，评价单元的确定主要是根据研究目的、研究对象的范围，以及主要的数据源确定的，常用的评价单元见表 9.2。

表 9.2 不同评价单元的比较

| 评价单元 | 研究目的 | 优点 | 缺点 | 典型案例 |
|---|---|---|---|---|
| 行政区划单元 | 国家、省或者县级的区域生态环境评价 | 社会经济等统计数据易获得，便于行政单元内生态环境保护，以及政绩的确定和比较 | 易破坏生态环境格局的完整性，行政单元内的细节差异易被忽视 | 国家环境保护部开展的中国省域生态环境质量评价研究 |
| 流域单元 | 研究水生生态环境保护和恢复情况 | 最大限度地保持生态环境的区域完整性，很多自然环境因子退化、变迁与不同流域的生态环境相关 | 研究范围不是很大的情况下难以划分出流域范围 | 美国环境监测与评价项目 |

续表

| 评价单元 | 研究目的 | 优点 | 缺点 | 典型案例 |
|---|---|---|---|---|
| 景观单元 | 生态功能区划分，区域生态保护等 | 连接生态区划和土地利用规划的中间环节，可以直观分析各景观单元的差异 | | 国家环境监测总站开展的《北京及周边地区生态环境综合分析》 |
| 栅格/网格单元 | 遥感图像、专题图为主要数据源 | 最大限度地利用遥感图像空间分辨率，有利于数据管理和分析，评价结果能够显示出区域内部差异状况；评价精度较高。在大范围的研究中，网格单元的选择较多，可以减小数据运算量，且可以直接利用网格的属性表进行计算 | 评价结果在区域之间的直接比较不太方便，网格的大小对评价结果影响大，且最佳的网格大小存在不确定性因素 | |

由于栅格单元与网格单元具有一定的相似性，在部分研究中，由于研究区范围较大，且数据源的分辨率相差较大，从而选择格网单元进行研究，如张继承（2008）对青藏高原进行生态环境综合评价时选择 10km×10km 的网格评价单元。

本章的研究区范围是县级行政单元，大部分评价指标是以栅格数据为信息载体，同时为了体现研究区范围内的空间差异性，最终选择栅格单元作为最终的评价单元。

## 9.3 评 价 方 法

### 9.3.1 指标标准化

由于各个指标的类型、单位、属性等都不一样，所以不能直接进行比较，也无法进行运算，因而有必要对各项指标进行标准化处理，消除指标量纲的影响。当前消除指标量纲差异的方法有绝对值对比标准化、分级标准化、极差标准化、逻辑斯蒂曲线法等方法。绝对值对比标准化方法需要各个指标的标准化值，而指标的绝对值研究尚不成熟；分级标准化在国家标准中最常用到，且操作简便，但是具体的阈值划分还没有统一的要求和标准；极差标准化操作简单，在各个领域都得到了广泛的应用。

本书综合采用分级标准化和极差标准化处理方法，在能够查到国家标准或理论依据时采用分级标准化，见表 9.3，其余的指标采用极差标准化进行处理，为了方便评价结果的比较，把值设定为 0~1，且值越大越好。其中，土地利用类型反映了人类活动对生态环境的干扰程度。

表 9.3　评价指标标准分级

| 评价指标 | 标准化分值 | | | | | 参考标准来源 |
|---|---|---|---|---|---|---|
| | [0, 0.2) | [0.2, 0.4) | [0.4, 0.6) | [0.6, 0.8) | [0.8, 1] | |
| 地形起伏度（m） | [300, +∞) | [101, 300] | [51, 100] | [21, 50] | [0, 20] | 《土壤侵蚀分类分级标准》（SL190—96） |
| 景观多样性指数 | [0, 0.2) | [0.2, 0.4) | [0.4, 0.6) | [0.6, 0.8) | [0.8, +∞) | 蒋卫国等, 2005 |

按照评价指标与生态环境质量的关系，可以把指标分为正向指标和负向指标，指标值越大，生态环境越好，即为正向指标，反之，则为负向指标。正向指标的标准化方法见式（9.4），负向指标的标准化方法见式（9.5），最终的结果为 0～1。在评价指标体系中，植被覆盖度、降水量、景观多样性等为正向指标，其余的为负向指标。

$$y = \frac{X - X_{\min}}{X_{\max} - X_{\min}} \tag{9.4}$$

$$y = \frac{X_{\max} - X}{X_{\max} - X_{\min}} \tag{9.5}$$

式中，$y$ 为指标标准化后的值；$X$ 为指标的原始值；$X_{\min}$ 和 $X_{\max}$ 分别为原始指标的最小值和最大值。

### 9.3.2　综合评价

任何一个参评的指标都只能反映出生态环境的一个方面，而生态环境质量的总体状况需要综合考虑它们每一个因素。为了全面反映生态环境的状况，采用综合指数模型式（9.6）对其进行评价，即对湿地的压力、状态、响应指标进行加权求和，得到若尔盖草原湿地的生态环境状况。

$$E = \sum_{i=1}^{n} W_i P_i \tag{9.6}$$

式中，$E$ 为生态环境评价指数，取值范围为 0～1；$n$ 为评价体系中评价指标总个数；$P_i$ 为第 $i$ 个评价指标标准化分值；$W_i$ 为第 $i$ 个指标的权重，它可通过权重确定方法获取。

## 9.4　评　价　标　准

生态环境评价有相对评价和绝对评价之分，生态环境质量的好坏是一个相对的概念，它的优劣程度取决于评价基准，而绝对的好坏标准是不存在的。目前，还没有出现被普遍接受的生态环境评价标准，已有的研究大部分都是针对特定的研究区制定相应的评价标准，因而相同研究区在不同的研究中所处的等级会有所不同。尽管我国国家环境保护部颁布了《生态环境状况评价技术规范》（试行）（HJ/T192—2006），它对生态环境状况的评价标准有明确规定，但是该规范只适用于县级以上区域的生态环境评价，不能完全照搬。

生态环境的评价更多的应该是着力于探讨区域生态环境状况的时间动态变化与空间差异，而非人为判定某时某地生态环境状况的好坏。因此，采用相对评价的方法制定评价标准，把式（9.6）计算的结果按照计算结果的大小分为优良中差 4 个等级，其中生态环境评价指数越大，生态环境越好，具体的等级含义见表 9.4。

表 9.4　生态环境评价分级标准

| 等级 | | 生态环境状况描述 |
|---|---|---|
| I | 优 | 生态环境的自然状态保持良好，生态系统的结构合理，系统活力强，外界压力小，功能完善，系统极稳定 |
| II | 良 | 生态环境的自然状态保持较好，生态系统的结构比较合理，系统活力较强，外界压力小，功能较完善，系统尚稳定 |
| III | 中 | 生态环境的自然状态已经受到一定的改变，生态系统的结构尚算完整，活力表现衰退，功能水平有一定的退化 |
| IV | 差 | 生态环境的自然状态受到相当的破坏，生态系统的结构破碎，活力较差，功能水平有很大的退化，对外界的干扰响应迅速 |

## 9.5　评价指标获取及分析

本节以四川若尔盖县为例，详细介绍了生态环境评价的步骤和过程，包括生态环境评价指标体系的获取及分析、生态环境评价方法及评价结果的分析。

### 9.5.1　压力指标

（1）海拔和地形起伏度

海拔可以直接用数字高程模型表示，若尔盖县的海拔分布及分级如图 9.2所示。从图 9.2 中可以看出，若尔盖县的海拔为 2300～4650m，主要集中在3300～3560m，在东部和北部存在有海拔较低的区域，属于我国典型的高原山地地貌。

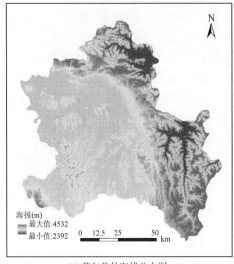
(a) 若尔盖县海拔分布图

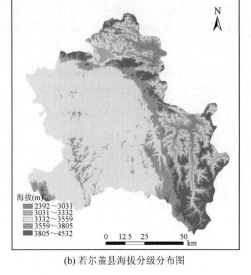
(b) 若尔盖县海拔分级分布图

图 9.2　若尔盖县海拔分布图及其分级分布图

　　计算地形起伏度的关键在于最佳分析区域的确定，即定义中所谓的单位面积。按照地貌发育的基本理论，最佳分析区域是指存在一个使最大高差达到相对稳定的区域范围。为了在研究中不引入由于边界效应引起的误差，本书选用比研究区稍大的 DEM 作为数据源。首先借助 ArcGIS 的邻域分析工具计算出 3×3、4×4、5×5、6×6、7×7、8×8、9×9、10×10 等窗口大小内研究区的最大高程和最小高程，再利用栅格空间运算工具计算它们之间的差值，即为研究区在相应分析窗口的地形起伏度。研究区的最大地形起伏度随分析窗口大小的变化曲线如图 9.3 所示，从图 9.3 可以看出，最大地形起伏度随分析窗口的增大而增加，当窗口大小为 5×5 时，最大

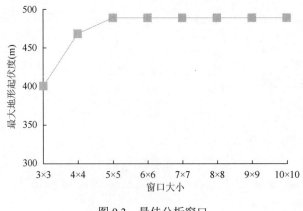

图 9.3　最佳分析窗口

地形起伏度不再增加,达到一个稳定值,从而确定出若尔盖县的最佳分析窗口为5×5。因此,把该分析窗口获得的地形起伏度作为最终的地形起伏度。

为了从宏观上分析若尔盖县的地形起伏分布状况,我们对其进行分级渲染,得到起伏度分级分布图。其中,地形起伏度及其分级分布图如图9.4所示,各级所占研究区的面积比见表9.5。

(a) 若尔盖县地形起伏度分布图　　　　　(b) 若尔盖县地形起伏度分级分布图

图9.4　若尔盖县地形起伏度分布及其分级分布图

表9.5　地形起伏度分级统计表

| 地形起伏度（m） | 0~20 | 21~50 | 51~100 | 101~300 | >300 |
|---|---|---|---|---|---|
| 百分比（%） | 42.86 | 28.92 | 23.89 | 4.33 | 0.00 |

注:>300m的像元数不超过100,所占比例较小。

从图9.2和图9.4可以看出,若尔盖县的地形明显可以分为两大区域:中西部和南部较为平坦,地形起伏较小,海拔相对于东南部较低,中间偶有山丘的存在,这样的地形不利于水的排放,但利于湿地的形成,因而该部分主要是以草地和沼泽湿地为主的土地覆盖;东南部和北部地区是高山峡谷,地形起伏较大,这里主要是以林地为主的土地覆盖。从图9.4和表9.5可以看出,若尔盖县的地形起伏度主要集中在0~20m,约占总面积的43%,主要分布在中部和西部;地形起伏度小于100m的区域占了研究区面积的95%以上;101~300m的地形起伏的区域仅占4.33%,主要分布在北部;而大于300m的区域极少,几乎可以忽略不计。

（2）年降水量和年均气温

中国地面国际交换站气候资料年值数据集是按照标准的文本文档格式存储，首先按照站点的地理位置筛选出研究区范围内及周边的数据并转化为.shp 格式，再通过 Kriging 插值法转化为 30m 分辨率的栅格图像，最后裁剪得到研究区的年降水量和年均气温分布图，分别如图 9.5 和图 9.6 所示。

(a) 若尔盖县1994年年降水量分布图

(b) 若尔盖县2000年年降水量分布图

(c) 若尔盖县2007年年降水量分布图

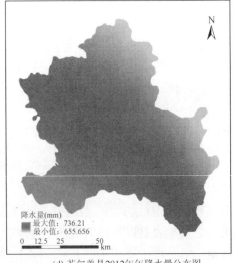

(d) 若尔盖县2012年年降水量分布图

图 9.5　若尔盖县 1994 年、2000 年、2007 年、2012 年年降水量分布图

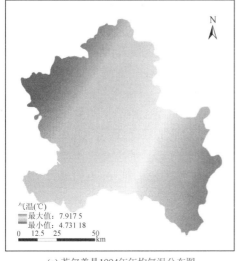

(a) 若尔盖县1994年年均气温分布图

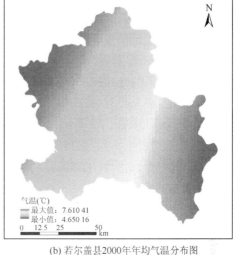

(b) 若尔盖县2000年年均气温分布图

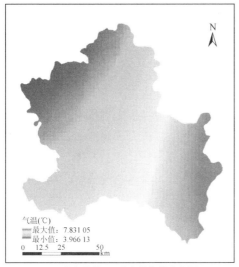

(c) 若尔盖县2007年年均气温分布图

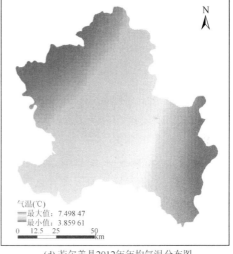

(d) 若尔盖县2012年年均气温分布图

图9.6 若尔盖县1994年、2000年、2007年、2012年年均气温分布图

从图9.5可以看出，若尔盖县的年降水量在500mm以上，相对较充沛，但整体区域差异明显，南部多于北部，1994～2000年多降水量主要集中在南部，而2007～2012年则转移到了西南角；对区域的降水量极值进行分析，发现1994～2012年该地区的最大降水量呈波动增加，1994～2000年先增加，2000～2007年又有一定程度的减少，到了2007～2012年又有所增加，且增加的幅度远大于1994～2000年；而最小降水量也是呈波动增加的，且整个趋势正好与最大降水量

相反。从图 9.6 可以看出，对于若尔盖县年均气温的整体分布而言，东部高于西部；对该地极值气温进行分析，发现 1994～2012 年该地区的最低气温在逐渐下降，而最高气温则是动态变化的，1994～2000 年是下降，2000～2007 年是上升，到了 2007～2012 年又有所下降。

（3）土地利用类型

若尔盖县典型的地物类型有河流、湖泊、泥炭沼泽、沼泽化草甸、湿草甸、灌丛、灌木林、森林、沙地、裸地、裸岩和建筑用地等（张秋劲，2004），其中，河流、湖泊、泥炭沼泽、沼泽化草甸和湿草甸是若尔盖县的主要湿地类型（蒋锦刚等，2012）。由于研究区主要是以沼泽湿地为主的草原湿地，本书参考《全国遥感监测土地利用/覆盖分类体系》，结合已有的研究成果（吴玉，2010），把土地利用类型分为沼泽、林地、草地、水体、建筑用地、难利用地（裸地、沙地、裸岩、积雪）、耕地。

目前，从遥感图像中提取土地利用的方法有两种：一是目视解译，二是计算机自动分类。其中，目视解译的精度高，但是过程繁琐，工作量大，且受到解译人员所掌握的专业知识和解译经验的限制，主观因素干扰大。而计算机自动分类受人为影响相对较小，提取速度快。按照是否有已知训练样本参与分类，计算机自动分类方法可以分为监督分类和非监督分类。由于监督分类需要选取训练样本，需要对研究区有所认识，因而分类精度较非监督分类更高。

为了既保证土地利用提取的精度，又能较快提取信息，本书综合采用两种方法，先采用决策树分类方法对遥感图像进行监督分类，再人工修改错误分类。在分类过程中，主要以文献（张树清，2008；蒋锦刚等，2012）为参考，并贯彻野外调查的先验知识选择训练样本和人工修改错误分类。在遥感图像中，居民地与裸地、沼泽与草地错分的现象比较明显，因而人工修改主要集中在这几类。最后，通过随机采集图像纯净像元，采用误差矩阵进行分类精度评价，分类结果精度见表 9.6～表 9.9。

**表 9.6　1994 年土地利用类型分类精度表**

| 土地利用类型 | 水体 | 建筑用地 | 林地 | 沼泽 | 难利用地 | 耕地 | 草地 |
|---|---|---|---|---|---|---|---|
| 水体 | 100 | 0 | 0 | 5 | 10 | 0 | 0 |
| 建筑用地 | 0 | 75 | 0 | 0 | 0 | 0 | 0 |
| 林地 | 0 | 0 | 100 | 0 | 0 | 0 | 0 |
| 沼泽 | 0 | 0 | 0 | 95 | 0 | 0 | 0 |
| 难利用地 | 0 | 0 | 0 | 0 | 90 | 0 | 0 |
| 耕地 | 0 | 0 | 0 | 0 | 0 | 100 | 0 |
| 草地 | 0 | 25 | 0 | 0 | 0 | 0 | 100 |

总体精度：96.8421%，Kappa 系数：0.9609

**表 9.7　2000 年土地利用类型分类精度表**

| 土地利用类型 | 水体 | 建筑用地 | 林地 | 沼泽 | 难利用地 | 耕地 | 草地 |
|---|---|---|---|---|---|---|---|
| 水体 | 100 | 0 | 0 | 0 | 0 | 0 | 0 |
| 建筑用地 | 0 | 100 | 0 | 0 | 0 | 0 | 0 |
| 林地 | 0 | 0 | 100 | 0 | 0 | 0 | 0 |
| 沼泽 | 0 | 0 | 0 | 92.9 | 0 | 0 | 0 |
| 难利用地 | 0 | 0 | 0 | 0 | 80 | 0 | 0 |
| 耕地 | 0 | 0 | 0 | 0 | 0 | 100 | 0 |
| 草地 | 0 | 0 | 0 | 7.14 | 20 | 0 | 100 |

总体精度：96.6292%，Kappa 系数：0.9580

**表 9.8　2007 年土地利用类型分类精度表**

| 土地利用类型 | 水体 | 建筑用地 | 林地 | 沼泽 | 难利用地 | 耕地 | 草地 |
|---|---|---|---|---|---|---|---|
| 水体 | 100 | 0 | 0 | 0 | 0 | 0 | 0 |
| 建筑用地 | 0 | 100 | 0 | 0 | 0 | 0 | 0 |
| 林地 | 0 | 0 | 93.02 | 0 | 0 | 0 | 0 |
| 沼泽 | 0 | 0 | 0 | 80.43 | 0 | 0 | 0 |
| 难利用地 | 0 | 0 | 0 | 0 | 65 | 0 | 0 |
| 耕地 | 0 | 0 | 0 | 0 | 0 | 100 | 0 |
| 草地 | 0 | 0 | 6.98 | 19.57 | 35 | 0 | 100 |

总体精度：87.6623%，Kappa 系数：0.8465

**表 9.9　2012 年土地利用类型分类精度表**

| 土地利用类型 | 水体 | 建筑用地 | 林地 | 沼泽 | 难利用地 | 耕地 | 草地 |
|---|---|---|---|---|---|---|---|
| 水体 | 77.78 | 0 | 0 | 0 | 0 | 0 | 0 |
| 建筑用地 | 0 | 100 | 0 | 0 | 0 | 0 | 0 |
| 林地 | 0 | 0 | 100 | 0 | 0 | 0 | 4.55 |
| 沼泽 | 22.22 | 0 | 0 | 100 | 28.57 | 0 | 0 |
| 难利用地 | 0 | 0 | 0 | 0 | 71.43 | 0 | 0 |
| 耕地 | 0 | 0 | 0 | 0 | 0 | 100 | 0 |
| 草地 | 0 | 0 | 0 | 0 | 0 | 0 | 90.91 |

总体精度：89.7727%，Kappa 系数：0.8728

从各个时相的分类精度表中可以看出，总体精度都在 85% 以上，可以满足应用需求。其中，由于耕地是采用人工解译的，因而其分类精度高，而沼泽与水体、沼泽与草地、难利用地与草地误分的现象明显，这主要是由于高植被覆盖沼泽与草地的光谱信息比较接近，地覆盖草地与裸露地表、沙地等难利用地在图像上比较相似，从而导致了误分。

　　研究区最终的土地利用类型分类结果如图 9.7 所示，不同土地利用类型的统计结果见表 9.10。

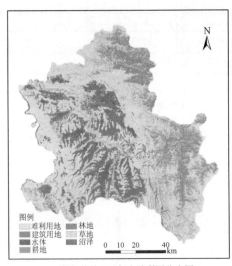

(a) 若尔盖县1994年土地利用分布图

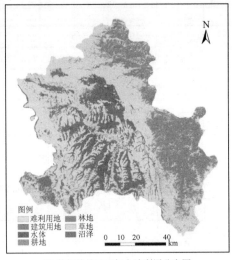

(b) 若尔盖县2000年土地利用分布图

(c) 若尔盖县2007年土地利用分布图

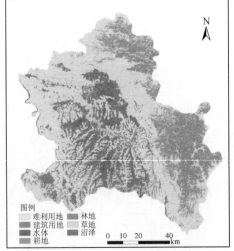

(d) 若尔盖县2012年土地利用分布图

图9.7　若尔盖县 1994 年、2000 年、2007 年、2012 年的土地利用分布图

表 9.10 土地利用类型统计表

| 土地利用类型 | 1994 年 | | 2000 年 | | 2007 年 | | 2012 年 | |
|---|---|---|---|---|---|---|---|---|
| | 面积（km²） | 百分比（%） | 面积（km²） | 百分比（%） | 面积（km²） | 百分比（%） | 面积（km²） | 百分比（%） |
| 水体 | 321.98 | 3.15 | 159.57 | 1.56 | 141.09 | 1.38 | 169.63 | 1.66 |
| 建筑用地 | 15.25 | 0.15 | 23.64 | 0.23 | 33.45 | 0.33 | 37.97 | 0.37 |
| 林地 | 1 418.1 | 13.88 | 1 469.76 | 14.38 | 1 725.12 | 16.88 | 1 851.08 | 18.11 |
| 沼泽 | 2 330.5 | 22.80 | 2 234.4 | 21.86 | 1 845.13 | 18.05 | 2 338.08 | 22.88 |
| 难利用地 | 92.02 | 0.90 | 99.58 | 0.97 | 109.59 | 1.07 | 147.11 | 1.44 |
| 耕地 | 53.39 | 0.52 | 59.22 | 0.58 | 54.38 | 0.53 | 57.43 | 0.56 |
| 草地 | 5 988.56 | 58.60 | 6 173.63 | 60.41 | 6 311.04 | 61.75 | 5 618.49 | 54.98 |
| 总面积 | 10 219.8 | | 10 219.8 | | 10 219.8 | | 10 219.79 | |

从研究区整体的土地利用分布情况看，草地和沼泽占有绝对优势，在北部和东南部分布有林地，与野外实地考察基本一致。草地和沼泽主要分布在中部和西部地形起伏较小的区域，且沼泽和草地相间或成片分布。难利用地主要夹杂分布在草地中，且有增加的趋势；北部分布的难利用地主要是山顶裸露岩石。耕地一部分分布在白河流域，一部分分布在东部和北部山区地带。从图 9.7 可以看出，1994～2007 年若尔盖县的水体区域面积在减小，水体的减少，导致了湖泊的干涸和沼泽化及沼泽的旱化，如幕错干、兴错等湖泊面积萎缩明显，西北部和东南角的沼泽退化显著。而到了 2012 年，水体的区域面积相应有了扩大，但是范围有限。林地主要分布在东部和北部，在西南角也有少量分布。由于原始影像时像上有所差异，从而林地的划分还是有所差异的，如 1994 年东部山顶还残存有积雪。

从表 9.10 中可以看出，1994～2007 年，水体和沼泽的面积在减少，而草地面积则有所增加，这主要是由湖泊萎缩和沼泽退化导致的，地表积水减少，从而使沼泽和湖泊边缘地带逐渐退化，出现湖泊—沼泽—沙地，沼泽—草甸—草地的转化；2007～2012 年，水体和沼泽的面积在增加，而草地的面积有所减少。1994～2012 年，建筑用地面积和难利用地面积在不断增加，一方面说明人类活动的影响在加大，另一方面说明土地沙化和裸露地表在增加。1994～2012 年林地面积也都有所增加。

### 9.5.2 状态指标

（1）植被覆盖度

目前，植被覆盖度的测量方法主要有地面测量和遥感估算，其中地面测量适用于田间尺度，而遥感估算则适用于区域尺度。目前，已经发展了大量利用遥感技术进行植被覆盖度估算的方法，主要有统计模型、混合像元分解模型、物理模型法等，其中混合像元分解模型中简单实用且应用最为广泛的遥感估算模型则是像元二分模型。像元二分模型的假设前提是某个像元只由植被覆盖地表与无植被覆盖地表组成，植被覆盖地表占像元的百分比，即为该像元的植被覆盖度。在大时间尺度的研究中，较为实用的方法是利用植被指数近似估算植被覆盖度，常用的植被指数为归一化植被指数（normalized difference vegetation index，NDVI）。

NDVI 的取值范围为[–1，1]，一般而言，负值和零值是非植被覆盖区，如岩石、云、雪、水或裸土等；正值是植被覆盖区，值越大，植被覆盖越高。首先获得研究区的 NDVI，再按照像元二分法计算研究区的植被覆盖度。在理论中，$NDVI_{soil}$ 应该接近于零，但是对于大多数的裸地表面，由于其受到土壤类型、土壤湿度、土壤粗糙度等因素影响，$NDVI_{soil}$ 会随时间和空间发生变化，但其范围为–0.1～0.2（Chen et al.，2011；Rundquist，2002）。$NDVI_{veg}$ 为全植被覆盖像元的最大值，但是由于植被类型、数据时相的原因，$NDVI_{veg}$ 也会不同。显然，在分析不同时像数据时，若采用相同的 $NDVI_{soil}$ 和 $NDVI_{veg}$ 值是不合理的。研究中 $NDVI_{veg}$ 和 $NDVI_{soil}$ 通过选取纯净像元做统计分析，其中 $NDVI_{veg}$ 取植被覆盖区域像元的最小值，$NDVI_{soil}$ 取裸土或无植被覆盖区域像元的最大值。植被覆盖度的范围为 0～1，值越大，表明植被覆盖度越高。

研究区的植被覆盖度状况如图 9.8 所示。

(a)若尔盖县1994年植被覆盖度分布图　　　　　(b)若尔盖县2000年植被覆盖度分布图

(c)若尔盖县2007年植被覆盖度分布图      (d)若尔盖县2012年植被覆盖度分布图

图 9.8 若尔盖县 1994 年、2000 年、2007 年、2012 年植被覆盖度分布图

    为了能够直观地看出若尔盖县植被覆盖度的空间差异，采用等间距法把植被覆盖度划分为 5 个等级，按照植被覆盖度从大到小分别表示为高植被覆盖度、中高植被覆盖度、中植被覆盖度、中低植被覆盖和低植被覆盖度，它们的等级分布如图 9.9 所示。

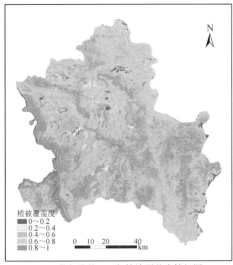

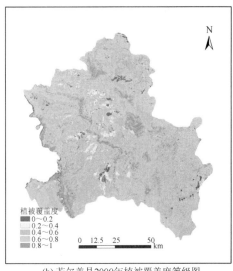

(a) 若尔盖县1994年植被覆盖度等级图      (b) 若尔盖县2000年植被覆盖度等级图

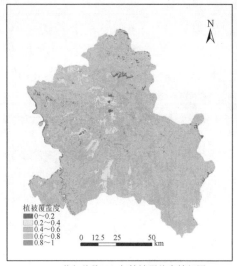
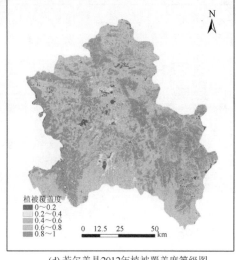

(c) 若尔盖县2007年植被覆盖度等级图　　　　　(d) 若尔盖县2012年植被覆盖度等级图

图 9.9　若尔盖县 1994 年、2000 年、2007 年、2012 年植被覆盖度等级分布图

　　由图 9.9 可以看出，若尔盖县沿河流的植被覆盖度要普遍高于其他区域，这主要是因为河流两岸的土壤含水量较其他地方高。从时间尺度进行分析，4 个年份的植被覆盖度等级差异较大，1994 年和 2012 年的高植被覆盖度的区域异常大于其他两年，且低植被覆盖度的区域同样比其他两年更多，在若尔盖县东部地区更是，这与影像的获取时间有密切关系。取整个若尔盖县的植被覆盖度平均值（表 9.11）进行分析，发现 1994 年和 2012 年的平均植被覆盖度比较接近，且值都比其他两年的大。1994~2007 年植被覆盖度有所下降，而 2007~2012 年的植被覆盖度有所恢复，接近于 1994 年的水平。

表 9.11　若尔盖县的平均植被覆盖度

| 年份 | 1994 | 2000 | 2007 | 2012 |
|---|---|---|---|---|
| 平均植被覆盖度 | 0.71 | 0.62 | 0.56 | 0.71 |

（2）温度植被干旱指数

　　首先利用热红外遥感图像（TM 第 6 波段，ETM+第 6 波段，IRS 第 4 波段）反演出地表温度（land surface temperature，LST），再结合 LST-NDVI 二维特征空间计算得到 TVDI，计算见式（9.7），其获得的流程图，如图 9.10 所示。

$$TVDI = \frac{LST_{NDVI.max} - LST_{NDVI}}{LST_{NDVI.max} - LST_{NDVI.min}} \tag{9.7}$$

满足：$LST_{NDVI.max} = a + b NDVI$；$LST_{NDVI.min} = a' + b' NDVI$

式中，$LST_{NDVI.max}$ 为相同 NDVI 值的最大地表温度，对应 LST-NDVI 特征空间的干边；$a$、$b$ 为干边拟合方程的系数；$LST_{NDVI.min}$ 为相同 NDVI 值的最小地表温度，对应 LST-NDVI 特征空间的湿边；$a'$、$b'$为湿边拟合方程的系数。

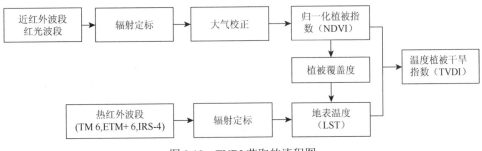

图9.10  TVDI 获取的流程图

　　TVDI 值的范围是[0,1]，干边上的点对应的 TVDI 值为 1，湿边上对应的 TVDI 值为 0。实际计算中，由于干湿边无法完全包含像元空间，所以 TVDI 指数值可超出这一范围。TVDI 值越低，表示土壤湿度越大，越靠近湿边。湿边对应土壤湿度为田间持水量的等值线，干边对应土壤湿度的理论极限值零。

　　首先利用单窗算法（Sobrino et al.，2004）反演出若尔盖县的地表温度，再利用 LST-NDVI 二维特征空间提取研究区的温度植被干旱指数，该过程可以借助 ENVI 软件获得，由于在实际中直接计算得到的 TVDI 值有少量会超出 0～1 的范围，在此，把小于 0 的值取值为 0，大于 1 的值取值为 1。最后，得到的温度植被干旱指数的分布图如图 9.11 所示。

(a) 若尔盖县1994年温度植被干旱指数分布图

(b) 若尔盖县2000年温度植被干旱指数分布图

(c) 若尔盖县2007年温度植被干旱指数分布图　　　　(d) 若尔盖县2012年温度植被干旱指数分布图

图 9.11　若尔盖县 1994 年、2000 年、2007 年、2012 年温度植被干旱指数分布图

从图 9.11 可以看出，整体分布而言，东部和北部的 TVDI 值较小，而西部成片区域的 TVDI 值较大，且 1994～2012 年有增加的趋势，尤其是在西南部增加更为明显。在中部区域，TVDI 的变化明显，1994～2007 年逐渐增大，而到了 2012 年，又有所恢复。由于 TVDI 值与地表湿润程度呈负相关，TVDI 值越小，表明地表的含水量越高。在 TVDI 值较大的地方主要是林地覆盖，而 TVDI 值较大的西部，植被覆盖较少，土壤含水量较低，易发生沙化现象。

（3）景观多样性指数

计算景观格局指数的重要步骤是分析尺度的确定，在景观生态学中分析问题主要的尺度有斑块、廊道、景观 3 个尺度，在 Fragstats 软件中分别对应 path、class、land 3 个层次，各个层次计算的景观指数所代表的生态学意义有所不同。在湿地研究中，景观多样性常由 land 层次计算获得，且有按照行政单元为单位进行计算的，也有把研究区按照流域划分为单位进行计算的，在此采用行政单元为单位进行计算。

首先利用 ArcGIS 软件把土地利用类型专题图的格式转换为 GRID 格式，并建立相应的属性信息，包括土地利用类型的名称，借助 Fragstats4.0 软件计算香农多样性指数 SHDI，其结果见表 9.12。

表 9.12　若尔盖县的香农多样性指数

| 年份 | 1994 | 2000 | 2007 | 2012 |
| --- | --- | --- | --- | --- |
| SHDI | 1.1245 | 1.1705 | 1.0754 | 1.1489 |

香农多样性指数是景观多样性的衡量指标，从表 9.12 可以看出，1994~2012年的香农多样性指数经历了增减增的过程，但是总体的变化幅度都不大，且都大于 1，表明该地的景观多样性丰富程度较高。

### 9.5.3 响应指标

在大量的湿地研究中，斑块密度常由斑块层计算获得。因此，在斑块层计算斑块密度，结果见表 9.13。

表 9.13 斑块密度指数

| 年份 | 草地 | 难利用地 | 林地 | 水体 | 耕地 | 建筑用地 | 沼泽 |
|---|---|---|---|---|---|---|---|
| 1994 | 0.8523 | 0.5618 | 0.9854 | 0.7225 | 0.0490 | 0.1502 | 2.2025 |
| 2000 | 0.6549 | 0.5836 | 0.6934 | 0.1761 | 0.0601 | 0.2626 | 1.0061 |
| 2007 | 0.6888 | 0.585 | 0.6625 | 0.6678 | 0.0971 | 0.4548 | 2.1209 |
| 2012 | 0.9089 | 0.2941 | 0.5513 | 0.3331 | 0.0455 | 0.1799 | 1.1506 |

斑块密度指数反映了各景观类型的破碎化程度，其值越大，破碎化程度越高。从表 9.13 可以看出，1994~2000 年林地、草地、水体和沼泽的斑块密度有所减小，而 2000~2012 年草地的斑块密度在增大，表明草地的破碎化程度在增大，难利用地、水体、耕地、建筑用地、沼泽等先增大再减小。

## 9.6 生态环境质量评价

### 9.6.1 数据标准化

为了消除指标量纲的影响，采用分级标准化和极差标准化相结合的方法进行处理。其中，土地利用类型、地形起伏度、景观多样性指数采用分级标准化的指标，见表 9.14。

表 9.14 评价指标分级标准化标准

| 标准化取值 | 景观多样性指数 | 土地利用类型 | 地形起伏度（m） |
|---|---|---|---|
| 0.9 | [0.8，+∞) | 林地 | [0，20] |
| 0.7 | [0.6，0.8) | 草地 | [21，50] |
| 0.5 | [0.4，0.6) | 沼泽、水体 | [51，100] |
| 0.3 | [0.2，0.4) | 耕地 | [101，300] |
| 0.1 | [0，0.2) | 建筑用地/难利用地 | [300，+∞) |

其中，土地利用类型的分级赋值标准是按照因素对自然环境影响由小至大的顺序排列为依据的，它们依次为林地，草地，耕地，建筑用地，裸地和盐碱地等难利用地。其余的评价指标采用极差标准化方法进行处理。

### 9.6.2　权重确定

权重的大小反映了评价指标对若尔盖草原湿地生态环境的重要程度，它在综合评价中占有重要地位。目前，确定指标权重的方法有很多，比较常见的有专家打分法（Ying et al., 2007）、层次分析法（Ying et al., 2007；Li et al., 2007）（analytical hierarchy process，AHP）、主成分变换法、隶属度函数法等。

层次分析法是由美国运筹学家 Thomas L. Saaty 教授在 20 世纪 70 年代提出的，目前在政策分析、资源分配、评价等（Vaidya and Kumar，2006）领域广泛应用。该方法是一种特征值成对比较的系统分析与决策方法，它可以将定性问题转化为定量计算，适用于那些难以完全用定量方法进行分析的复杂问题，具有灵活简洁、系统性实用性的特点。

层次分析法确定权重的步骤如下。

（1）构造判断矩阵

判断矩阵是层次分析法把定性问题转化为定量分析的基础，它可以采用 Saaty 提出的 9 标度方法进行构建，9 标度法见表 9.15。通过相同层次间的指标两两相互比较，得到各评价指标的重要性程度，从而确定相应的判断矩阵，如 $A$：

$$A = \begin{pmatrix} a_{11} & a_{12} & \cdots & a_{1j} \\ a_{21} & a_{22} & \cdots & a_{2j} \\ \cdots & \cdots & \cdots & \cdots \\ a_{i1} & a_{i2} & \cdots & a_{ij} \end{pmatrix}$$

式中，$a_{ij}$ 为判断矩阵 $A$ 的元素，它表示第 $i$ 个指标相对于第 $j$ 个指标重要性的比较结果，且 $A$ 满足条件：①$i = j$；②当 $i = j$ 时，$a_{ij} = 1$；③$a_{ji} = 1/a_{ij}$，$a_{ij} > 0$。

表 9.15　9 标度

| 标度 $a_{ij}$ | 量化值 |
|---|---|
| 指标 $i$ 比 $j$ 同等重要 | 1 |
| 指标 $i$ 比 $j$ 稍微重要 | 3 |
| 指标 $i$ 比 $j$ 较强重要 | 5 |
| 指标 $i$ 比 $j$ 强烈重要 | 7 |
| 指标 $i$ 比 $j$ 极端重要 | 9 |
| 两相邻判断的中间值 | 2，4，6，8 |

（2）层次单排序及一致性检验

层次单排序是为了确定本层析指标与上层次之间及与之有联系指标的重要性次序的权重，因而需要根据判断矩阵计算出评价指标的权重。评价指标的权重可以通过计算判断矩阵的特征值和特征向量实现。判断矩阵 $A$ 最大的特征值 $\lambda_{max}$ 和对应的归一化后的特征向量 $w = (\alpha_1, \alpha_2, \alpha_3, \cdots, \alpha_j)^T$，其中 $w$ 满足 $\alpha_i > 0, i = 1, 2, \cdots, j$，$\alpha_1 + \alpha_2 + \cdots + \alpha_j = 1$。常见的计算特征值和特征向量的方法有和积法、幂法和方根法，本书采用方根法进行计算，具体的步骤如下。

1）计算判断矩阵每行元素乘积的 $n$ 次方根。

$$W' = \sqrt[n]{\prod_{j-1}^{n} a_{ij}} \, (i = 1, 2, \cdots, n) \tag{9.8}$$

2）对向量 $W_i' = (W_1', W_2', \cdots, W_n')^T$ 作归一化处理。

$$W_i = W_i' / \sum_{i=1}^{n} W_i' \, (i = 1, 2, \cdots, n) \tag{9.9}$$

3）求取最大特征值 $\lambda_{max}$。

$$\lambda_{max} = \sum_{i=1}^{n} \frac{(CW)_i}{nW_i} (i = 1, 2, \cdots, n) \tag{9.10}$$

4）一致性检验。本书需要引入一致性检验指标 CI 度量判断矩阵偏离一致性的程度，其中 CI 的计算公式见式（9.11）。式中，$n$ 为判断矩阵的阶数。CI 值越小，判断矩阵的一致性越好，当 CI=0 时，判断矩阵具有完全的一致性。

$$CI = (\lambda_{max} - n) / (n - 1) \tag{9.11}$$

先从表 9.16 中查找出随机一致性指标 RI，再结合式（9.11）计算得到的 CI，根据式（9.12）计算得到一致性比率 CR（consistency ratio），当 CR＜0.1 时，判断矩阵 $A$ 具有满意的一致性，也可以说是该矩阵的不一致程度是可以接受的；否则就调整判断矩阵 $A$，直到达到满意的一致性为止。若 $A$ 满足一致性检验，则 $w$ 则为相应的权重。

$$CR = CI/RI \tag{9.12}$$

表 9.16　1～10 阶矩阵的 RI 取值

| 阶数 | 1 | 2 | 3 | 4 | 5 | 6 | 7 | 8 | 9 | 10 |
|------|------|------|------|------|------|------|------|------|------|------|
| RI | 0.00 | 0.00 | 0.58 | 0.90 | 1.12 | 1.24 | 1.32 | 1.41 | 1.45 | 1.49 |

（3）层次总排序及一致性检验

层次总排序及其一致性检验的计算过程与层次单排序及其一致性检验相似，

首先利用同一层次中所有单排序的结果，再结合上层次所有元素的权重，从而计算出每个评价指标相对于总目标的权重，最终计算出各个评价指标的权重，其结果见表 9.17。

表 9.17　层次分析法确定的指标权重

| 一级指标 | 二级指标 | 权重 | 排序 |
|---|---|---|---|
| 压力指标 | 年均降水量 | 0.1033 | 6 |
| | 年均气温 | 0.058 | 7 |
| | 海拔高度 | 0.0277 | 9 |
| | 地形起伏度 | 0.0465 | 8 |
| | 土地利用类型 | 0.1699 | 2 |
| 状态指标 | 植被覆盖度 | 0.1983 | 1 |
| | 温度植被干旱指数 | 0.1574 | 3 |
| | 景观多样性 | 0.1249 | 4 |
| 响应指标 | 景观破碎度指数 | 0.114 | 5 |

从表 9.17 可以看出，在整体的权重排序中，植被覆盖度＞土地利用类型＞温度植被干旱指数＞景观格局指数（景观多样性指数和景观破碎度指数）＞气候要素（年均气温和年均降水量）＞地形地貌要素（海拔高度和地形起伏度）。同时也可以看出，在一级指标中，除了人类活动的因素外，其余指标的重要性普遍要弱于状态指标和响应指标，这主要是由于压力指标对于生态环境的状况具有一定的滞后性，而状态指标和响应指标体现了生态环境的现状；而对二级指标进行分析发现植被覆盖度对该地的生态环境影响最大，其次为土地利用类型，它反映了人类活动对生态环境的影响程度。

### 9.6.3　综合评价

在生态环境评价中，由于评价单元的不同，评价结果会有所差异。评价单元的选择与研究区范围密切相关，本书以栅格数据为信息载体，以栅格单元为评价的最小单位，利用 ArcGIS 的栅格计算工具，对各评价指标进行加权求和得到研究区的生态环境评价指数，研究区的评价结果如图 9.12 所示，其均值见表 9.18。再按照指数的数值大小进行等级划分，确定生态环境状况的优劣程度。

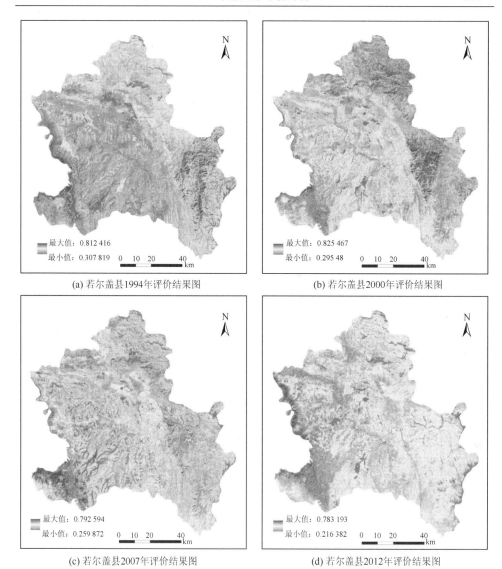

(a) 若尔盖县1994年评价结果图

(b) 若尔盖县2000年评价结果图

(c) 若尔盖县2007年评价结果图

(d) 若尔盖县2012年评价结果图

图9.12 若尔盖县1994年、2000年、2007年、2012年的评价结果

表9.18 若尔盖县评价结果均值

| 年份 | 1994 | 2000 | 2007 | 2012 |
|------|------|------|------|------|
| 均值 | 0.62 | 0.63 | 0.59 | 0.63 |

由于本书研究涉及的时像不止一个,为了比较时间尺度上的区域变化情况,

需要制定相同的分级标准。自然裂点法（natural breaks）分级是以数据分布的自然裂点作为分级的依据，使各级别中的变异总和达到最小的原则来确定分级断点。本章采用此方法对 2000 年的评价结果进行分级，并以此分级阈值作为评价标准，最后采用此标准对其他时像的评价结果进行分级，最终的分级成果如图 9.13 所示。各等级的分级标准及各等级所占的面积分别见表 9.19 和图 9.14。

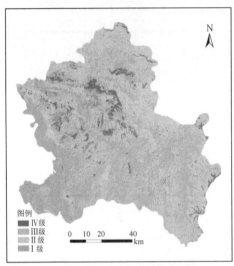

(a) 若尔盖县1994年评价结果分级图

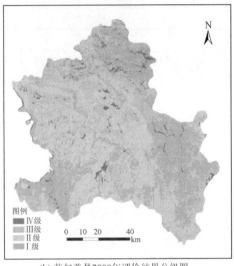

(b) 若尔盖县2000年评价结果分级图

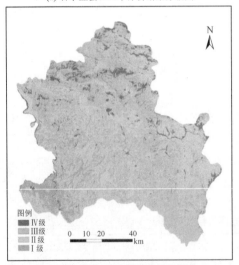

(c) 若尔盖县2007年评价结果分级图

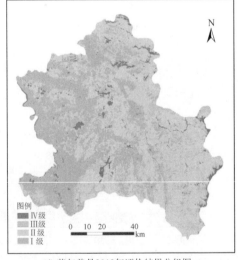

(d) 若尔盖县2012年评价结果分级图

图 9.13　若尔盖县 1994 年、2000 年、2007 年、2012 年评价结果分级图

表9.19 各等级所占的面积 （单位：km²）

| 年份 | IV级 | III级 | II级 | I级 |
|---|---|---|---|---|
| | <0.5 | 0.5~0.6 | 0.6~0.66 | >0.66 |
| 1994 | 639.49 | 3213.22 | 3334.31 | 3032.79 |
| 2000 | 367.75 | 2614.97 | 4373.93 | 2863.16 |
| 2007 | 581.61 | 5138.9 | 3620.48 | 878.82 |
| 2012 | 392.72 | 1436.84 | 5155.89 | 3234.34 |

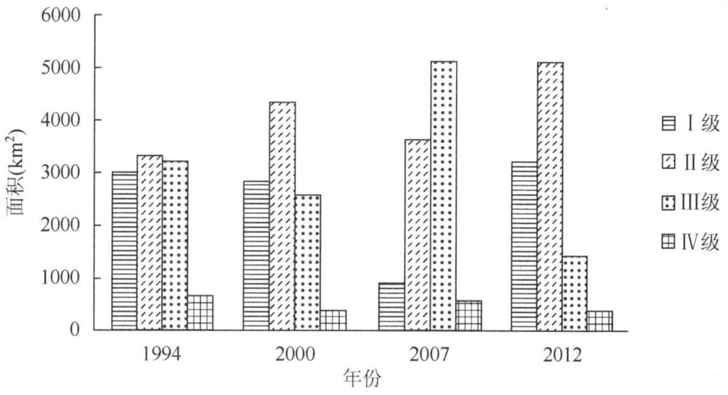

图9.14 各评价等级统计图

## 9.7 结果与分析

由计算结果可知若尔盖县的综合评价值集中为0.2~0.8，且1994年的最小值都大于其他几年，从表9.18可知4个年份的均值围绕0.6上下波，处于II、III等级。1994~2000年和2007~2012年两个阶段有所增大，而2000~2007年则有所减小。从图9.12可以看出，生态环境较差的区域主要集中在北部和中部少量地方，这里主要是沼泽边缘、裸露地表，以及建筑用地、耕地等人类活动较为频繁的区域。沼泽边缘是水体和草地的过渡地带，系统内部极端不稳定，易发生生态环境的演替，而裸露地表本就相当脆弱，建筑用地和耕地区域人类活动频繁，必然会导致生态环境的逆向发展。生态环境质量较好的区域主要集中在高植被覆盖区，如沿河流分布的高草地覆盖区域及东部林地覆盖区域，这与评价指标中植被覆盖度的权重最大密切相关。对研究区评价结果的空间分布差异进行分析，发现4个时像的分布规律略有差异，但是1994~2012年西南角的生态环境状况是一致的，1994~2007年东部的情况也是一致的，而2012年东部的情况却与其他时像有所差异，这是由遥感数据的来源不同，且影像的获取时间有差异所导致的。

从图 9.13 可以看出，各等级相间分布，等级间并没有明显的界线。1994 年Ⅳ等级较其他年更多，这主要是由于沼泽、水体等边缘更多的缘故，1994 年和 2012 年西部沿黄河的分布情况非常相似，却与 2000 年和 2007 年的不同，这与遥感数据获取的时间密切相关。从图 9.14 可以看出各个等级所占的比例各不相同，四个时像都是Ⅳ级所占比例最小，除了 2007 年是Ⅲ级所占比例最大外，其余的都是Ⅱ级所占比例最大。从时间尺度进行分析，1994～2012 年Ⅳ级所占的面积比例变化最小，而其余的等级所占比例都在动态变化中。

# 9.8  生态环境变化的驱动力分析

驱动力是指导致土地利用方式和目的发生变化的自然因素和社会经济因素，可以简单地把引起生态环境变化的驱动力分为自然因素和人为因素两大类。其中，自然因素是内因，包括气候、地质构造等因子，其影响持续缓慢，而人为因素是外因，如放牧、城市扩张等，其影响活跃而显著。若尔盖草原湿地的生态环境变化是人为因素（城市扩张、湿地保护工程等）和自然因素（气温、降水等）共同作用的结果，只是在不同阶段所占的比重不同。

## 9.8.1  自然因素

导致若尔盖草原湿地生态环境变化的自然因素包括气候、地质构造、自然鼠虫害等多个方面。地质构造在短期内改变不大，但是新构造运动上升引起的地下潜水位下降的影响是不可忽略的。而气候因子相对活跃，对该地的生态环境影响显著，且影响也是双面的。再者鼠害猖獗，使得草地和湿地的质量严重退化。因此，本书主要从气温、降水、鼠虫害等方面分析影响若尔盖草原湿地生态环境的自然因素。

（1）气温

在全球气候变暖的大背景下，该地也不例外。从图 9.15 可以看出，最近 18 年研究区的年平均气温呈波动上升趋势，且增幅明显。

由于该区地处青藏高原多年冻土区的东部边缘地带，是季节冻土向高山岛状冻土过渡的区域。高寒草甸和沼泽植被是该地独特高寒气候长期适应的产物，气温的上升会引起冻土的减少，从而对植被生长期的长短和生产力产生影响。

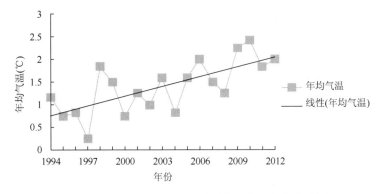

图 9.15　1994～2012 年若尔盖县年均气温变化曲线图

（2）降水

由于降水是该区湿地最重要的水源补给方式，降水量的多少直接与该地的生态环境密切相关。由图 9.16 可以看出，1994～2012 年的降水量一直处于震荡变化中，但是却略有增加，这在一定程度上可以为湿地整治工程提供有利的自然条件。

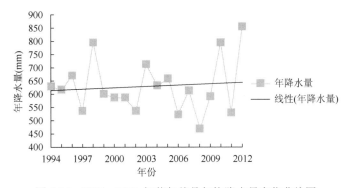

图 9.16　1994～2012 年若尔盖县年均降水量变化曲线图

（3）鼠虫害

大量研究表明，鼠虫害是导致若尔盖草原湿地退化的主要原因之一。这里的鼠害为中华鼢鼠和鼠兔等，虫害为蝗虫、草原毛虫等。由于该地生长的中华鼢鼠和鼠兔等主要鼠类喜爱较为干旱的地方，植被在这里难以恢复，从而加重了土壤沙化的速度。而草地毛虫在若尔盖县的分布多达 70 条/m²。近年来，若尔盖县草地的鼠虫害面积在扩大，使得草地的质量日趋下降，占可利用草地面积的 46%。

## 9.8.2　人为因素

人类活动对生态环境变化的影响是双面的，一方面人类为了满足自己的生存需求，必须对环境进行开发和利用，这种利用本身就会对生态环境造成污染或破坏，这种影响就是负面的，它会阻碍人类更好的发展；另一方面，在环境遭到破坏时，人们会想办法对环境破坏进行治理和恢复，这种影响便是正面的。相比于自然因素的影响，人为因素的影响要更加活跃和强烈。在若尔盖这个特殊地域中，人为因素对生态环境的正负面影响是有很好体现的。本书主要从人口数量、过度放牧、疏干垦殖、政策法规 4 个方面进行介绍。

（1）人口数量

若尔盖县地广人稀，人口密度相对较小，尽管没有出现大规模的城市扩张和经济活动，但是近年来人口数量（图 9.17）持续增加，人口数量的增加不可避免地会造成资源需要量增大，为了满足生存的需要，势必会对土地利用类型造成改变，耕地、草地、林地、沼泽等相互转化，这样必然会导致生态环境的破坏。

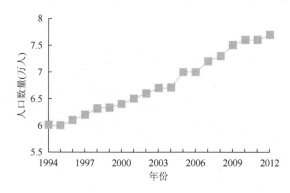

图 9.17　1994～2012 年若尔盖县人口数量变化曲线图

（2）过度放牧

由于该区是典型的游牧区，畜牧业是该地的支柱产业，但是放牧方式却一直保持着高消耗、低产出的粗放型方式。从表 9.20 中可以看出，若尔盖县的畜牧量在不断增加，高强度的放牧已经严重超出了环境的理论畜牧量，到 2008 年年底，超载率已达 70.6%，使得草场退化、湿地萎缩、土壤板结等现象大量出现，对原本脆弱的生态环境必然是雪上加霜。

表 9.20　过度放牧变化表

| 时间 | 1958 年 | 1975 年 | 1990 年 | 2008 年年底 |
|---|---|---|---|---|
| 放牧量（万个羊单位） | 95.07 | 186.55 | 259.34 | 315.6 |
| 超载率（%） | | 0.84 | 40.2 | 70.6 |

资料来源：闵泓翔和王洪军，2012。

（3）疏干垦殖

20世纪以来，疏干垦殖、围湖造田、泥炭过度开采等人类活动层出不穷。一方面，为了扩大可利用草场面积，人为进行开渠排水，使得不少地方地表水位下降，水沼泽逐渐向半湿沼泽或干沼泽转变，湿地严重萎缩，蓄水能力急剧下降；另一方面，在经济利益的驱动下，大面积耕翻草地种植牧场和粮食作物，以及垦挖野生中药材，使得该地的草地严重退化。随着生态环境破坏的继续，最终出现了"沼泽→湿草甸→草地→沙地"和"水体→沼泽→湿草甸→草地→沙地、盐碱地"的退化趋势。

（4）政策法规

当地的生态环境退化逐渐引起了学者和政府部门的注意，研究机构和若尔盖县政府部门纷纷开始合作，探索生态环境退化的原因，并制定治沙工程、适度放牧、立法等补救措施和湿地保护政策。从2008年开始，若尔盖县编制了《若尔盖湿地修复方案》，以花湖湿地修复为试点，把湿地生态修复与"牧民定居行动"、退牧还草等工程进行整合。据四川省林业局提供的数据显示，"十一五"期间，若尔盖湿地通过填沟蓄水、植被、沙化治理、鼠害防治等措施恢复湿地10 000多公顷，2011年通过花湖湿地恢复工程，恢复湿地近2000hm$^2$（http://sc.sina.com. cn/news/m/2012-11-10/100741243_2.html，2014-5-12）。为了有效遏制区内土地沙化、天然湿地萎缩等生态环境恶化状况，《川西藏区生态保护与建设规划（2013～2020)》将通过湿地封育、填沟保湿、退牧还湿等工程措施遏制湿地退化；同时将采取一系列的强制手段对该地生态进行恢复，如禁止侵占湿地开发草场、禁止泥炭开发等。

若尔盖县的产业结构也在逐步调整，在大力发展旅游业的同时，牧民的环保意识也在逐渐增强。从图9.18可以发现，1994～2003年，若尔盖县的经济发展平稳，只存在很小的增幅，而到了2003年以后，该地经济呈现快速增长的趋势，2008年以后更是呈直线增长，这样就会有更多的资金投入到生态环境的治理和保护中。

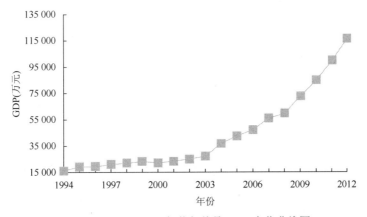

图9.18　1994～2012年若尔盖县GDP变化曲线图

　　本章以四川若尔盖县为例，以 1994 年、2000 年、2007 年和 2012 年的国内外卫星遥感数据为主要数据源，详细介绍了生态环境评价的步骤和过程，包括生态环境评价指标体系的获取及分析、生态环境评价方法，以及评价结果的分析。结果表明，若尔盖县的生态环境质量良好，综合评价值的均值在 0.6 左右，1994～2000 年和 2007～2012 年两个阶段有所增大，而 2000～2007 年则有所减小。从各等级的分布情况看，它们的比例各不相同，同时各个比例也处在动态变化过程中。从空间分布看，生态环境较差的区域主要集中在北部和中部少量地方，这里主要是沼泽边缘、裸露地表，以及建筑用地、耕地等人类活动较为频繁的区域；而生态环境质量较好的区域主要集中高植被覆盖区，如沿河流分布的高草地覆盖区域，以及东部林地覆盖区域。

# 参 考 文 献

蒋锦刚，李爱农，边金虎，等. 2012. 1974～2007 年若尔盖县湿地变化研究. 湿地科学，03：318-326.

蒋卫国，李京，李加洪，等. 2005. 辽河三角洲湿地生态系统健康评价. 生态学报，25（3）：408-414.

李海燕，罗春雨，高玉慧，等. 2009. 区域生态环境质量评价指标体系的研究——以黑龙江省为例. 国土与自然资源研究，04：67-68.

林茂昌. 2005. 基于 RS 和 GIS 的闽江河口区湿地生态环境质量评价. 福州：福建师范大学硕士学位论文.

刘鲁君，叶亚平. 2000. 县域生态环境质量考评方法研究. 环境监测管理与技术，04：13-17.

孟庆香. 2006. 基于遥感、GIS 和模型的黄土高原生态环境质量综合评价. 西安：西北农林科技大学博士学位论文.

闵泓翔，王洪军. 2012. 浅议若尔盖县退化草场及湿地生态修复. 四川林勘设计，04：47-48, 55.

吴玉. 2010. 基于 RS 与 GIS 的四川省若尔盖县生态环境状况评价研究. 成都：成都理工大学硕士学位论文.

武晓毅. 2006. 区域生态环境质量评价理论和方法的研究. 太原：太原理工大学硕士学位论文.

姚春生，张增祥，汪潇. 2004. 使用温度植被干旱指数法（TVDI）反演新疆土壤湿度. 遥感技术与应用，06：473-478.

叶亚平，刘鲁君. 2000. 中国省域生态环境质量评价指标体系研究. 环境科学研究，03：33-36.

张继承. 2008. 基于 RS/GIS 的青藏高原生态环境综合评价研究. 长春：吉林大学博士学位论文.

张磊. 2009. 基于地形起伏度的地貌形态划分研究. 石家庄：河北师范大学硕士学位论文.

张清，周可法，赵庆展，等. 2008. 区域土壤水分遥感反演方法研究. 新疆地质，26（01）：107-116.

张秋劲. 2004. 若尔盖国家级生态功能保护区可持续发展研究. 成都：四川大学硕士学位论文.

张树清. 2008. 3S 支持下的中国典型沼泽湿地景观时空动态变化研究. 长春：吉林大学出版社.

Chen T，Niu R，Wang Y, et al. 2011. Percentage of vegetation cover change monitoring in Wuhan region based on remote sensing. Procedia Environmental Sciences，10：1466-1472.

Guzzetti F，Carrara A，Cardinali M，et al. 1999. Landslide hazard evaluation：A review of current techniques and their application in a multi-scale study，Central Italy. Geomorphology，31：181-216.

Li Z-W，Zeng G M，Zhang H, et al. 2007. The integrated eco-environment assessment of the red soil hilly region based on GIS—A case study in Changsha City，China. Ecological Modelling，202：540-546.

Niemeijer D，de Groot R S. 2008. A conceptual framework for selecting environmental indicator sets. Ecological indicators，8：14-25.

Rundquist B C. 2002. The influence of canopy green vegetation fraction on spectral measurements over native tallgrass prairie. Remote Sensing of Environment，81：129-135.

Shi Z，Li H. 2007. Application of artificial neural network approach and remotely sensed imagery for regional eco-environmental quality evaluation. Environmental Monitoring and Assessment，128：217-229.

Sobrino J A，Jiménez-Munoz J C，Paolini L. 2004. Land surface temperature retrieval from Landsat TM5. Remote Sensing of environment，90（4）：434-440.

Vaidya O S，Kumar S. 2006. Analytic hierarchy process：An overview of applications. European Journal of Operational Research，169：1-29.

Ying X，Zeng G M，Chen G Q，et al. 2007. Combining AHP with GIS in synthetic evaluation of eco-environment quality-A case study of Hunan Province，China. Ecological Modelling，209：97-109.

# 10    生态环境综合评价应用系统

良好的生态环境是人类赖以生存的基础，也是人类可持续发展的基本条件，经济和社会的发展必须以保持生态环境的稳定和平衡为前提（刘建，2011）。随着 20 世纪五六十年代全球环境退化所引发的生态环境问题日益突出，许多专家学者开始对其关注，并且对生态环境评价问题进行了许多研究。应用遥感技术和 GIS 技术对生态环境评价能够获取及时、宏观的生态环境数据，可有效地进行区域生态环境质量状况监测和评价（邓春光，2007）。生态环境评价和方法体系比较多，但目前还没有一个统一的方法和指标评价体系，都是根据实际需要，并在一定原则指导下进行（彭补拙等，1996）。在已有的研究中，都是根据研究区的实际概况，选择合适的评价指标，构建相应的评价指标体系，再选用合适的方法对研究区进行环境评价。评价过程需要多种软件，工作较为繁琐，且环境评价信息化进程缓慢。

目前，相关的环境评价信息系统要么只结合评价方法进行研究，忽略了评价成果的信息化；要么就只包含 Web 数据展示，而缺乏数据处理功能。所以，针对环境评价的工作流程及特点，建立一套集环境评价信息处理、存储、分析及数据共享功能于一体的生态环境综合评价系统具有重要的实用价值。

本章针对生态环境综合评价需求进行数据管理、数据预处理、数据融合、参数反演、环境评价、专题制图及评价结果数据共享等研究工作而开发了一套应用系统。该系统由桌面端和 Web 端构成。用户主要为采用相关模型方法进行生态环境评价的工作人员，及有需求获取环境评价信息的公众用户。该系统实现了从数据预处理到评价结果获取等一系列数据功能，同时推动了环境评价信息的数据共享，为区域经济的发展和环境保护部门提供了决策支持。

## 10.1    系统需求分析

经济的快速发展在一定程度上影响了生态环境系统的健康，引起了各级部门的重视，也投入了大量的人力物力去探究生态环境问题，并作出相应的整改措施。随着各种野外调查数据、遥感影像、与生态环境评价相关的数据的急剧增加，因此建立了一套可进行数据采集、管理、处理、存储、应用、分析，并将这些数据进行共享的系统，该系统具有实际需求的意义。

### 10.1.1　系统流程分析

在生态环境评价工作中，数据的采集、管理及处理是最主要的内容。专业人员将针对研究区地理位置、区域概况、气候条件等方面制定相应的生态环境评价指标体系，然后搜集数据并将其进行处理入库，再根据生态环境综合评价系统进行数据的处理与分析，最后将处理的结果通过系统进行数据的发布。而普通用户、相关部门人员及决策者则可以通过网络和自己相应的访问权限获取相关的生态环境评价数据。生态环境综合评价系统的业务流程如图 10.1 所示。

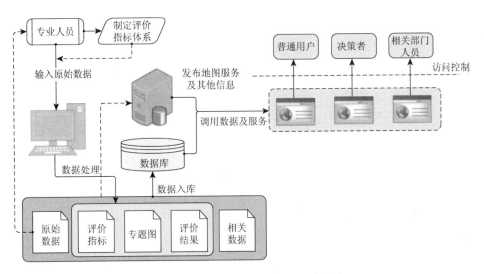

图 10.1　生态环境综合评价系统业务流程

### 10.1.2　系统用户分析

生态环境综合评价系统涉及的用户主要为桌面端，使用系统桌面端的人员主要是从事生态环境评价工作的专业人员或者受过这方面培训的人员。他们负责的工作主要是收集整理数据，通过本系统对数据进行管理、处理与分析，得到生态环境评价结果信息，并将这些信息进行发布。Web 端，使用 Web 端的用户主要有普通用户、相关部门人员及决策者。普通用户可以浏览部分数据，了解生态环境健康状况；相关部门人员则可下载与自己部门相关的数据进行进一步的分析与研究；决策者则可以根据生态环境评价结果信息制定下一步的生态环境保护决策及经济发展规划。

### 10.1.3　系统数据需求分析

在生态环境评价的过程中，系统桌面端需要的数据主要有前期搜集数据、评价指标，以及评价结果数据。前期收集数据主要为遥感数据、气象数据及统计年鉴；专业人员在获取这些信息后通过系统对这些数据进行管理，并存储分析提取相应的评价指标，通过研究区的具体情况建立相应的评价指标体系；最后通过生态环境评价处理得到生态环境评价结果数据。系统桌面端所需数据关系如图 10.2 所示。

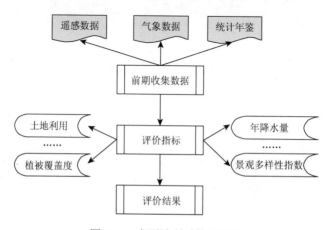

图 10.2　桌面端所需数据关系

在系统 Web 端，即生态环境评价信息共享平台需要的数据主要分为三个部分：一是数据服务信息，这包括了评价工作所需要的研究区原始影像、相关处理后的评价指标，以及通过评价方法得到的评价结果，将这些数据以服务的形式进行发布。二是专题图信息，该数据主要是专业人员通过生态环境综合评价系统信息处理后的专题图，包含了对研究区进行生态环境综合评价的各个指标。三是用户信息，用户信息包含了用户的个人基本信息及其权限信息，用户个人基本信息是在用户注册时录入系统，权限信息则反映了用户所具有的操作权限。通过这些信息，构建生态环境评价信息共享平台，为生态环境评价的信息化提供了强有力的数据支撑。Web 端所需数据如图 10.3 所示。

### 10.1.4　系统安全分析

生态环境评价信息不是针对所有用户，对于不同用户所具有的访问权限不同，获取的信息也不同。从系统安全的角度出发，针对生态环境评价信息的特点，采

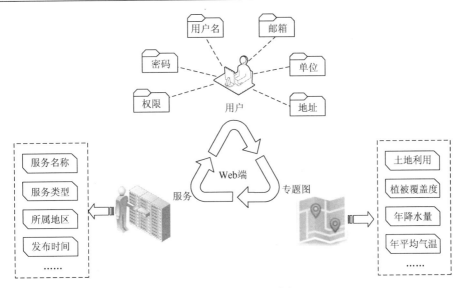

图 10.3 Web 端所需数据

用基于角色的访问控制（RBAC）模型构建权限管理系统是十分必要的。就本系统而言，要求系统管理员能够进行用户管理、角色管理及权限管理，而用户可进行注册获取更高的权限，所有用户登录时会进行认证并分配相应的操作菜单，从而进行访问控制。系统访问控制流程如图 10.4 所示。

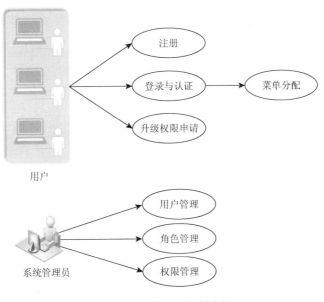

图 10.4 系统访问控制流程

### 10.1.5 功能需求分析

针对生态环境综合评价的实际需求，系统需要实现的功能有多源遥感数据融合、数据同化、协同反演、生态环境评价等功能，从而为相关区域生态环境评价提供决策支持。软件系统应具有通用性，对其他资源的状况评价具有借鉴意义。同时，以模块化的方式实现各功能。系统具体功能需求见表 10.1。

表 10.1　系统功能需求

| 系统名称 | 模块 | 功能 |
|---|---|---|
| 生态环境综合评价系统 | 数据管理 | 实现对多源空间数据的系统管理 |
| | 数据预处理 | 实现对空间数据的预处理工作 |
| | 数据融合 | 实现对多源遥感数据的数据融合 |
| | 数据同化 | 实现了卡尔曼滤波模型 |
| | 协同反演 | 实现了对生物量等参数的反演 |
| | 生态环境评价 | 利用层次分析法对生态环境进行评价 |
| | 专题制图 | 实现对各评价结果的专题成图 |
| | 数据发布 | 实现系统融合、反演、评价等成果的发布 |

## 10.2 设 计 原 则

（1）实用性原则

实用性是指生态环境综合评价系统能够根据不同研究区的实际状况进行相关的数据处理与分析，而不是只针对特定区域有用。同时，用较少的资金、较快的速度构建一个用户界面友好、易于操作的实用系统。

（2）先进性原则

先进性是指本系统采用了目前最常用的层次分析法作为生态环境评价的方法；同时，提供了多源数据融合、数据同化及协同反演等模块，通过这些模块能够获取更多的与生态环境评价相关的参数。系统的 Web 端采用现在比较先进的 Flex 技术，使得系统在方法和技术上具有了先进性。

（3）可扩充性原则

生态环境评价系统的开发采用的是模块式的开发，系统的大部分功能都以模块化的方式实现，这样使得系统具有了很好的可扩充性。新功能的实现可以以模块化的方式添加到系统当中。

（4）系统安全性原则

安全性主要是指系统的访问权限和访问级别的安全性，系统在设计上充分考虑了这点。在生态环境评价信息共享平台中采用经典的 RBAC 模型实现系统的访问控制，能够有效地防止非法用户进入系统获取生态环境评价信息，同时准许合法用户访问指定权限的资源，从而有效地保护了系统安全。

（5）系统易用性和友好型原则

在桌面端采用 DotNetBar（一个.NET 控件套装，能够实现漂亮美观的界面效果）进行系统的界面开发；Web 端采用 Flex 技术，而界面表现能力又是 Flex 的强项，所以通过以上两种技术能够实现绚丽大方的用户操作界面。生态环境综合评价系统在功能菜单上的设计采用树形结构的方式，使得菜单清晰明了，同时系统又采用模块化的方式进行开发，这样形成了良好的用户操作界面，使操作方式更加友好。

# 10.3 系统体系结构

## 10.3.1 系统总体架构

生态环境综合评价系统主要由两个部分组成，基于客户/服务器模式（client/server，C/S）架构的桌面端和基于浏览器，服务器模式（brower/server，B/S）的 Web 端。生态环境综合评价系统桌面端，主要用于多源数据的处理、评价指标的提取，以及获取生态环境评价结果，它以模块化的形式组成，是系统的核心部分，关于生态环境评价的数据处理和评价工作全部在系统桌面端完成，它在生态环境评价工作中属于至关重要的部分。系统 Web 端，它的主要用途是在数据展示及数据共享方面，用户可以根据自身权限对所需数据进行访问与下载，主要分为表示层、逻辑层及数据层。通过桌面端与 Web 端的结合，从生态环境评价到信息共享形成了统一的流程，加快了生态环境评价数据信息化进程。图 10.5 展示了生态环境综合评价系统的总体架构图。

数据层是系统的基础，负责生态环境综合评价的数据存取、维护及管理，并且提供数据访问接口，是整个系统良好运行的保障。它主要包括了空间数据库及事物数据库。空间数据库存放与生态环境评价相关的空间数据，关系数据库则存放与数据管理相关的数据。

逻辑层是数据抽象的中间层，它描述了生态环境评价专题数据库的整体逻辑结构。这一层的数据抽象称为逻辑数据模型。它是数据库系统和用户沟通的桥梁，它对数据进行了系统的表示，因此它不仅要兼顾数据库管理系统的实现，而且还要使用户更容易理解。

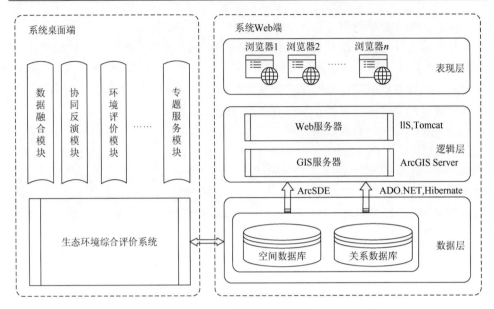

图 10.5 系统总体架构图

表现层提供了一个友好的用户界面与用户完成交互，用户提出诉求，系统将信息以可视化的方式表示出来。

系统桌面端，它包括了与生态环境评价信息处理相关的模块，同时负责成果的输出及地图服务的发布。

### 10.3.2 桌面端架构

系统桌面端也分为 3 层架构：表现层，即可视化的界面，方便人机交互；运行环境，是系统功能依赖的运行平台，系统采用的是混合编程的模式，各个运行环境都起到了至关重要的作用；数据层，存放空间数据及其他数据信息。良好的桌面端架构能够加快数据处理及算法模块实现的速度，因此桌面端架构在整个系统的设计当中也是至关重要的。系统桌面端架构如图 10.6 所示。

### 10.3.3 Web 端架构

由于 Flex 不能直接与数据库进行通信，所以需要采用其他技术与数据库进行通信，本书采用的是 BlazeDS 技术。BlazeDS 是一个基于服务器的 Java 远程调用（remoting）和 Web 消息传递（messaging）技术，使得后台的 Java 应用程序和运

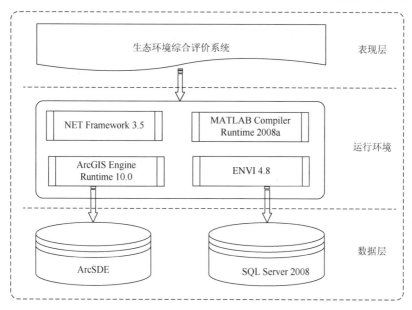

图 10.6　系统桌面端架构图

行在浏览器上的 Flex 应用程序能够相互通信（孙伟，2012）。所以在 Web 端采用的是
Flex+BlazeDS+Java+Tomcat 的开发方式。Web 端的数据访问技术采用的是 Hibernate 技
术，它是一个开源对象关系映射框架，对 Java 数据库连接（Java data base connectivity，
JDBC）进行了轻量级的封装，开发人员可以采用面向对象编程的思维对数据库进行操
作。同时，生态环境评价专题数据以地图服务的形式进行发布，用户可以根据实际需
求在浏览器端获取生态环境综合评价信息。Web 端架构如图 10.7 所示。

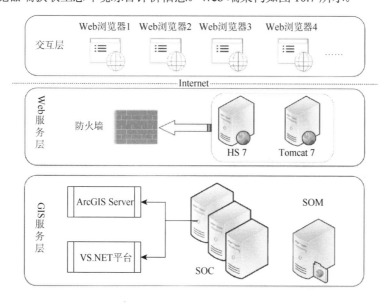

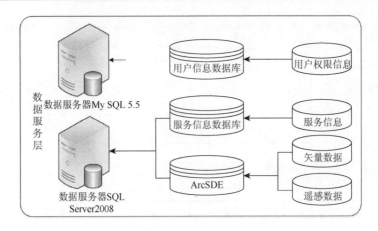

图 10.7　系统 Web 端架构图

# 10.4　系统数据库设计

## 10.4.1　数据分析

（1）原始数据

原始数据包括卫星遥感数据、统计年鉴及气象数据。其中，遥感数据主要针对 Landsat 卫星数据和 HJ-1A/1B 卫星数据，统计年鉴主要是研究区的 GDP、人口密度等信息，气象数据则为研究区的气温及降水量等信息。

（2）评价指标数据

评价指标数据是专业人员将原始数据进行预处理后获取的专题信息，评价指标数据包含了评价指标体系中所涉及的各个评价指标，如土地利用分类、植被覆盖度、年平均降水量等信息。

（3）评价结果数据

评价结果数据则是通过专业人员制定生态环境综合评价指标体系，根据该指标体系选择相应的评价指标，再根据系统选用的层次分析法确定权重后，加权累积得到的结果数据。

## 10.4.2　生态环境专题数据库设计

根据生态环境评价工作所需数据的特点，进行本系统的数据库设计。系统数据库遵照"满足需求"、"主子表结合"、"最少数据冗余"的原则进行设计。首先设计一个兼容性良好的主表，然后在这个主表的基础上设计各个关联子表，逐步形成系统的总体框架。这个总体框架应使各种信息能够方便地进行组织，以及提供一些功能性服务，从而使各子系统真正成为一个有机整体。生态环境专题数据库结构如图 10.8 所示。

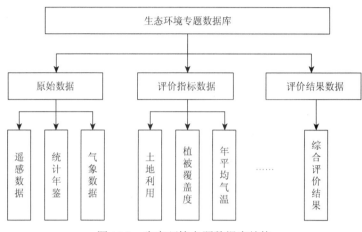

图 10.8   生态环境专题数据库结构

### 10.4.3   数据存储管理

在上述数据库设计原则的指导下，本系统的数据存储采用了关系型数据库与空间数据引擎相结合的方式进行数据的存储管理。关系型数据库采用了 SQL Server 2008 与 My SQL5.5 数据库管理系统，空间数据引擎采用了 ArcSDE 10.0 for SQL Server。原始数据、评价指标及评价结果的空间数据由 ArcSDE 进行管理存储，其他属性数据由关系数据库进行管理。其中，数据服务信息及数据结构信息存储在 SQL Server2008 数据库中，用户信息及相关的权限信息存储在 MySQL5.5 中。数据存储管理如图 10.9 所示。

### 10.4.4   系统数据库表结构设计

#### 10.4.4.1   空间数据表结构设计

根据生态环境综合评价系统所需数据的特点，将空间数据按照数据集、要素集、要素类进行分类，形成三级树形目录，即每级目录建立一张表，其存放在指定数据库，每张表通过主键关联起来。使用树形结构的存储方式管理海量生态环境评价专题数据层次结构分明且便于管理。生态环境综合评价系统数据管理模块表结构见表 10.2～表 10.4。

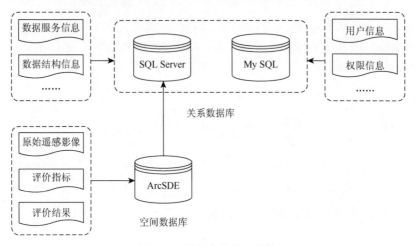

图 10.9　数据存储管理结构

**表 10.2　数据集设计表**

表名称：CatalogDefinition

| 字段名 | 中文含义 | 是否主键 | 类型 | 长度 |
|---|---|---|---|---|
| OID | 序号 | false | INTEGER | 10 |
| CatalogID | 数据集编号 | true | INTEGER | 10 |
| CatalogName | 数据集名称 | false | VARCHAR | 50 |

**表 10.3　要素集设计表**

表名称：DatasetDefinition

| 字段名 | 中文含义 | 是否主键 | 类型 | 长度 |
|---|---|---|---|---|
| OID | 序号 | false | INTEGER | 10 |
| DatasetName | 要素集名称 | false | VARCHAR | 50 |
| DatasetAlias | 要素集别名 | false | VARCHAR | 50 |
| DatasetID | 要素集编号 | true | INTEGER | 10 |
| CatalogID | 数据集编号 | false | VARCHAR | 50 |

**表 10.4　要素类设计表**

表名称：LayerDefinition

| 字段名 | 中文含义 | 是否主键 | 类型 | 长度 |
|---|---|---|---|---|
| OID | 序号 | false | INTEGER | 10 |
| DatasetID | 要素集编号 | false | INTEGER | 10 |
| LayerName | 图层名称 | false | VARCHAR | 50 |
| LayerAlias | 图层别名 | false | VARCHAR | 50 |
| SubDatasetID | 要素子集编号 | false | INTEGER | 10 |

在系统中通过 ArcSDE 存储的空间数据的呈现形式是以三级树形目录表现出数据集、要素集、要素类之间的分级结构。该树形目录的逻辑结构如图 10.10 所示。

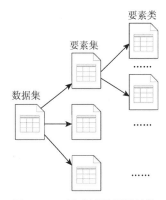

图 10.10　树形目录逻辑结构

### 10.4.4.2　服务信息表结构设计

生态环境综合评价系统的数据要发布到网络供用户浏览下载，所以这些数据将以地图服务的形式进行发布。发布的服务信息需保持到 SQL Server 数据库当中。保存这些信息的表结构见表 10.5。

**表 10.5　服务信息表**

| 字段名 | 数据类型 | 长度 | 可否为空 | 字段说明 |
| --- | --- | --- | --- | --- |
| id | INTEGER | 10 | 否 | 服务编号，主键 |
| imagepath | VARCHAR | 100 | 否 | 影像路径 |
| imagename | VARCHAR | 50 | 否 | 服务名称 |
| imagetype | VARCHAR | 50 | 否 | 服务类型 |
| imagedistrict | VARCHAR | 50 | 否 | 影像所属地区 |
| imagetime | DATE | | 否 | 影像采集时间 |
| servertime | DATE | | 否 | 服务时间 |
| thumbnailDir | VARCHAR | 100 | 否 | 缩略图路径 |
| serverURL | VARCHAR | 100 | 否 | 服务地址 |
| imageDescriptInfo | VARCHAR | 200 | 是 | 服务描述信息 |

### 10.4.4.3　权限管理系统表结构设计

由于生态环境评价系统共享平台是基于 Web 的应用程序，数据的浏览与共享是基于特定的用户，所以构建一个权限管理系统，防止非法用户越权使用资源，从而对平台的安全性起到了至关重要的作用（何斌和顾健，2004）。本系统的权限管理是采用 RBAC 模型构建而成的。权限管理系统表结构如图 10.11 所示。

用户表（user）：主要保存的是用户的编号、用户名、密码、电子邮箱等信息。用来判断用户是否具有权限进入系统，以及根据用户名判断用户的访问权限。

角色表（role）：保存角色名、角色描述信息等内容。

权限表（premissions）：保存权限名称及权限的描述信息。

用户映射表（userrole）：它将用户表与角色表进行关联，使得用户表和角色表之间得到了交互。例如，用户 A 是超级管理员，用户 B 是一般用户。

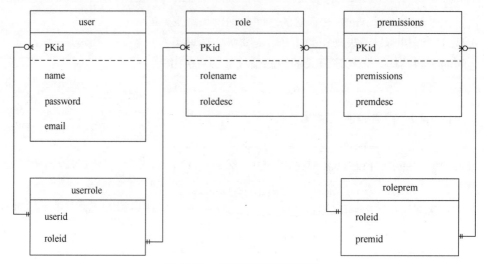

图 10.11　权限管理系统表结构

权限映射表（roleprem）：它将权限表与角色表进行关联，使得权限表和用户表之间得到了交互。例如，超级管理员具有所有权限，而一般用户则只有一般的访问权限。

# 10.5　系统功能设计

生态环境质量是社会可持续发展的核心和基础（郭建平和李凤霞，2007），生态环境质量评价能够反映人居环境的可协调程度。充分认识生态环境的状况是生态环境预测的基础，也是制定和规划国民经济的重要依据（王根绪和钱鞠，2001）。因为本系统是一个集空间数据管理、数据预处理、数据融合、协同反演、生态环境评价、数据发布等功能于一体的系统，所以在功能设计方面要尽可能的完善。由于系统面向具有一定专业知识的用户，所以所有的操作都应尽量详细充实。同时，使得用户不再借助其他工具，方便用户操作的同时，提高系统的实用性（何建国等，2007）。

## 10.5.1　桌面端功能设计

从项目需求看，生态环境综合评价系统桌面端应该具有数据管理、数据预处理、多源遥感数据融合、协同反演、数据同化等前期功能，还要具有进行生态环境评价的功能模块，同时也应具有成果的发布、专题图制作，以及其他基本的 GIS 系统的功能。在进行生态环境评价系统功能设计时应从实际出发，既要考虑到功能模块的实现，也要考虑到各个功能模块之间的关系。本系统将拟实现的功能进行整理和分类，以模块化的方式设计了生态环境综合评价系统的桌面端。系统桌面端系统功能结构如图 10.12 所示。

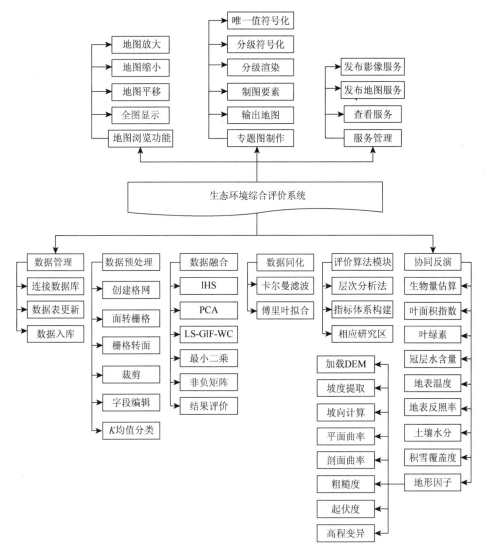

图 10.12 生态环境综合评价系统详细功能结构图

## 10.5.2 Web 端功能设计

常规的基于 Web 的应用程序都是一种通过网页浏览器在互联网或者是企业内部网上操作的应用软件。它们都依赖于浏览器，不耗费用户的硬盘空间，而且可以实现跨平台使用。

系统 Web 端，即生态环境综合评价系统信息共享平台，应满足用户对生态环境评价信息的查询、浏览及共享功能。所以，共享平台的主要功能有 GIS 基本功能、权限管理、影像下载、服务查询、底图切换、专题图查看及三维浏览等功能。生态环境综合评价信息共享平台功能结构如图 10.13 所示。

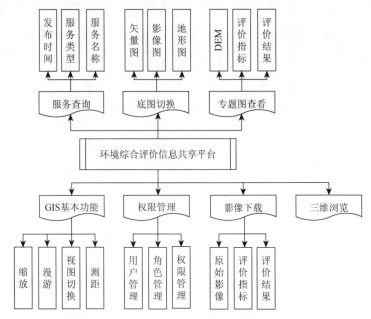

图 10.13 生态环境综合评价信息共享平台功能结构

# 10.6 系统桌面端功能实现

## 10.6.1 系统显示界面

点击系统图标进入系统登录界面。输入用户信息，点击登录按钮，登录系统。系统登录界面如图 10.14 所示。

图 10.14 系统登录界面

当用户输入登录信息之后，从数据库中获取用户信息进行验证成功后进入系统主界面。系统主界面如图 10.15 所示。

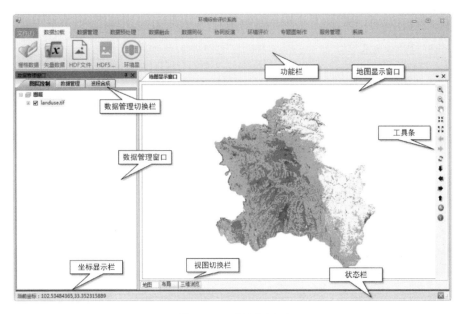

图 10.15 系统主界面

数据管理切换栏：主要分为 3 个部分的切换，为图层控制、数据管理与波段合成。

数据管理窗口：主要显示图层控制、数据管理、波段合成的内容。图层控制，显示加载的图层与图层可视化的控制。数据管理，管理系统的空间数据。波段合成，对多光谱及高光谱数据进行波段组合显示。

功能栏：包含了系统的主要功能模块。

地图显示窗口：负责地图的可视化显示。

工具条：包含了地图的缩放等 GIS 系统的基本功能。

坐标显示栏：当鼠标在地图显示窗口移动时显示鼠标所在位置的实时坐标。

视图切换栏：切换地图显示窗口的显示内容，分别为地图视图、布局视图及三维浏览视图。

## 10.6.2 数据加载模块

数据加载模块主要功能是将空间数据导入本系统，本系统支持栅格数据及矢量数据，支持的栅格数据格式有 JPEG、IMG、BMP、TIFF 等格式。矢量格式为美国环境系统研究所公司（Environment Systems Research Institute，ESRI）支持的 shpefile 格式。点击数据加载栏的"栅格数据"或者"矢量数据"，弹出文件选择对话框加载相应数据类型。"文件"菜单中可以将打开的数据保存为 mxd 文档，方便日后数据的管理。以加载栅格数据为例，如图 10.16 所示。"文件"菜单如图 10.17 所示。

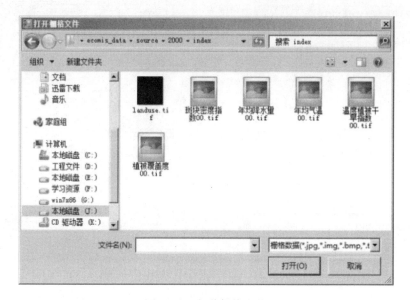

图 10.16　加载栅格文件

图 10.17　系统文件菜单

同时，可以点击右侧工具栏"添加数据"按钮进行数据加载，该模块为 ArcGIS Engine 封装好的模块，可以添加 shapfile 文件、地理数据库文件、栅

格文件、图层数据及服务器所发布的服务。以地图服务加载为例，如图 10.18
所示。

图 10.18   地图服务加载

### 10.6.3   数据管理模块

生态环境综合评价系统是一个综合的系统，需要接受各种数据进行处理，随
着时间的推移，处理的生态环境评价专题数据会进一步增加，所以构建一个能够
管理海量数据的数据管理模块成为必要之举。该模块的功能有数据库连接、数据
表更新、栅格入库及矢量入库。

#### 10.6.3.1   数据库连接

数据库连接是为了测试系统与 ArcSDE 是否连接成功。输入用户名、密码、
服务器和数据库等相关信息后点击"测试连接"可得到系统是否连接成功的信
息。如果连接成功则可将空间数据库存放的数据加载到生态环境综合评价系统中，
反之则报连接错误信息。数据库连接功能如图 10.19 所示。

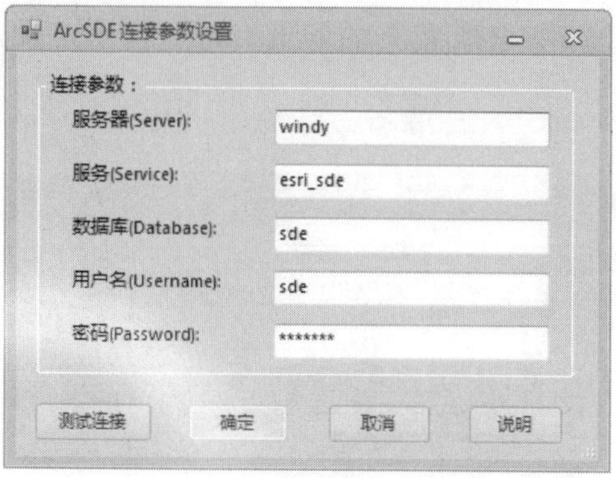

图 10.19　数据库连接

### 10.6.3.2　数据表更新

数据表更新模块是为了管理系统所需要的空间数据,它将数据分为数据类别、数据集及图层 3 个等级形成三级树形目录,如图 10.20 所示。

图 10.20　数据表更新窗口

表结构(表 10.2~表 10.4)。通过 CatalogDefinition、DatasetDefition 和 Layer-Defition 这 3 张表格以数据集、要素集和要素类的方式对生态环境评价专题信息进行管理。例如,每张遥感数据属于一个要素类,它属于特定的要素集,同时这个要素集也归属于一个特定的数据集。数据集与要素集、要素集与要素类之间是一对多的关系,这样就形成了树形结构。在数据表更新窗口中还提供了插入记录、删除记录和更新功能,方便对这几张数据表进行操作。在系统主界面形成树形结构，如图 10.21 所示，这样方便用户进行管理和查看。

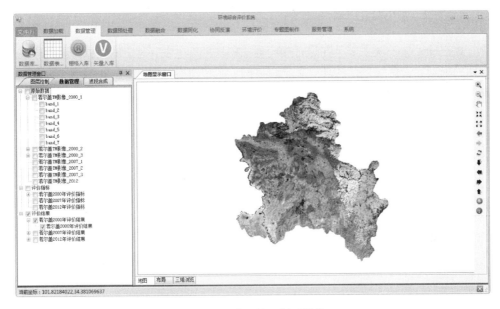

图 10.21　数据管理树形结构

### 10.6.3.3　数据入库

数据入库分为栅格入库和矢量入库，将相应的数据导入数据库中方便系统管理。数据入库是根据生态环境评价信息数据库的 3 张表格的结构进行录入的，这样就使每个要素类对应一个特定的数据，数据入库时应输入相应的信息，导入成功后在数据管理树形结构点击复选框可进行浏览。栅格入库如图 10.22 所示，输入要导入数据库的栅格数据集、该数据集所属的类别以及栅格数据集导入数据库中的名称。

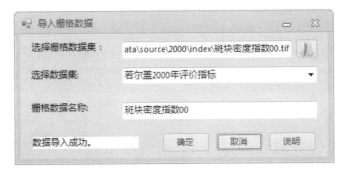

图 10.22　栅格入库

### 10.6.4　数据预处理模块

数据预处理模块主要是在进行相应算法模块处理之前，对空间数据进行的一些前期的处理。该模块包括的功能有创建格网、面转栅格、栅格转面、裁剪、字段编辑、$K$ 均值分类及属性查询功能。数据预处理各功能模块及其功能描述见表 10.6。

表 10.6　数据预处理功能模块

| 功能名称 | 功能描述 |
|---|---|
| 创建格网 | 对研究区以行列数或者指定单元宽度进行格网划分 |
| 面转栅格 | 将矢量图层的面转化为栅格 |
| 栅格转面 | 将栅格图层转化为矢量数据 |
| 裁剪 | 可用研究区行政边界对影像进行裁剪 |
| 相交分析 | 对两个矢量数据进行相交分析，求重叠部分面积 |
| $K$ 均值分类 | 对影像进行 $K$ 均值分类 |
| 属性查询 | 可对矢量数据进行条件查询，便于数据处理 |

以创建格网为例介绍数据预处理功能，如图 10.23 所示，有两种方式来对研究区进行格网划分，一种是指定格网的行数和列数，另一种是指定格网单元的长度和宽度。例如，将若尔盖的行政区划图层划分为行列数都为 10 的格网，结果如图 10.24 所示。

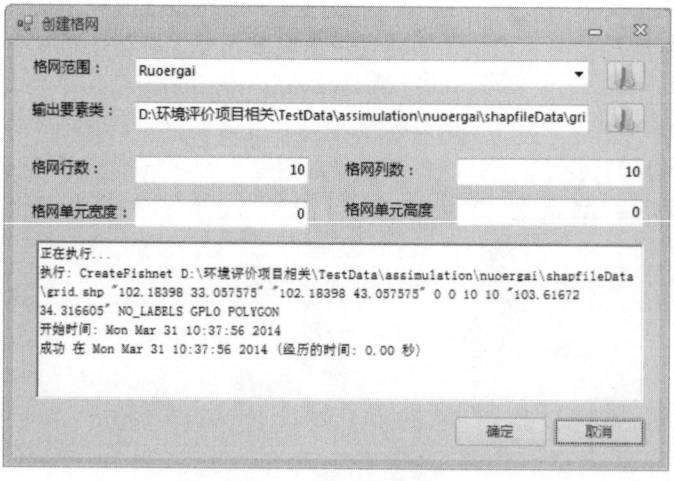

图 10.23　创建格网

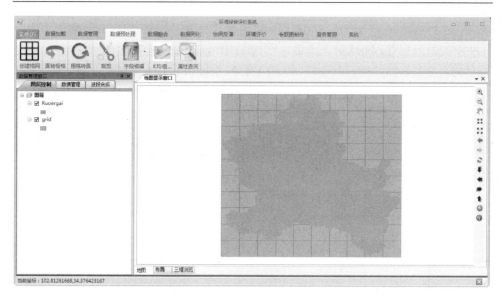

图 10.24　创建格网结果

## 10.6.5　数据融合模块

数据融合模块包含多光谱和全色数据融合，以及高光谱和多光谱或全色数据融合。其中，多光谱和全色数据融合方法包括 4 种：IHS 融合法、主分量分析法 PCA、基于统一理论框架的最小二乘法 LS-GIF-WC 和基于统一理论框架的调制传递函数法 MTF-GIF。联合非负矩阵分解 CNMF 和约束最小二乘法适用于高光谱和多光谱或全色数据的融合。数据融合模块能为生态环境综合评价提供数据支撑，其对应功能及功能描述见表 10.7。

表 10.7　数据融合模块功能

| 功能名称 | 功能描述 |
|---|---|
| HIS | 利用 IHS 方法对遥感数据进行融合 |
| 主成分分析（PCA） | 利用主分量分析法 PCA 对遥感数据进行融合 |
| LS-GIF-WC | 利用基于统一理论框架的最小二乘法对遥感数据进行融合 |
| MTF-GIF | 利用基于统一理论框架的调制传递函数法 MTF-GIF 对遥感数据进行融合 |
| 非负矩阵 | 利用联合非负矩阵分解 CNMF 对高光谱和多光谱或全色数据进行融合 |
| 最小二乘法 | 约束最小二乘法适用于高光谱和多光谱或全色数据的融合 |
| 结果评价 | 对融合结果进行评价 |

下面以 IHS 模块为例，介绍数据融合模块。

　　IHS 融合方法利用彩色空间模型，将图像从 RGB 空间转换到 IHS 空间，并在 IHS 空间进行融合，再将融合结果转换到 RGB 空间进行显示。常见的转换主要有球体彩色变换、圆柱体彩色变换、三角形彩色变换和单六角锥彩色变换 4 种。IHS 算法是图像融合技术中发展很早，现已成熟的一种空间变换算法。IHS 融合方法仅适用于 3 个波段的多光谱数据和全色数据融合，其算法流程如下。

　　1）3 个波段的多光谱进行降采样至全色数据像素大小；

　　2）多光谱数据进行 IHS 变换，得到亮度 I，饱和度 H，色度 S 分量；

　　3）全色波段数据代替亮度 I 分量，得到新的亮度 I，饱和度 H，色度 S 分量；

　　4）新的 IHS 分量进行 IHS 逆变换，得到融合结果。

　　IHS 融合参数设置如图 10.25 所示，首先输入要进行融合的 RGB 数据，并选择相应的波段，然后添加全色数据，最后选择保存融合结果的路径。点击运行按钮，就能得到 HIS 融合结果。

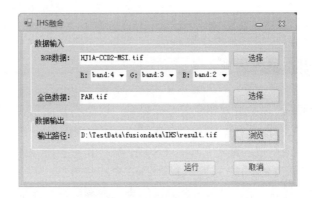

图 10.25　IHS 融合模块窗口

　　结合若尔盖湿地的 HJ-1A CCD2 的多光谱和 Landsat8 的第 8 波段全色数据的数据进行 IHS 融合，融合前数据如图 10.26 所示，融合后数据如图 10.27 所示。

### 10.6.6　数据同化模块

#### 10.6.6.1　集合卡尔曼滤波

　　集合卡尔曼滤波算法是基于蒙特卡罗模拟的思想，通过一组粒子模拟状态变量的先验概率密度，然后通过动态模型的演进，获得下一时刻目标参数值的后验概率密度分布，即通过非线性模型运算后粒子的均值及方差达到获取预测值的后验概率分布特征的目的，从而克服了集合卡尔曼滤波算法对非线性模型不适用这一问题。

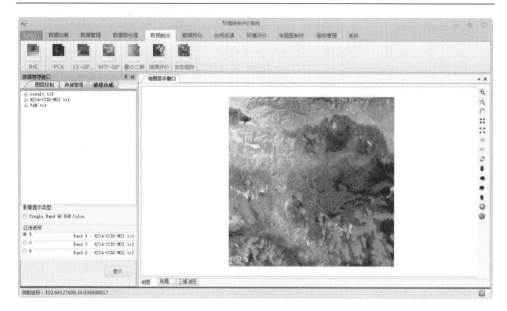

图 10.26  HIS 融合前

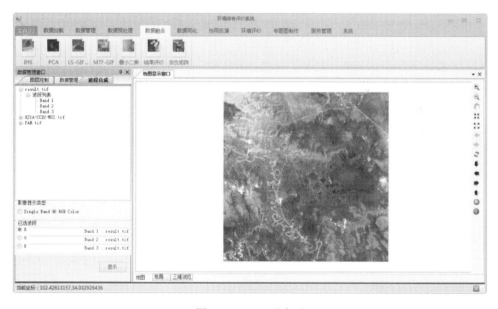

图 10.27  HIS 融合后

　　第一步选择输入数据，对波段列表与地图窗口的图层进行了绑定，当数据系统导入数据时，波段列表也将显示图层信息。从波段列表中选择输入数据，再在时间列表中选择对应数据的时间信息，如图 10.28 所示。

图 10.28　选择输入数据图

　　第二步选择输出数据，在窗口上端选择输出数据栏，设定数据的输出时间，并设置输出数据的存储路径，点击运行得到相应的集合卡尔曼滤波结果，如图 10.29 所示，集合卡尔曼滤波处理结果，如图 10.30 所示。

图 10.29　选择输出数据

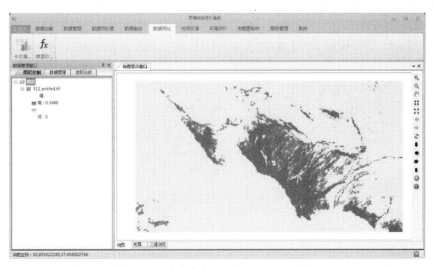

图 10.30 集合卡尔曼滤波（EnKF）结果

#### 10.6.6.2 傅里叶拟合

傅里叶（Fourier）拟合算法是基于植被生长的周期性，通过已知的质量好的数据来拟合相对较"差"的数据。其工作原理为植被的生长过程可以看作是一个以年为周期的周期函数，而任何一个连续的周期函数都可以展开成傅里叶级数。只要输入足够多的"好"的数据（植被参数），就可以根据这些"好"的数据通过傅里叶级数展开前 $n$ 项和拟合出其他丢失或遭到损害的数据。傅里叶拟合的步骤和集合卡尔曼滤波的步骤大致相同，其融合结果如图 10.31 所示。

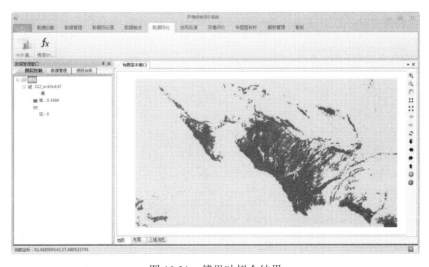

图 10.31 傅里叶拟合结果

### 10.6.7　协同反演模块

协同反演模块主要负责生态环境评价过程中一些参数的反演，包括了生物量估算、叶面积指数、叶绿素、冠层水含量、地表温度、地表反照率、土壤水分、积雪覆盖度，以及地形因子反演。其中，叶面积指数反演包括了 ACRM 模型及经验反演模块。协同反演具体功能模块见表 10.8。

表 10.8　协同反演功能模块

| 功能名称 | 功能描述 |
| --- | --- |
| 生物量估算 | 结合光学遥感和微波遥感的各自优势来建立干旱区自然草本植被的生物量反演方法 |
| 叶面积指数 | 1）ACRM 模型：建立敏感参数与近红外反射率之间具有对应关系的查找表，再通过遥感近红外影像与构建的代价函数反向求得 LAI<br>2）利用 NDVI 来反演叶面积指数，分别完成了线性拟合和二次多项式拟合 |
| 叶绿素 | 绿、红及红外波段附近的光谱信息对于叶绿素含量较为敏感，基于这些波段而建立的植被指数可用于植被冠层层次叶绿素含量的估测 |
| 冠层水含量 | 利用植被干重湿重和相应遥感波段的信息反演冠层水含量 |
| 地表温度 | 采用覃志豪单窗算法反演地表温度 |
| 地表反照率 | 利用相关算法反演地表反照率 |
| 土壤水分 | 利用光学遥感获取的植被参数来表征植被衰减效应，从而去除植被影响，更精确地利用 GNSS-R 反演植被覆盖地表的土壤水分 |
| 积雪覆盖度 | 利用相关算法反演积雪覆盖度 |
| 地形因子 | 利用若尔盖加密区内地面三维激光扫描仪采集的点云数据生成具有 UTM 投影的栅格文件，其地面分辨率为 0.5m 及 5m，计算坡度、坡向、平面曲率、剖面曲率、粗糙度、起伏度，以及高程变异信息 |

以叶绿素反演为例，植物叶片中叶绿素含量的估测，是植被监测的一个研究重点。一段时期内叶绿素含量的变化能够反映植物光合作用的强度，同时也可反映出植物所处的生长期、生长状况等信息。已有许多学者对单一植被类型的冠层叶绿素含量估测进行了研究，结果表明，绿、红及红外波段附近的光谱信息对于叶绿素含量较为敏感，基于这些波段而建立的植被指数可用于植被冠层层次叶绿素含量的估测。常用的植被指数有转换型叶绿素吸收指数（TCARI）、MERIS 陆地叶绿素指数（MTCI）、$NDVI_{green}$ 等，其中 $NDVI_{green}$ 的实现见式（10.1）。

$$NDVI_{green} = (R_{NIR} - R_{540\sim570})/(R_{NIR} + R_{540\sim570}) \qquad (10.1)$$

式中，$R_{NIR}$ 为近红外波段反射率；$R_{540\sim570}$ 为植被在光谱范围为 540～570nm 的反射率。

　　在系统中叶绿素反演主要分为两个步骤：首先打开 NDVI 文件和对应的实测叶绿素文件，并选择"线性拟合"或"二次拟合"方法，点击计算系数进行拟合，得到相应系数和相关系数。然后打开待反演的 NDVI 遥感产品，选择反演得到的叶绿素产品存储路径，点击运行按钮，得到叶绿素产品。叶绿素反演参数设置如图 10.32 所示，叶绿素反演结果如图 10.33 所示。

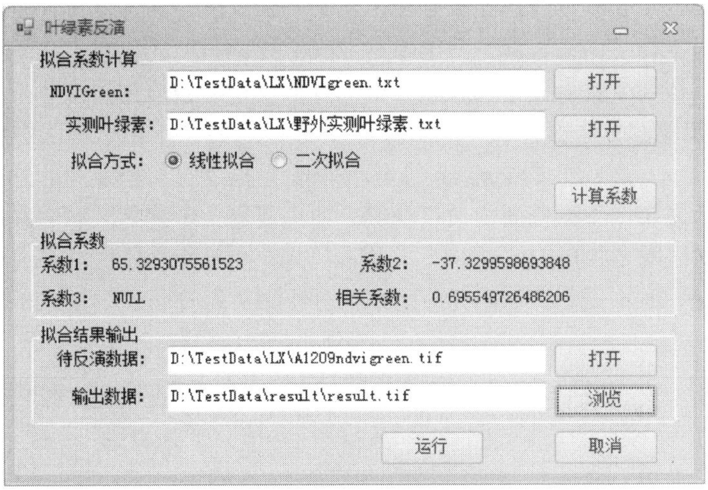

图 10.32　叶绿素反演模块

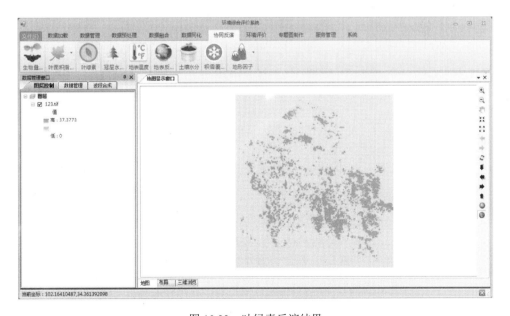

图 10.33　叶绿素反演结果

### 10.6.8　生态环境评价模块

#### 10.6.8.1　层次分析法实现流程

层次分析法的主要思想是通过将复杂问题分解为若干层次和若干因素，对两两指标之间的重要程度作出比较判断，建立判断矩阵，通过计算判断矩阵的最大特征值及对应特征向量，就可得出不同方案重要性程度的权重，从而为最佳方案的选择提供依据（郭金玉等，2008）。国内外大量学者曾应用层次分析法在各自的研究领域取得了一定的进展（Hertwich et al.，1997；常相全和张守凤，2008；Handfield et al.，2002；Chiang and Lai，2002）。层次分析法反映的是整个区域生态环境总体及各个不同侧面的质量状况。如果要进一步把握区域生态环境的空间分布格局，还需要借助 GIS 技术，其基本思想是将整个评价区域分为一系列独立的评价单元，对不同的评价单元应用层次分析法进行评价。层次分析法实现流程如图 10.34 所示。

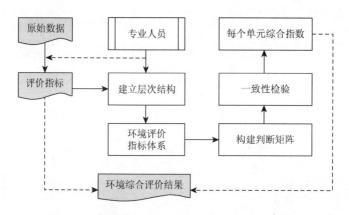

图 10.34　层次分析法实现流程

#### 10.6.8.2　生态环境评价模块实现

根据层次分析法构建步骤，选取合适的评价因子构建评价指标体系，根据评价指标体系建立 XML 文件，该 XML 文件存储了指标体系的内容。系统可读取该 XML 文件对评价指标体系进行修改。评价模块如图 10.35 所示。

生态环境评价模块窗口主要分为三个部分：一是层次结构区，该部分读取 XML 文件获取指标体系结构，以树形结构的形式进行显示。二是窗口中部，包含了判断矩阵构建、计算结果，以及进行栅格计算。三是重要性选择区，该部分对同一层的指标进行两两对比构建判断矩阵。判断矩阵构建如图 10.35 中部表格所

图 10.35  生态环境评价模块

示。当判断矩阵构建成功且通过一致性检验后，可获得每个指标的权重信息，计算结果如图 10.36 所示。栅格计算是根据每个指标的权重，输入对应的指标进行栅格计算，如图 10.37 所示。

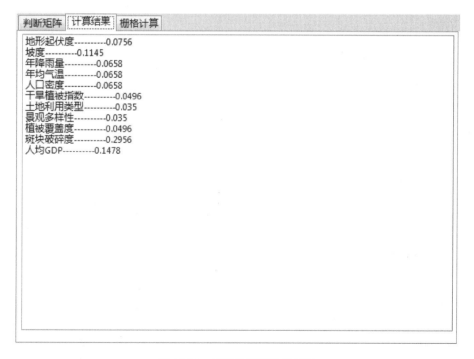

图 10.36  层次分析法计算结果

| 指标名称 | 权重 | 路径 | 选择路径 |
|---|---|---|---|
| 地形起伏度 | 0.0756 | F:\2012专题数据\地形起伏度.tif | 浏览 |
| 坡度 | 0.1145 | F:\2012专题数据\坡度.tif | 浏览 |
| 年降雨量 | 0.0658 | F:\2012专题数据\12降雨.tif | 浏览 |
| 年均气温 | 0.0658 | F:\2012专题数据\12气温.tif | 浏览 |
| 人口密度 | 0.0658 | F:\2012专题数据\12人口密度.tif | 浏览 |
| 干旱植被指数 | 0.0496 | F:\2012专题数据\12TVDI.tif | 浏览 |
| 土地利用类型 | 0.035 | F:\2012专题数据\12土地利用.tif | 浏览 |
| 景观多样性 | 0.035 | F:\2012专题数据\12景观多样性指数.tif | 浏览 |
| 植被覆盖度 | 0.0496 | F:\2012专题数据\12植被覆盖度.tif | 浏览 |
| 斑块破碎度 | 0.2956 | F:\2012专题数据\12斑块密度.tif | 浏览 |
| 人均GDP | 0.1478 | F:\2012专题数据\12人均GDP.tif | 浏览 |

图 10.37　栅格计算

　　根据若尔盖地区生态环境的特点和 2012 年采集的数据进行相应的处理,得到相关评价指标,利用生态环境综合评价系统对若尔盖地区 2012 年的生态环境进行评价,评价结果如图 10.38 所示。

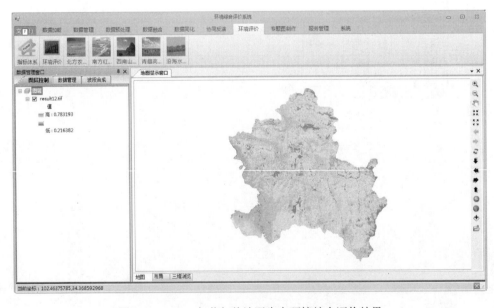

图 10.38　2012 年若尔盖地区生态环境综合评价结果

### 10.6.9 数据发布模块

根据实际应用需求，本系统采用的地图服务为地图服务（map services）与影像服务（image services）。系统将处理后的数据发布为地图服务，供 Web 端进行调用。以影像服务为例，点击影像服务，输入该服务的信息，点击发布按钮，如图 10.39 所示。点击发布按钮后，该服务的信息被输入到数据库中的服务信息表中，同时发布一个影像服务，如图 10.40 所示。对发布后的数据，在系统桌面端可以进行查询及浏览，服务查询窗口如图 10.41 所示，输入相应的查询信息后可以查找自己所需的服务。

图 10.39　影像数据发布窗口

图 10.40　影像服务信息

图 10.41　服务查询窗口

### 10.6.10　专题制图模块

专题制图模块是为了将系统处理好的信息制作为专题图，供用户查询浏览。该模块包含的功能有矢量符号化、栅格渲染、制图要素、页面设置及地图输出。其中，制图要素包含了比例尺、指北针、图例、经纬网等。制图功能模块见表 10.9。

表 10.9　制图模块功能描述

| 功能名称 | 功能描述 |
| --- | --- |
| 矢量符号化 | 1）唯一值符号化，根据指定字段进行唯一值符号化<br>2）分级色彩符号化，指定字段，并根据该字段进行分级，然后符号化 |
| 栅格渲染 | 根据栅格数据的值对数据进行分级渲染 |
| 制图要素 | 为地图添加制图要素，包括图例、比例尺、指北针、图名和经纬网等制图要素 |
| 页面设置 | 主要设置制图框的大小及方向 |
| 输出地图 | 可选择保存的类型及分辨率 |

矢量符号化，主要分为两个部分，唯一值符号化和分级色彩符号化。唯一值符号化，在系统当中选择要进行符号化的窗口及要进行符号化的字段，如图 10.42 所示，同时还可以双击列表图层打开符号选择器窗口进行符号编辑，如图 10.43 所示。分级色彩符号化，选择要进行分类的图层和字段，再选择分类数目和相应的分类方法，最后选择要进行符号化的色带。分级色彩符号化窗口如图 10.44 所示，选择色带窗口如图 10.45 所示。

图 10.42　唯一值符号化

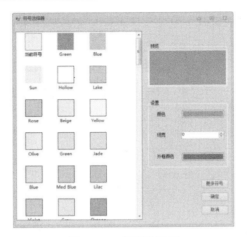

图 10.43　符号选择器

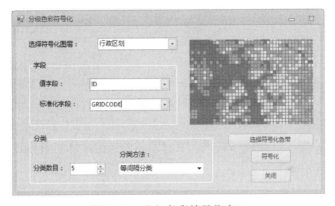

图 10.44　分级色彩符号化窗口

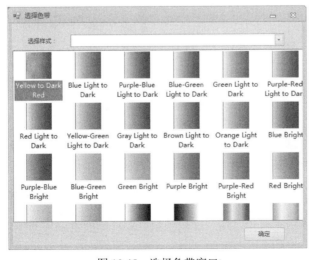

图 10.45　选择色带窗口

　　栅格渲染，将栅格数据按照像元值进行分类，选择相应的图层，再选择级别数目，如图 10.46 所示。

　　制图要素，是在地图输出时为地图添加的制图要素，制图要素列表如图 10.47 所示。

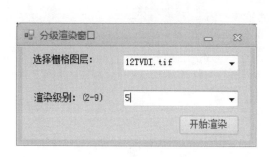

图 10.46　栅格分级渲染窗口　　　　　图 10.47　制图要素列表

　　页面设置，可以设置输出地图的长度与宽度，以及地图排版的方向。页面设置如图 10.48 所示。

　　输出地图，可以选择存储路径、名称及图像类型，还可设置地图的分辨率。页面设置如图 10.49 所示。

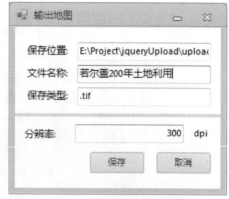

图 10.48　页面设置窗口　　　　　图 10.49　输出地图窗口

　　当设置好地图范围并添加相应的制图要素后，即可对地图进行输出，这样可以快速制作各个评价指标的专题地图。专题地图制作好之后界面如图 10.50 所示。

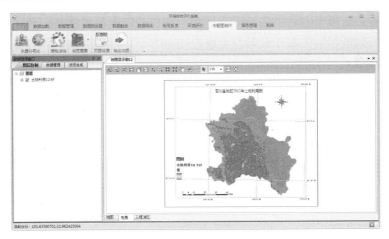

图 10.50　专题制图结果

# 10.7　信息共享平台

## 10.7.1　生态环境综合评价信息共享平台界面

生态环境综合评价信息共享平台是在生态环境综合评价系统桌面端的基础上建立的一套 Web 系统，该系统使用了桌面端所处理的数据信息，将这些信息以地图服务及影像服务的形式发布，用户可以通过网络进行生态环境评价信息的浏览及数据的下载，实现了这些信息的共享。同时，使与生态环境评价有关的专业信息以更直接的方式展现给用户，方便用户获取生态环境评价信息及帮助相关部门制定相应决策。生态环境综合评价信息共享平台如图 10.51 所示。

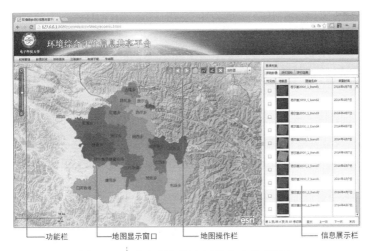

图 10.51　生态环境综合评价信息共享平台

　　功能栏：包括了系统的各个功能模块，这些功能有权限管理、影像浏览、服务查询、三维展示、数据下载以及专题图浏览。

　　地图操作栏：包含了基本的地图操作，有漫游、上下视图切换、测距、底图切换等功能，其中地图的放大缩小功能依靠鼠标滚轮进行操作，测距功能如图 10.52 所示。

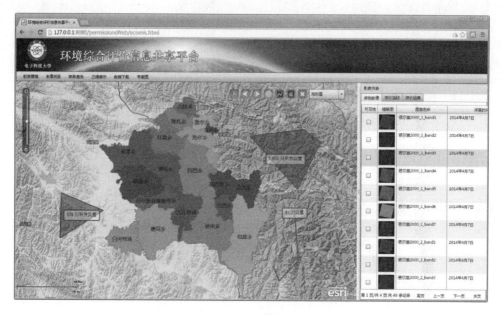

图 10.52　测距功能

　　地图显示窗口：主要显示地图，主要包括底图与地图服务及影像服务，其中底图包括了影像图、Google 地图及地形图。其中，影像图调用的是 ESRI 公司发布的影像服务，Google 地图及地形图则调用的是 Google 发布的地图服务。

　　信息展示栏：该栏主要是作为信息的展示窗口，包括了影像列表，服务查询的结果等信息。

## 10.7.2　权限管理子系统

### 10.7.2.1　权限管理简介

　　随着互联网技术的发展，信息化的进程加快，随之而来的信息安全问题也受到了人们的关注。人们希望从众多的服务器上获取资源，又希望自身服务器的一些敏感信息不被非法获取（何斌和顾健，2004）。所以，建立一套有效的权限管理系统对信息管理及信息安全都是非常必要的。生态环境综合评价信息共享平台建立了一套权限管理系统，对访问的用户进行权限控制，对生态环境评价信息的管理及安全访问起到了一定作用。

目前，权限管理大致分为两类：系统级的安全管理，如操作系统级的安全管理、数据库级的安全管理等；另一种是应用级的安全管理，该部分权限的控制主要取决于具体的系统（栗松涛等，2002）。应用级的安全管理目前较受关注（暴志刚等，2006），比较常用的是 RBAC 模型（Ferraiolo and Kuhn，2009；Sandhu et al.，1996），同时 RBAC 模型也是访问控制领域的研究热点（李凤华等，2012）。

RBAC 模型的基本思想是分配给每个用户一个适当的角色，每一个角色都具有相对应的权限；一个用户可以拥有多个角色，一个角色也可以拥有多个用户，角色与用户之间是多对多的关系；一个角色可以拥有多个权限，相同的权限也可以赋予多个角色，它们之间也是多对多的关系（周沈刚和赵嵩正，2005）。所以，角色是 RBAC 模型的核心，是用户与权限之间的纽带。RBAC 的模型如图 10.53 所示（Ferraiolo and Kuhn，1999）。

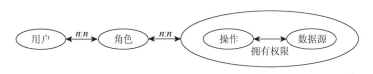

图 10.53  RBAC 功能模型

### 10.7.2.2  权限管理子系统功能

针对 RBAC 模型的特点，权限管理子系统的功能主要是对用户、角色及功能权限进行操作。具体功能见表 10.10。

表 10.10  权限管理子系统功能

| 模块名称 | 模块功能 |
| --- | --- |
| 用户管理 | 增加、删除、修改、查看、用户角色、角色授权 |
| 角色管理 | 增加、删除、修改、查看、角色权限、角色授权 |
| 权限管理 | 增加、删除、修改、查看 |

### 10.7.2.3  权限管理子系统实现

该权限管理系统根据实际需求，在 RBAC 模型的基础上构建，系统的主要功能包括用户管理，角色管理以及权限管理。系统登录界面如图 10.54 所示，系统主界面如图 10.55 所示。

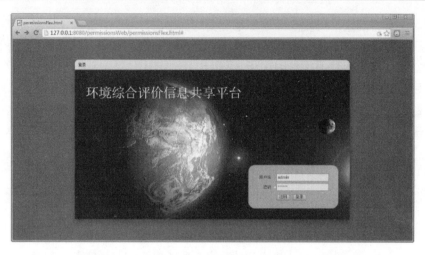

图 10.54　生态环境综合评价信息共享平台登录界面

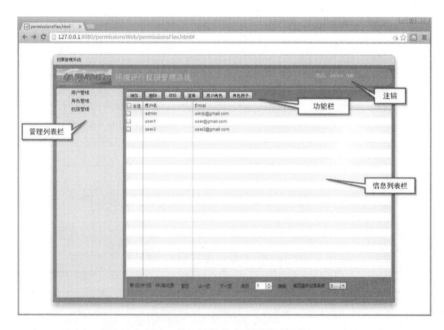

图 10.55　权限管理系统主界面

权限管理系统主界面的左侧菜单为管理列表，分别对应了用户管理、角色管理及权限管理，功能栏为对用户、权限和角色的详细操作。例如，用户管理所对应的增加、删除、查看、用户角色及角色授予按钮，通过这些按钮可以对用户的信息进行修改，如角色授予功能，如图 10.56 所示，为用户名为 admin 的用户赋予所有角色信息。

图 10.56　用户角色授予

　　根据实际需求，本系统将使用生态环境综合评价系统信息共享平台的用户分为 4 种角色，分别为超级管理员、一般管理员、普通用户及下载用户。各个角色所具有的权限见表 10.11。

表 10.11　角色权限表

| 权限＼角色 | 超级管理员 | 一般管理员 | 下载用户 | 普通用户 |
|---|---|---|---|---|
| 用户更改 | √ | | | |
| 角色更改 | √ | √ | | |
| 权限更改 | √ | √ | | |
| 影像浏览 | √ | √ | √ | √ |
| 影像下载 | √ | √ | √ | |
| 专题图下载 | √ | √ | √ | |
| 服务查询 | √ | √ | √ | √ |

　　当用户登录系统时，系统检测该用户所具有的权限，通过该用户的权限来分配要显示的模块，这样就实现了生态环境综合评价系统信息共享平台的权限管理功能，从而对平台管理及信息安全起到了一定作用。

### 10.7.3　影像浏览

　　影像浏览模块是为了使用户浏览本系统所发布的地图服务，所有用户都具有使用该模块的权限。该模块包含了有关生态环境评价信息的原始遥感影像、经过相关处理后得到的生态环境评价指标，以及经过层次分析法得到的评价结果的服务信息。这些服务信息以表格的形式进行展示，包括了可见性、缩略图、图层名称及采集时间，如图 10.57 所示。

图 10.57　影像列表

　　影像列表展示了系统桌面端所发布的服务信息，这些信息主要来自生态环境综合评价专题数据库，缩略图为发布数据服务，是同步生成的研究区概略图，方便用户预览。点击复选框可浏览相应数据，影像列表实现流程如图 10.58 所示，遥感影像展示如图 10.59 所示。

## 10.7.4　服务查询

　　随着时间的推移，生态环境评价信息也会逐步增加，如何能从海量的数据中获取自己所需要的数据变得尤为重要，所以一个系统中查询功能是必不可少的。本系统采用模糊查询实现查询（樊新华，2009；金宗安等，2009）功能。其实现流程如图 10.60 所示。

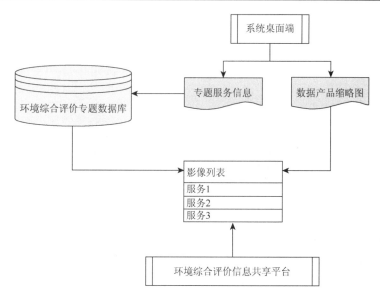

图 10.58　影像列表实现流程

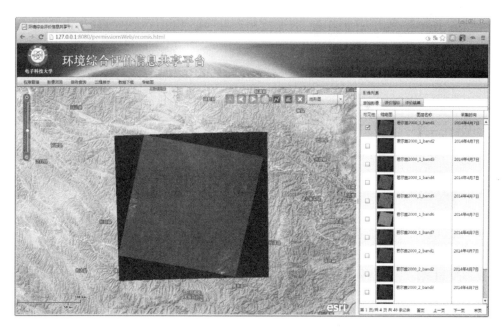

图 10.59　遥感影像展示

　　用户在浏览器端输入需要查询的内容，根据所输入的内容生成相应的 SQL 语句，其中生成 SQL 语句的方式为多条件模糊查询；根据生成的 SQL 语句从环境评价专题数据库中获取查询结果，最后返回给浏览器端供用户查阅。

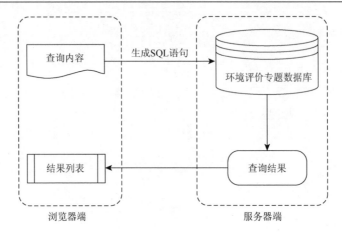

图 10.60　服务查询实现流程

在进行数据库查询时，有完整查询和模块查询，一般模糊语句表示如下：

SELECT 字段 FROM 表 WHERE 某字段 Like 条件

其中，语句中的条件 SQL 提供了 4 种匹配模式。

1）%：表示任意 0 个或多个字符。可匹配任意类型和长度的字符，有些情况下若是中文，请使用两个百分号（%%）表示。例如，SELECT * FROM [user] WHERE u_name LIKE '%三%'，将会把 u_name 为"张三"，"张猫三"、"三脚猫"，"唐三藏"等有"三"的记录全找出来。

2）_：表示任意单个字符。匹配单个任意字符，它常用来限制表达式的字符长度语句。例如，SELECT * FROM [user] WHERE u_name LIKE '_三_'只找出"唐三藏"这样 u_name 为三个字且中间一个字是"三"的记录。

3）[ ]：表示括号内所列字符中的一个（类似正则表达式）。指定一个字符、字符串或范围，要求所匹配对象为它们中的任何一个。例如，SELECT * FROM [user] WHERE u_name LIKE '[张李王]三'将找出"张三"、"李三"、"王三"（而不是"张李王三"）的记录。

4）[^]：表示不在括号所列之内的单个字符。其取值和[]相同，但它要求所匹配对象为指定字符以外的任一个字符。例如，SELECT * FROM [user] WHERE u_name LIKE '[^张李王]三'，将找出不姓"张"、"李"、"王"的"赵三"、"孙三"等记录。

本系统采用的是多条件模糊查询，既根据用户需求对多个条件进行模糊查询，检索出用户需求的结果。服务查询窗口如图 10.61 所示。服务查询模块主要针对服务名称、服务类型、影像采集时间及所属地区进行查询。系统根据用户的查询条件自动构建 SQL 多条件查询语句，查询语句构建的代码如下。

```
private function searchServices():String
{
    var Str_Result:String = "";    //SQL 语句
      //服务名称
    if(txtImageName.text!="")
    {
        Str_Result = "where imagename like '%" +txtImageName.text+"%' ";
    }
      //服务类型
    if(cbxImageType.selectedItem.label!="")
    {
        if(Str_Result=="")
        {
            Str_Result = "where imagetype='"+cbxImageType.selectedItem.label+"' ";
        }
        else
        {
            Str_Result +="and imagetype='"+cbxImageType.selectedItem.label+"' ";
        }
    }
      //采集时间
    if(txtImageTime.text!="")
    {
        if(Str_Result=="")
        {
            Str_Result = "where imagetime like '%"+txtImageTime.text+"%' ";
        }
        else
        {
            Str_Result +="and imagetime like '%"+txtImageTime.text+"%' ";
        }
    }
      //所属地区
    if(txtImageDis.text!="")
    {
```

```
    if(Str_Result=="")
    {
      Str_Result = "where imagedistrict like '%"+txtImageDis.text + "%' ";
    }
    else
    {
      Str_Result +="and imagedistrict like '%"+txtImageDis.text + "%' ";
    }
  }
  return Str_Result;
}
```

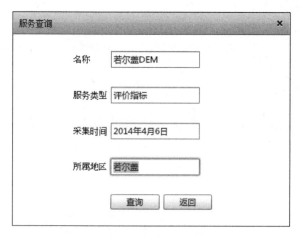

图 10.61　服务查询

### 10.7.5　三维地形展示

要实现 Web 3D，首先介绍下 Plane 对象，对于 Papervision3D 来说，它是一个非常有用的三维对象。Plane 对象由多个三角形组成，三角形的个数与区域段数（宽）、区域段数（高）有关，如图 10.62 是一个 10×区域段数（宽）×区域段数（高）的 Plane 对象。Plane 有一个重要的属性 geometry，geometry 中存储了 Plane 所有的顶点 vertices，这些顶点除了有 $x$、$y$ 坐标之外，还有 $z$ 坐标。不过特别指出 vertices 是一个数组，这个数组里面点排列的方式和我们想象的可能不大一样，左下角是第一个点，然后依次由下而上，自左而右。

基于 Papervision3D 的地形展示实现流程如图 10.63 所示。

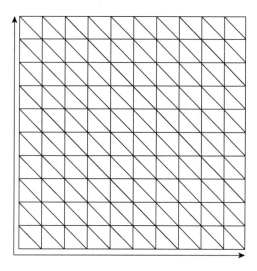

图 10.62    Plane 对象

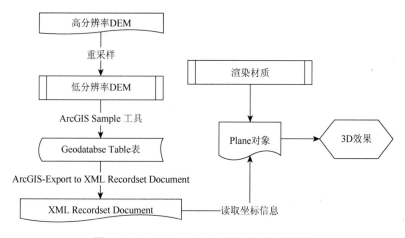

图 10.63    Papervision3D 地形展示实现流程

重采样，由于高分辨率的 DEM 数据获取的点的信息较多，在 Flash Player 中渲染的时候会影响系统效率，所以对高分辨率的 DEM 进行重采样，降低其分辨率。

采样，本书指的是利用 ArcGIS 工具箱中的空间分析工具中的 sample 工具，获取一个 GeodatabseTable 表。然后存储在 geodatabase 当中。最后导出为 XMLRecordset Document，这样 Actionscript 就可以读取 xml 文件了。导出的 xml 文件如下。

```
–<esri:RecordSetData>
  –<Data xsi:type="esri:RecordSet">
    –<Fields xsi:type="esri:Fields">
      –<FieldArray xsi:type="esri:ArrayOfField">
        +<Field xsi:type="esri:Field"></Field>
        +<Field xsi:type="esri:Field"></Field>
        +<Field xsi:type="esri:Field"></Field>
        +<Field xsi:type="esri:Field"></Field>
        +<Field xsi:type="esri:Field"></Field>
      </FieldArray>
    </Fields>
    +<Records xsi:type="esri:ArrayOfRecord"></Records>
  </Data>
</esri:RecordSetData>
```

获取 xml 文件信息：用 Actionscript 读取上一步骤获取的 xml 文件，提取里面的坐标信息，将坐标信息赋值给 Plane 对象。

当 Plane 对象获取坐标信息后，由于没有叠加材质信息，所以呈现三角格网的形式，如图 10.64 所示，当为其添加材质后如图 10.65、图 10.66 所示。图 10.65、图 10.66 中分为两种方式进行渲染，分别为 DEM 和经过彩色渲染后的 DEM。

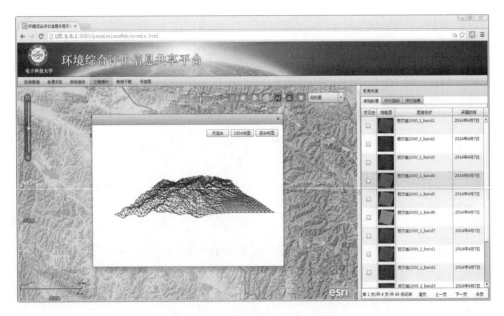

图 10.64　赋高程后的 Plane 对象

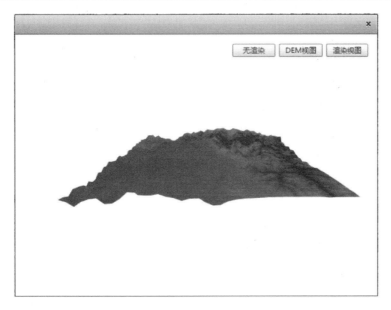

图 10.65　加载 DEM 材质后的 Plane

图 10.66　DEM 渲染后的 Plane

## 10.7.6　数据下载

数据下载模块是为用户提供数据下载功能，数据下载权限是指定的角色才具有的，在本系统中超级管理员、一般管理员及下载用户具有该权限。生态环境综合评价信息共享平台的下载模块主要流程如图 10.67 所示。用户登录系统后对其权限进行验证，若具有下载权限则进入下载页面，可对系统发布的生态环境评价信息进行下载，若无权限则提示权限不足。生态环境综合评价信息共享平台的下载模块功能实现流程如图 10.67 所示。

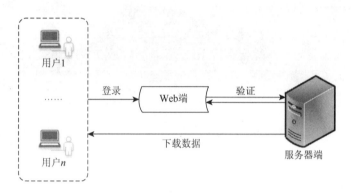

图 10.67　下载模块流程

点击主界面导航栏的数据下载选项，在数据下载的列表中，用户可以通过服务的复选框对数据进行预览，如果需要此数据可以点击下载按钮进行数据的下载，点击按钮后弹出另存为对话框，对下载之后的数据进行保存。数据下载如图 10.68 所示。

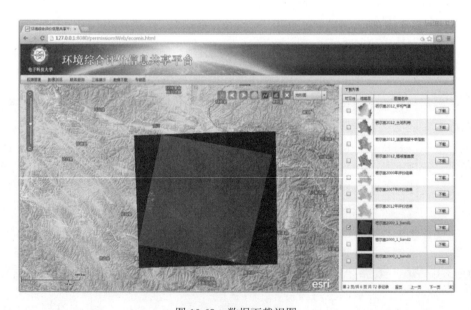

图 10.68　数据下载视图

### 10.7.7　专题图展示

生态环境综合评价系统桌面端在处理完数据后会制作一些专题地图,如土地利用图、年降水量、温度、植被覆盖度等。这些专题地图制作完成后放置在 Web端相应的目录下供用户查看与下载。

专题图展示功能实现流程为专业人员收集整理与研究区相关的数据,经过前期整理后,通过生态环境综合评价系统桌面端分析处理得到专题数据,录入数据库,并发布服务(图 10.69)。具有相关权限的 Web 端用户就可以对这些专题信息进行浏览和下载。

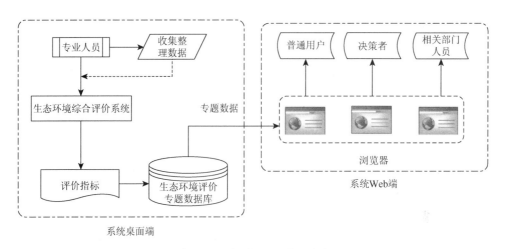

图 10.69　专题图展示实现流程

当用户登录系统后,系统验证其访问权限,若具有专题图下载权限,点击导航栏的专题图栏目,信息展示窗口自动加载专题图模块。各专题图以类表的形式进行展示,每条记录包括了可见性、缩略图、图层名称及预览按钮。用户可以通过点击可见性复选框对各个专题数据进行预览,这些专题图调用的是 ArcGIS Server 发布的地图服务。以若尔盖地图 2000 年土地利用专题数据为例,选中可见性复选框后,在地图展示窗口显示了该专题信息。专题图模块如图 10.70 所示。

生态环境评价专业人员在制作好专题数据后,同时会制作一张 JGEG 格式的专题图,该专题图包含了图名、图例、比例尺、指北针等基本制图要素。当用户点击制图模块中的预览按钮后可对这张专题图进行预览及下载。该模块的实现为用户提供了更为专业的生态环境评价信息和结果,也为生态环境评价工作提供了数据支撑及决策依据,专题图预览窗口如图 10.71 所示。

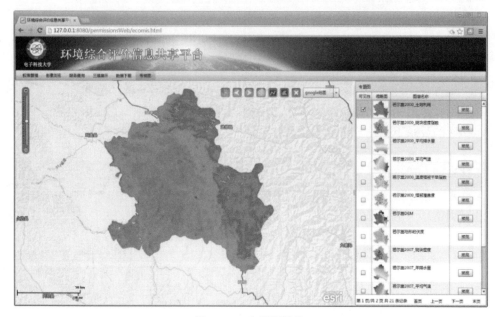

图 10.70　专题图模块

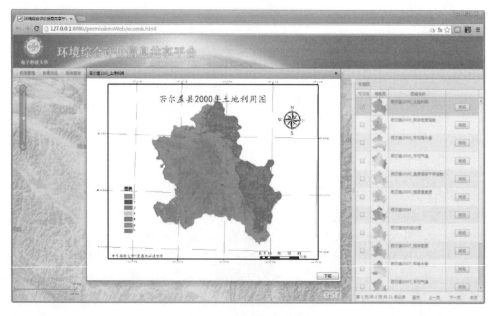

图 10.71　专题图预览窗口

# 参 考 文 献

暴志刚，胡艳军，顾新建. 2006. 基于 Web 的系统权限管理实现方法. 计算机工程，01：169-170，182.
常相全，张守凤. 2008. 基于 AHP/DEA 的农村金融生态环境评价. 统计与决策，11：58-60.

邓春光. 2007. 北京市生态环境遥感动态监测与评价. 北京：北京林业大学硕士学位论文.

樊新华. 2009. 基于关系数据库的模糊查询技术. 计算机与数字工程，10：149-152，156.

郭建平，李凤霞. 2007. 中国生态环境评价研究进展. 气象科学，01：227-231.

郭金玉，张忠彬，孙庆云. 2008. 层次分析法的研究与应用. 中国安全科学学报，05：148-153.

何斌，顾健. 2004. 基于角色访问控制的权限管理系统. 计算机工程，30：326-328.

何建国，吕从，刘伟，等. 2007. 基于 ArcGIS Engine 的城市基础地理信息数据库系统开发研究. 测绘科学，32（04）：144-146，198.

金宗安，杨路明，谢东. 2009. 关系数据库模糊查询的研究. 计算机工程，35（13）：63-65.

李凤华，苏铓，史国振. 2012. 访问控制模型研究进展及发展趋势. 电子学报，04：805-813.

栗松涛，李春文，孙政顺. 2002. 一种新的 B/S 系统权限控制方法. 计算机工程与应用，01：99-101，235.

刘建. 2011. 蒲江县生态环境综合评价研究. 成都：成都理工大学硕士学位论文.

彭补拙，窦贻俭，张燕. 1996. 用动态的观点进行环境综合质量评价. 中国环境科学，16（01）：16-19.

孙伟. 2012. Flex 基于 BlazeDS 框架远程 JAVA 对象访问的实现. 集宁师范学院学报，02：108-111.

王根绪，钱鞠. 2001. 区域生态环境评价（REA）的方法与应用——以黑河流域为例. 兰州大学学报：自然科学版，37：131-140.

周沈刚，赵嵩正. 2005. 一种基于 RBAC 的 Web 环境下信息系统权限控制方法. 计算机应用研究，06：204-206.

Chiang C-M，Lai C-M. 2002. A study on the comprehensive indicator of indoor environment assessment for occupants' health in Taiwan. Building and Environment，37：387-392.

Ferraiolo D F，Barkley J F，Kuhn D R. 1999. A role-based access control model and reference implementation within a corporate intranet. ACM Transactions on Information and System Security（TISSEC），2：34-64.

Ferraiolo D，Kuhn D R，Chandramouli R. 2003. Role-Based Access Controls. London：Artech House.

Handfield R，Walton S V，Sroufe R，et al. 2002. Applying environmental criteria to supplier assessment：A study in the application of the Analytical Hierarchy Process. European Journal of Operational Research，141：70-87.

Hertwich E G，Pease W S，Koshland C P. 1997. Evaluating the environmental impact of products and production processes：A comparison of six methods. Science of the Total Environment，196：13-29.

Sandhu R S，Coyne E J，Feinstein H L，et al. 1996. Role-based access control models. IEEE Computer，29：38-47.